普通高等专科教育机电类系列教材

金属切削机床

第2版

主　编　黄鹤汀

副主编　王芙蓉　谢家瀛

参　编　赵春久　陶本扬

范小波　张学伟

徐　沪　胡竞湘

主　审　郑　岳

机械工业出版社

《金属切削机床第2版》是普通高等教育机电类教材，系统地介绍机床的工作原理、技术性能、传动、构造及调整、使用方法。它包括绪论、机床的运动分析、车床、磨床、齿轮加工机床、其他类型机床、数控机床等六章，从第七章起依次介绍机床设计的一般理论知识和方法，有机床总体设计及传动系统设计、主轴组件、导轨和自动换刀装置等三章。本书注意加强针对性和实用性，并适当反映机床的新技术、新方法，增编数控机床有关章节。

本书可作为高专、高职和本科（应用型）的机械制造等专业教材，自学考试教材。

图书在版编目（CIP）数据

金属切削机床/黄鹤汀主编．—2版．—北京：机械工业出版社，2011.7（2025.1重印）

普通高等专科教育机电类系列教材

ISBN 978-7-111-34816-0

Ⅰ．①金…　Ⅱ．①黄…　Ⅲ．①金属切削－机床－高等学校－教材　Ⅳ．①TG502

中国版本图书馆CIP数据核字(2011)第132802号

机械工业出版社（北京市百万庄大街22号　邮政编码100037）

策划编辑：王英杰　责任编辑：王英杰　崔占军　王丹凤

版式设计：霍永明　责任校对：李秋荣　责任印制：郜　敏

中煤（北京）印务有限公司印刷

2025年1月第2版第10次印刷

184mm×260mm · 13.75印张 · 339千字

标准书号：ISBN 978-7-111-34816-0

定价：42.00元

电话服务	网络服务
客服电话：010-88361066	机　工　官　网：www.cmpbook.com
010-88379833	机　工　官　博：weibo.com/cmp1952
010-68326294	金　　书　　网：www.golden-book.com
封底无防伪标均为盗版	机工教育服务网：www.cmpedu.com

第 2 版前言

《金属切削机床》是全国高等工程专科机械工程专业教学指导委员会组织编写的普通专科教育机电类规划教材，出版至今已有十余年了。随着我国经济社会和科技发展，机械制造工业取得了快速的发展和长足的进步，机械工程教育必须适应当前形势，因此，对第 1 版教材进行必要的修订。

这次修订进一步加强针对性和实用性，力求做到删繁就简。根据专科和本科（应用型）教学要求，削弱机床设计内容，保留基础知识，删除机床概论中传统的自动机床(如凸轮控制式)，着重介绍现代计算机控制（CNC）机床。机床的概论和设计内容编写考虑全国各地区和学校的实际情况适当给予放宽，各校可根据实际情况自主选用。

本书配有电子教案，凡使用本书作为教材的教师可以发送电子邮件至 cmpgaozhi@sina. com 索取。咨询电话：010-88379375。

此次修订将上册、下册合并成合订本，全书由主编黄鹤汀执笔。

编 者

第1版前言

本书是根据全国高等工程专科机械工程专业教学指导委员会制定的《金属切削机床》课程教学大纲编写的机电类规划教材。全书分上下两册，内容相互衔接、配套，可以分册单独使用。

上册内容为金属切削机床概论，共包括绪论、机床的运动分析、车床、磨床、齿轮加工机床、其他机床和数控机床等六章，通过对典型机床的运动分析和结构分析，介绍机床的基本知识和分析方法，以培养学生认识和分析机床的能力，为合理选择、正确使用和设计机床打下基础。同时还增编数控机床一章，介绍数控机床的主要内容。

下册内容为金属切削机床设计，共包括机床总体设计、主传动系统设计、进给传动系统设计、主轴组件、支承件及导轨、机床的自动换刀装置、操纵机构等六章，系统地介绍金属切削机床设计的一般理论知识和方法。

本书上册由扬州大学工学院黄鹤汀主编，南京机械高等专科学校王芙蓉、长春大学赵春久任副主编。绪论由扬州大学工学院黄鹤汀、范小波编写；第一章机床的运动分析由范小波编写；第二章车床由赵春久编写；第三章磨床、第五章其他类型机床由哈尔滨理工大学工业技术学院张学伟编写；第四章齿轮加工机床由上海纺织高等专科学校徐沪编写；第六章数控机床由王芙蓉编写。

本书下册由扬州大学工学院黄鹤汀主编，扬州大学工学院谢家瀛、上海理工大学工程技术学院陶本扬任副主编。第一章机床总体设计由黄鹤汀编写；第二章主传动系统设计由黄鹤汀、湘潭机电高等专科学校胡竞湘编写；第三章进给传动系统设计和第六章机床的自动换刀装置、操纵机构由陶本扬编写；第四章主轴组件由谢家瀛编写；第五章支承件及导轨由胡竞湘编写。

全书由江苏理工大学郑岳主审。

在编写过程中，王芙蓉、谢家瀛为书稿的统稿做了许多工作。同时得到有关兄弟院校、研究所和工厂的热情支持与帮助，在此谨致以谢意。

编　者

目　录

绪论

一、金属切削机床概述

金属切削机床是用切削、特种加工等方法将金属毛坯加工成机器零件的机器。它是制造机器的机器，故又称为“工作母机”或者“工具机”，在我国简称为“机床”。

当前生产技术的重点仍然是无切削和切削加工。制造机器零件可以有多种方法，如铸造、锻造、焊接、冲压、挤压、切削加工等等，其中切削加工是将金属毛坯加工成具有一定尺寸、形状、精度和表面质量的机器零件的主要加工方法，尤其是在加工精密零件时，目前主要还是依靠切削加工来达到所需的加工精度和表面粗糙度。因此，金属切削机床是加工机器零件的主要设备，在各类机器制造部门所拥有的装备中，机床占50%以上，所担负的工作量占机械制造总工作量的40%～60%。由此可见，机床的技术水平高低直接影响机械产品的质量和零件制造的经济性。

20世纪60年代以后，电子技术、信息技术、计算机技术高速发展，并在机床工业中得到广泛的应用。同时，金属零件的无切削和切削加工，由于利用材料技术（特别是硬质材料）和过程控制技术的最新成就，使得加工方法实现进一步的合理化，这就推动了金属切削机床加工的生产模式的转变，开始进入了一个新的阶段。

工业生产中，保持总产量不变的同时，提高产品的花色品种，可以增加竞争力，这种趋势将继续影响今后的生产和加工方式，这就要求机床不但必须面向多品种、中小批量生产，而且还要求机床具有高的效率和自动化程度，以及有一定的灵活适应性，即柔性制造的概念。为了适应高新技术产品生产的需要，对机床的精密度也提出新的要求，超精密加工已进入纳米（0.001μm）时代。所以，高效、柔性生产自动化、精密化、产品多样化已成为机床发展的趋势。

数控技术的发展和应用使机床的结构发生一系列变化，机械结构部件在机床中的比重下降，而电子技术硬、软件的比重上升，如主传动系统采用无级调速电动机，提高了主传动系统的性能；机床进给系统采用直流或交流伺服电动机，简化了传动链和传动机构。数控技术的应用，同时也提高了机床的加工精度和自动化程度，在改变加工零件时，数控机床的数字控制只需更换零件的加工程序就能完成，因而显示了较大的灵活性。

20世纪70年代末以来，柔性制造系统（FMS）和计算机集成制造系统（CIMS）得到开发和应用。通过计算机集成制造系统，把一个企业的所有有关加工制造的生产部门都互相联系在一起，制造过程可以从全局考虑进行优化，从而可降低成本和缩短加工周期，同时还可提高产品的质量和柔性，并且也提高生产率。

我国在建国后60多年来，机床工业逐步形成了布局比较合理、门类齐全的工业体系，机床的拥有量和销售量已进入世界前列。1994年世界机床产销量，按估计值的排名顺序是美国、中国、日本、德国。我国在机床的品种、质量和性能等方面也有很大的发展和提高，有些机床已接近世界先进水平。据2008年4月的有关报道，当前我国数控机床年产量已达12万台。高档数控机床的研发取得历史性突破，为实现重点突破大型、精密、高速数控装备和数控系统及功能部件的振兴目标奠定了良好的基础。

当前，我国机床工业面临量大面广的普通机床产品的更新换代，要采用高新技术改造现有产品，开发设计我国自己的数控产品：包括普通数控（NC）、加工中心（MC）、计算机控制（CNC）、微机控制（MNC）等机床；少量生产柔性制造系统（FMS），有重点地推广计算机集成制造系统（CIMS）；在科学研究方面，要加强机床基础理论和应用技术的研究，把握机床技术发展的总趋势，努力追赶、缩短与世界先进技术的差距。

二、机床的分类和型号编制

（一）机床的分类

金属切削机床是用切削、特种加工等方法将金属毛坯加工成机器零件的机器，其品种和规格繁多，为了便于区别、使用和管理，需对机床加以分类并编制型号。

机床主要是按其加工性质和所用的刀具进行分类。根据国家制定的机床型号编制方法（GB/T15375—2008），目前将机床分为 11 类：车床、钻床、镗床、磨床、齿轮加工机床、螺纹加工机床、铣床、刨插床、拉床、锯床和其他机床。

在每一类机床中，又按工艺特点、布局型式和结构特性等不同，分为若干组。每一组又细分为若干系（系列）。

除了上述基本分类方法外，机床还可按其他特征进行分类。

按照工艺范围（通用性程度），机床可分为通用机床、专门化机床和专用机床。通用机床可用于加工多种零件的不同工序，其工艺范围较宽，通用性较好，但结构较复杂，如卧式车床、万能升降台铣床、摇臂钻床等，这类机床主要适用于单件小批量生产；专门化机床则用于加工某一类或几类零件的某一道或几道特定工序，其工艺范围较窄，如曲轴车床、凸轮轴车床等；专用机床的工艺范围最窄，通常只能完成某一特定零件的特定工序，如汽车、拖拉机制造企业中大量使用的各种组合机床，这类机床适用于大批大量生产。

按照加工精度的不同，同类型机床可分为普通精度级机床、精密级机床和高精度级机床。

按照自动化程度不同，机床可分为手动、机动、半自动和自动机床。

按照质量和尺寸不同，机床可分为仪表机床、中型机床、大型机床（质量达到 10t）、重型机床（质量在 30t 以上）和超重型机床（质量在 100t 以上）。

此外，机床还可以按其主要工作部件的多少，分为单轴、多轴或单刀、多刀机床等。

通常，机床根据加工性质进行分类，再根据其某些特点作进一步描述，如多刀半自动车床、多轴自动车床等。

（二）机床型号的编制方法

机床型号是机床产品的代号，用以简明地表示机床的类型、通用和结构特性及主要技术参数等。我国现行的机床型号是按 2008 年颁布的标准“GB/T15375—2008 金属切削机床型号编制方法”编制的。此标准规定，机床型号由汉语拼音字母和数字按一定的规律组合而成，它适用于新设计的各类通用及专用金属切削机床、自动线，不包括组合机床、特种加工机床。

1. 通用机床型号

（1）型号表示方法　通用机床的型号由基本部分和辅助部分组成，中间用“/”隔开，读作“之”。基本部分需统一管理，辅助部分是否纳入型号由企业自定。型号构成为

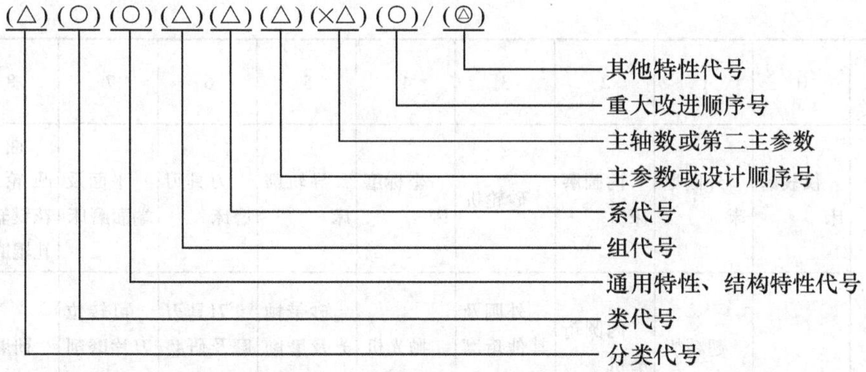

注：1. 有“（）”的代号或数字，当无内容时，则不表示；若有内容则不带括号。
2. 有“○”符号者，为大写的汉语拼音字母。
3. 有“△”符号者，为阿拉伯数字。
4. 有“◎”符号者，为大写的汉语拼音字母或阿拉伯数字，或两者兼之。

（2）机床类、组、系的划分及其代号　机床的类代号，用大写的汉语拼音字母表示。必要时，每类可分为若干分类。分类代号在类代号之前，作为型号的首位，并用阿拉伯数字表示。第一分类代号前的“1”省略，第“2”、“3”分类代号则应予以表示。例如，磨床类分为 M、2M、3M 三个分类。机床的类别和分类代号及其读音见表 0-1。

表 0-1　机床的类别和分类代号

类别	车床	钻床	镗床	磨床			齿轮加工机床	螺纹加工机床	铣床	刨插床	拉床	锯床	其他机床
代号	C	Z	T	M	2M	3M	Y	S	X	B	L	G	Q
读音	车	钻	镗	磨	二磨	三磨	牙	丝	铣	刨	拉	割	其

机床按其工作原理划分为 11 类。每类机床划分为 10 个组，每个组又划分为 10 个系（系列）。在同一类机床中，主要布局或使用范围基本相同的机床，即为同一组。在同一组机床中，其主要参数相同、主要结构及布局型式相同的机床，即为同一系。机床的组，用一位阿拉伯数字表示，位于类代号或通用特性代号、结构特性代号之后。机床的系用一位阿拉伯数字表示，位于组代号之后。机床类、组划分及其代号见表 0-2。

表 0-2　金属切削机床类、组划分及其代号

类别 \ 组别	0	1	2	3	4	5	6	7	8	9
车床 C	仪表小型车床	单轴自动车床	多轴自动、半自动车床	回轮、转塔车床	曲轴及凸轮轴车床	立式车床	落地及卧式车床	仿形及多刀车床	轮、轴、辊、锭及铲齿车床	其他车床
钻床 Z		坐标镗钻床	深孔钻床	摇臂钻床	台式钻床	立式钻床	卧式钻床	铣钻床	中心孔钻床	其他钻床
镗床 T			深孔镗床		坐标镗床	立式镗床	卧式铣镗床	精镗床	汽车、拖拉机修理用镗床	其他镗床

（续）

类别		0	1	2	3	4	5	6	7	8	9
磨床	M	仪表磨床	外圆磨床	内圆磨床	砂轮机	坐标磨床	导轨磨床	刀具刃磨床	平面及端面磨床	曲轴、凸轮轴、花键轴及轧辊磨床	工具磨床
磨床	2M		超精机	内圆珩磨机	外圆及其他珩磨机	抛光机	砂带抛光及磨削机床	刀具刃磨及研磨机床	可转位刀片磨削机床	研磨机	其他磨床
磨床	3M		球轴承套圈沟磨床	滚子轴承套圈滚道磨床	轴承套圈超精机		叶片磨削机床	滚子加工机床	钢球加工机床	气门、活塞及活塞环磨削机床	汽车、拖拉机修磨机床
齿轮加工机床 Y		仪表齿轮加工机		锥齿轮加工机	滚齿及铣齿机	剃齿及珩齿机	插齿机	花键轴铣床	齿轮磨齿机	其他齿轮加工机	齿轮倒角及检查机
螺纹加工机床 S					套螺纹机	攻螺纹机		螺纹铣床	螺纹磨床	螺纹车床	
铣床 X		仪表铣床	悬臂及滑枕铣床	龙门铣床	平面铣床	仿形铣床	立式升降台铣床	卧式升降台铣床	床身铣床	工具铣床	其他铣床
刨插床 B			悬臂刨床	龙门刨床			插床	牛头刨床		边缘及模具刨床	其他刨床
拉床 L				侧拉床	卧式外拉床	连续拉床	立式内拉床	卧式内拉床	立式外拉床	键槽、轴瓦及螺纹拉床	其他拉床
锯床 G				砂轮片锯床		卧式带锯床	立式带锯床	圆锯床	弓锯床	锉锯床	
其他机床 Q		其他仪表机床	管子加工机床	木螺钉加工机		刻线机	切断机	多功能机床			

（3）机床的通用特性代号和结构特性代号　这两种特性代号用大写的汉语拼音字母表示，位于类代号之后。

通用特性代号有统一的固定含义，它在各类机床型号中表示的意义相同。

当某类型机床，既有普通型又有某种通用特性时，则在类代号之后加通用特性代号予以区别。如果某类型机床仅有某种通用特性，而无普通型式者，则通用特性不予表示。如 C1312 型单轴转塔自动车床，由于这类自动车床没有“非自动”型，所以不必用“Z”表示通用特性。当在一个型号中需同时使用两至三个通用特性代号时，一般按重要程度排列顺序。通用特性代号见表 0-3。

表 0-3　通用特性代号

通用特性	高精度	精密	自动	半自动	数控	加工中心（自动换刀）	仿形	轻型	加重型	简式或经济型	柔性加工单元	数显	高速
代号	G	M	Z	B	K	H	F	Q	C	J	R	X	S
读音	高	密	自	半	控	换	仿	轻	重	简	柔	显	速

对主参数值相同而结构、性能不同的机床，在型号中加结构特性代号予以区分。根据各类机床的具体情况，对某些结构特性代号，可以赋予一定含义。但结构特性代号与通用特性代号不同，它在型号中没有统一的含义，只在同类机床中起区分机床结构、性能的作用。当型号中有通用特性代号时，结构特性代号应排在通用特性代号之后。结构特性代号用汉语拼音字母（通用特性代号已用的字母和“I、O”两个字母不能用）表示，当单个字母不够用时，可将两个字母组合起来使用，如 AD、AE、…，或 DA、EA、…。

（4）机床主参数和设计顺序号　机床主参数代表机床规格的大小，用折算值（主参数乘以折算系数）表示，位于系代号之后。常用机床型号中主参数有规定的表示方法。

对于某些通用机床，当无法用一个主参数表示时，则在型号中用设计顺序号表示。设计顺序号由 1 开始，当设计顺序号小于 10 时，由 01 开始编号。

（5）主轴数和第二主参数的表示方法　对于多轴车床、多轴钻床、排式钻床等机床，其主轴数应以实际数值列入型号，置于主参数之后，用“×”分开，读作“乘”。

第二主参数（多轴机床的主轴数除外）一般不予表示。如有特殊情况，需在型号中表示。在型号中表示的第二主参数，一般以折算成两位数为宜，最多不超过三位数。以长度、深度值等表示的，其折算系数为 1/100；以直径、宽度值等表示的，其折算系数为 1/10；以厚度、最大模数值等表示的，其折算系数为 1。

（6）机床的重大改进顺序号　当对机床的机结构、性能有更高的要求，并需按新产品重新设计、试制和鉴定时，才按改进的先后顺序选用汉语拼音字母 A、B、C、…（但“I、O”两个字母不得选用），加在型号基本部分的尾部，以区别原机床型号。

（7）其他特性代号及其表示方法　其他特性代号置于辅助部分之首。其中同一型号机床的变型代号，一般应放在其他特性代号之首。

其他特性代号主要用以反映各类机床的特性，例如，对于数控机床，可用来反映不同的控制系统等；对于加工中心，可用来反映控制系统、联动轴数、自动交换主轴头、自动交换工作台等；对于柔性加工单元，可用以反映自动交换主轴箱；对于一机多能机床，可用以补充表示某些功能；对于一般机床，可以反映同一型号机床的变型等。

其他特性代号，可用汉语拼音字母（“I、O”两个字母除外）表示其中 *L* 表示联动轴数，*F* 表示复合。当单个字母不够用时，可将两个字母组合起来使用，例如，AB、AC、AD 等，或 BA、CA、DA 等。其他特性代号，也可用阿拉伯数字表示，还可用阿拉伯数字和汉语拼音字母组合表示。

根据上述通用机床型号的编制方法，举例如下。

例 0-1　某机床研究所生产的精密卧式加工中心，其型号为 THM6350。

例 0-2　某机床厂生产的经过第一次重大改进，其最大钻孔直径为 25mm 的四轴立式排钻床，其型号为 Z5625 ×4A。

例 0-3 最大回转直径为 400mm 的半自动曲轴磨床，其型号为 MB8240。根据加工的需要，在此型号机床的基础上变换的第一种型式的半自动曲轴磨床，其型号为 MB8240/1，变换的第二种型式的型号为 MB8240/2，依次类推。

例 0-4 某机床厂设计试制的第五种仪表磨床为立式双轮轴颈抛光机，这种磨床无法用一个主参数表示，故其型号为 M0405。后来，又设计了第六种轴颈抛光机，其型号为 M0406。

2. 专用机床的型号

（1）型号表示方法 专用机床的型号一般由设计单位代号和设计顺序组成。型号构成为

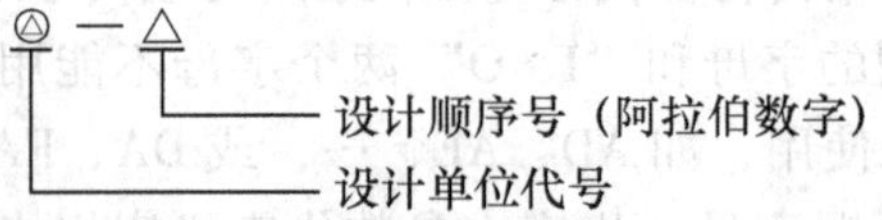

（2）设计单位代号 设计单位代号包括机床生产厂和机床研究单位代号（位于型号之首）。

（3）专用机床的设计顺序号 专用机床的设计顺序号，按该单位的设计顺序号排列，由 001 起始，位于设计单位代号之后，并用“—”隔开，读作“至”。

例如，上海机床厂设计制造的第 15 种专用机床为专用磨床，其型号为 H—015。

3. 机床自动线的型号

（1）机床自动线代号 由通用机床或专用机床组成的机床自动线，其代号为“ZX”读作“自线”)，它位于设计单位代号之后，并用“—”分开，读作“至”。

机床自动线设计顺序号的排列与专用机床的设计顺序号相同，位于机床自动线代号之后。

（2）机床自动线的型号表示方法

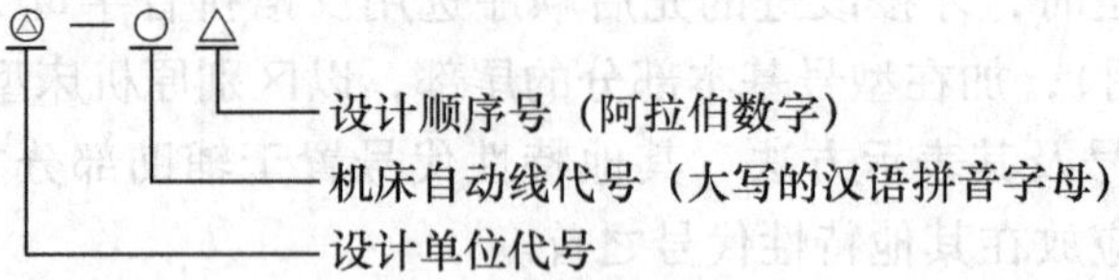

例如，北京机床研究所以通用机床或专用机床为某厂设计的第一条机床自动线，其型号为 JCS—ZX001。

（三）新标准 GB/T15375—2008 与 JB1838—1985（此标准已作废）**比较**

两个标准基本相同，主要差异有：

1）新标准取消了企业代号。

2）增加了具有两类特性机床的说明。例如，铣镗床是以镗为主，铣为辅。主要特性放在后面，次要特性放在前面。

3）增加了联动轴数和复合机床的说明。

4）车、钻、磨、齿轮加工、螺纹加工、铣、锯、其他类共八类机床的个别组所属的系作了增减或修改更名。例如，车床类中的组代号 6 落地及卧式车床增加系代号 6 主轴箱移动型卡盘车床。组代号 5 的插齿机取消所属系——端面插齿机。铣床类中组代号 2 龙门铣床所属系——落地龙门镗铣床修改为龙门移动镗铣床。

例 0-5　工作台最大宽度为 400mm 的五轴联动卧式加工中心，其型号为 TH6340/5L。

例 0-6　配置 MTC-2M 型数控系统的数控床身铣床，其型号为 XK714/C。

例 0-7　最大磨削直径为 400mm 的高精度数控外圆磨床，其型号为 MKG1340。

目前工厂中使用和生产的机床，有一部分的型号仍是按照前几次颁布的机床型号编制方法编制的，其涵义可查阅 1957 年、1959 年、1963 年、1971 年、1976 年和 1985 年历次颁布的机床型号编制方法。

习题与思考题

0-1　举例说明通用（万能）机床、专门化机床和专用机床的主要区别是什么？它们的适用范围怎样？

0-2　说出下列机床的名称和主参数，并说明它们各具有何种通用或结构特性：

CM6132、CG1107、C1336、XK5040、T6112、B2021A、MGB1432、Z3040 卧式升降台铣床。

第一章　机床的运动分析

机床的运动分析是研究机床所应具有的各种运动及其相互关系。其目的在于：能用科学、简便的方法，根据机床的运动规律来分析、比较各类机床的传动系统，从而为合理地使用机床和正确地设计机床的传动系统打下基础。

第一节　工件的表面形状及其形成方法

一、工件表面形状

机床在切削加工过程中，使刀具和工件按一定的规律作相对运动，通过刀具的切削刃切除毛坯上多余的金属，从而得到具有一定几何形状、尺寸精度和表面质量的工件。

图 1-1 所示为机械零件上常用的各种表面。可以看出，尽管机械零件的形状多种多样，但构成其内、外轮廓的，不外乎是几个基本的表面元素。这些表面元素是圆柱面、平面、圆锥面、螺旋面及成形表面等，它们都属于“线性表面”。

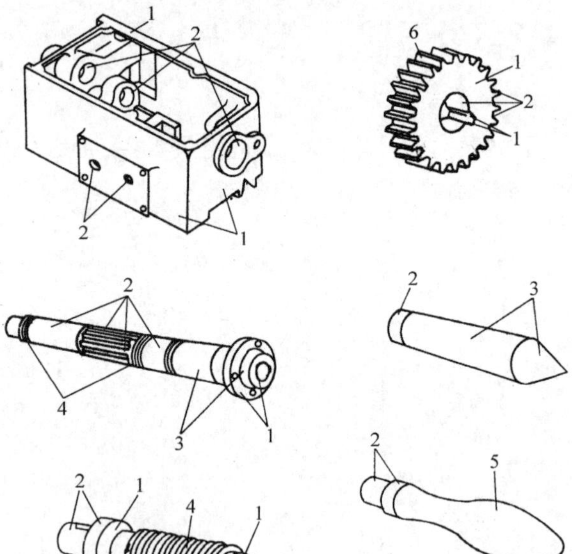

图 1-1　构成机械零件外形轮廓的常用表面

1—平面　2—圆柱面　3—圆锥面　4—螺旋面（成形面）　5—回转体成形面　6—渐开线表面（直线成形面）

二、工件表面的形成方法

所谓“线性表面”是指该表面是由一条线（称为母线）沿着另一条线（称为导线）运动而形成的轨迹。母线和导线统称为发生线。如图 1-2a 所示，平面是由直线 1（母线）沿着直线 2（导线）运动而形成的；图 1-2b、c 为圆柱面和圆锥面，是由直线 1（母线）沿着圆 2（导线）运动而形成的；图 1-2d 为圆柱螺纹的螺旋面，是由“Λ”形线 1（母线）沿着螺旋线 2（导线）运动而形成的；图 1-2e 为直齿圆柱齿轮的渐开线齿廓表面，是由渐开线 1（母线）沿直线 2（导线）运动而形成的。

但要注意有些表面的两条发生线完全相同，只因母线的原始位置不同，也可形成不同的表面。如图 1-3 所示，母线均为直线 1，导线均为圆 2，轴线均为 *O-O*，所需的运动也相同。但由于母线 1 相对于旋转轴线 *O-O* 的原始位置不同，所产生的表面也就不同，如圆柱面、圆锥面或双曲面等。

由图 1-2 可以看出，有些表面的母线和导线可以互换。例如，平面、圆柱面和直齿圆柱

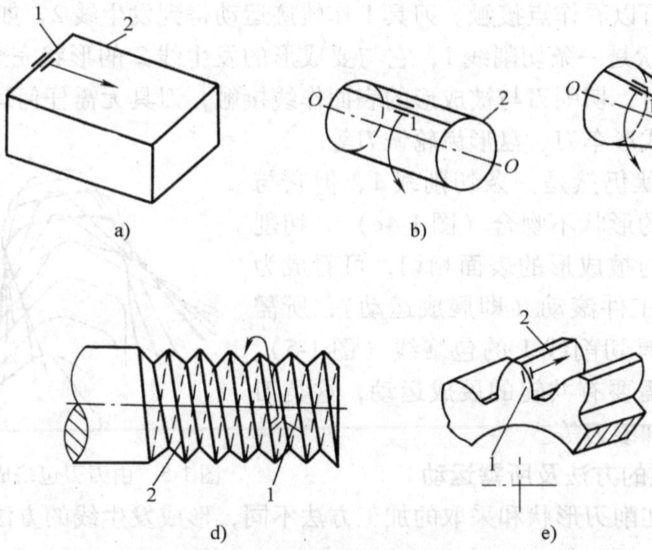

图 1-2　零件表面的成形
1—母线　2—导线

齿轮的渐开线齿廓表面等，这些表面称为可逆表面；而另一些表面，其母线和导线不可互换，如圆锥面、螺旋面等，称为不可逆表面。

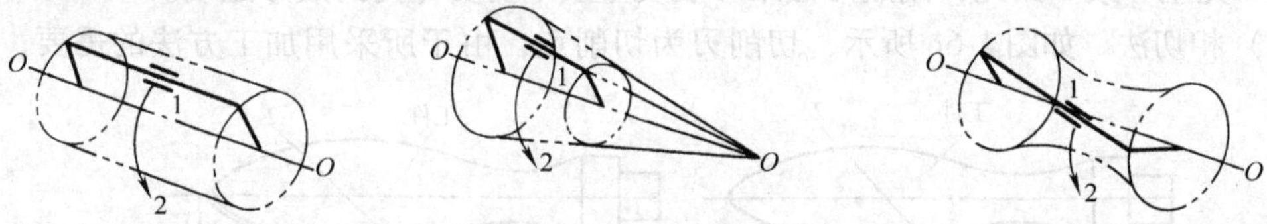

图 1-3　母线原始位置变化时形成的表面

三、发生线的形成方法

（一）切削刃的形状与发生线的关系

发生线是由刀具的切削刃与工件间的相对运动得到的，所以工件表面的成形与刀具切削刃的形状有着极其密切的关系。所谓切削刃的形状，是指切削刃与工件成形表面相接触部分的形状。它和需要成形的发生线的关系可划分为以下三种，如图 1-4 所示。

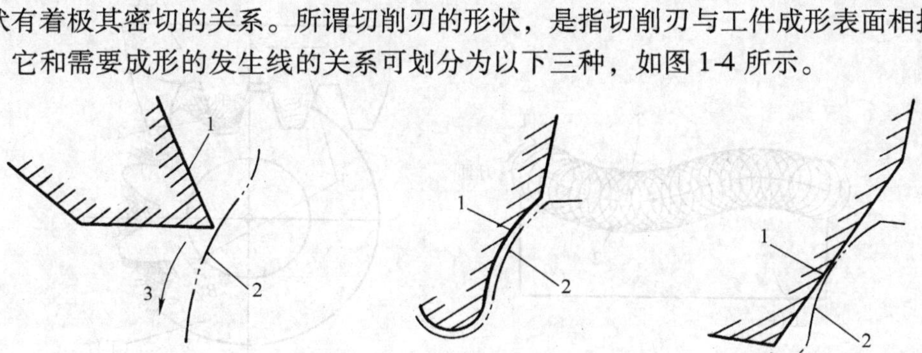

图 1-4　切削刃形状与发生线的关系

（1）切削刃的形状为一切削点（图 1-4a）　在切削过程中，切削刃与被形成表面接触的长度实际上很短，可以看作点接触。刀具1作轨迹运动得到发生线2，如外圆车刀等。

（2）切削刃的形状是一条切削线1，它与要成形的发生线2的形状完全吻合（图1-4b）因此，在切削加工时，切削刃与被成形的表面作线接触，刀具无需任何运动就可以得到所需的发生线形状，如成形车刀、盘形齿轮铣刀等。

（3）切削刃的形状仍然是一条切削线1，但它与需要成形的发生线2的形状不吻合（图1-4c） 切削加工时，刀具切削刃与被成形的表面相切，可看成为点接触，切削刃相对工件滚动（即展成运动），所需成形的发生线2是刀具切削线1的包络线（图1-5）。因此，刀具与工件间需要有共轭的展成运动，这类刀具有齿条刀、插齿刀和滚刀等。

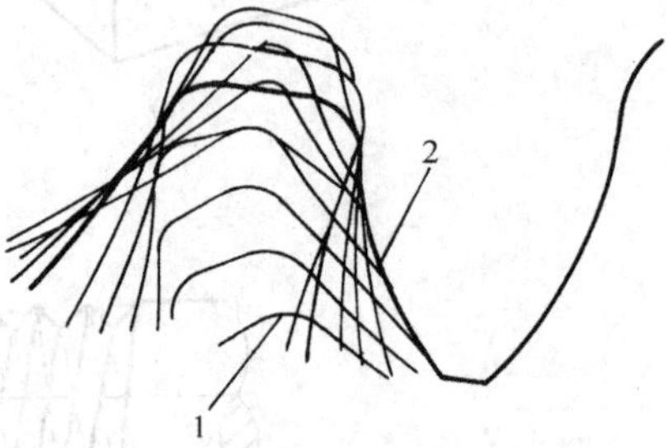

图1-5 由刀刃包络成形的渐开线齿形

（二）形成发生线的方法及所需运动

由于使用的刀具切削刃形状和采取的加工方法不同，形成发生线的方法归纳起来有以下四种。

（1）轨迹法 如图1-6a所示，切削刃为切削点1，它按一定的规律作轨迹运动3，而形成所需要的发生线2。所以采用轨迹法来形成发生线需要一个独立的成形运动。

（2）成形法 如图1-6b所示，切削刃为一条切削线1，它的形状和长短与需要形成的发生线2完全一致。因此，用成形法来形成发生线不需要专门的成形运动。

（3）相切法 如图1-6c所示，切削刃为切削点，由于所采用加工方法的需要，该点是

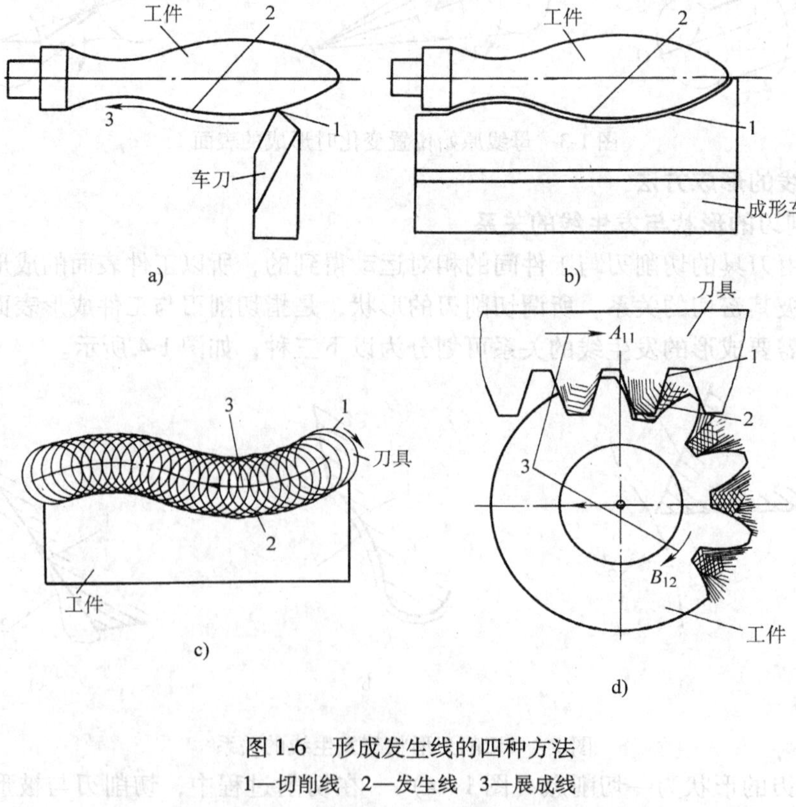

图1-6 形成发生线的四种方法

1—切削线 2—发生线 3—展成线

旋转刀具切削刃上的点 1，切削时刀具的旋转中心按一定规律作轨迹运动 3，它的切削点运动轨迹的包络线（相切线）就形成了发生线 2。所以，用相切法形成发生线需要两个独立的成形运动（其中一个为刀具的旋转运动）。

（4）展成法　如图 1-6d 所示，刀具切削刃的形状为一条切削线 1，但它与需要形成的发生线 2 不相吻合。发生线 2 是切削线 1 的包络线。因此，要得到发生线 2（渐开线）就需要使刀具移动 A_{11} 和使工件作旋转运动 B_{12}。A_{11} 和 B_{12} 可看成是齿轮毛坯在齿条刀具上滚动分解得到的。因此，用展成法形成发生线时需要一个复合的成形运动，这个运动称为展成运动（即由图 1-6d 中 $A_{11}+B_{12}$ 组成的展成线）。

第二节　机床的运动

在金属切削机床上切削工件时，工件与刀具间的相对运动，就其运动性质而言，有旋转运动和直线运动两种。通常用符号 A 表示直线运动，用符号 B 表示旋转运动。就机床上运动的功用来看，则可区分为表面成形运动、切入运动、分度运动、辅助运动、操纵及控制运动和校正运动等。

一、表面成形运动

表面成形运动简称成形运动，是保证得到工件要求的表面形状的运动。表面成形运动是机床上最基本的运动，是机床上的刀具和工件为了形成表面发生线而作的相对运动。例如，图 1-7a 是用尖头车刀车削外圆柱面时，工件的旋转运动 B_1 产生母线（圆），刀具的纵向直线运动 A_2 产生导线（直线）。形成母线和导线的方法，都属于轨迹法。B_1 和 A_2 就是两个表面成形运动。成形运动按其组成情况不同，可能是简单运动、复合运动或两者的组合。如果一个独立的成形运动，是由单独的旋转运动或直线运动构成的，则称此成形运动为简单的成形运动。如图 1-7a 所示，用尖头车刀车削外圆柱面时，工件的旋转运动 B_1 和刀具的直线移动 A_2 就是两个简单的成形运动。如图 1-7b 所示，用砂轮磨削外圆柱面时，砂轮和工件的旋转运动 B_1、B_2 以及工件的直线移动 A_3，也都是简单的成形运动。如果一个独立的成形运动，是由两个或两个以上的单元运动（旋转或直线），按照某种确定的运动关系组合而成，它们是互相依存的，这种成形运动称为复合的成形运动。如图 1-7c 所示，车削螺纹时，形成螺旋形发生线所需的工件与刀具之间的相对螺旋轨迹运动，为简化机床结构和保证精度通常将其分解为工件的等速旋转运动 B_{11} 和刀具的等速直线移动 A_{12}。B_{11} 和 A_{12} 彼此不能独立，它们之间必须保持严格的运动关系，即工件每转 1r 时，刀具直线移动的距离应等于工件螺纹的导程，从而 B_{11} 和 A_{12} 这两个单元运动组成一个复合的成形运动。如图 1-7d 所示，用尖头车刀车削回转体成形面时，车刀的曲线轨迹运动，通常是由相互垂直方向上的、有严格速比关系的两个直线运动 A_{21} 和 A_{22} 来实现，A_{21} 和 A_{22} 也组成一个复合的成形运动。

成形运动按其在切削加工中所起的作用，又可分为主运动和进给运动。主运动是切除工件上的被切削层，使之转变为切屑的主要运动；进给运动是依次或连续不断地把被切削层投入切削，以逐渐切出整个工件表面的运动。主运动的速度高，消耗的功率大；进给运动的速度较低，消耗的功率也较小。任何一种机床必定有且通常只有一个主运动，但进给运动可能有一个或几个，也可能没有（如拉床）。它们可能是简单的成形运动，也可能是复合的成形运动。

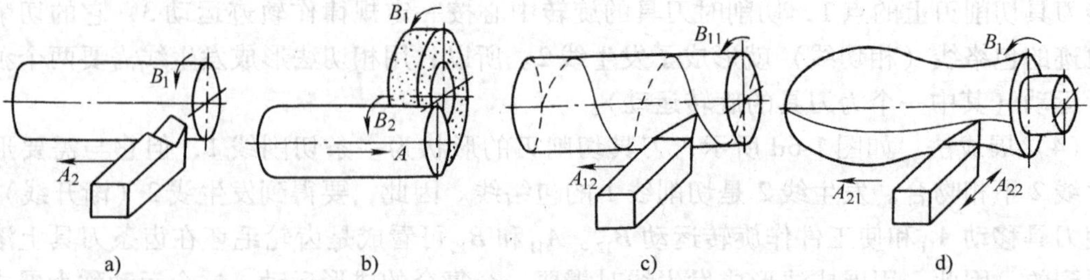

图 1-7 成形运动的组成

表面成形运动是机床上最基本的运动，其轨迹、数目、行程和方向等，在很大程度上决定着机床的传动和结构型式。显然，用不同工艺方法加工不同形状的表面，所需的表面成形运动是不同的，从而产生了各种不同类型的机床。然而即使是用同一种工艺方法和刀具结构加工相同表面，由于具体加工条件不同，表面成形运动在刀具和工件之间的分配也往往不同。例如，车削外圆柱面，多数情况下表面成形运动是工件旋转和刀具直线移动，但根据工件形状、尺寸和坯料形式等具体条件不同，表面成形运动也可以是工件旋转并直线移动，或者刀具旋转和工件直线移动，或者刀具旋转并直线移动，如图 1-8 所示。表面成形运动在刀具和工件之间的分配情况不同，机床结构也不一样，这就决定了机床结构型式的多样化。

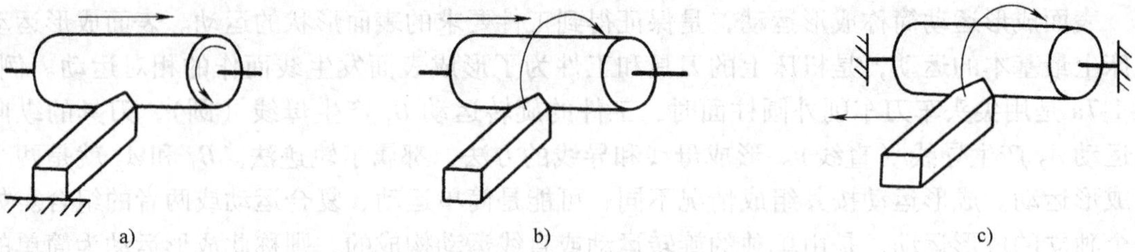

图 1-8 圆柱面的车削加工方式

二、切入运动

用于实现使工件表面逐步达到所需尺寸的运动。

三、分度运动

当加工若干个完全相同的均匀分布的表面时，为使表面成形运动得以周期地连续进行的运动称为分度运动。

分度运动可以是回转的分度，例如，车多线螺纹，车完一个螺纹表面后，工件相对刀具要回转（$1/k$）r（k——螺纹线数）才能车削另一条螺纹表面，这个工件相对刀具的旋转运动就是分度运动。分度运动也可以是直线移动，例如车多线螺纹时，在车完一条螺旋线后，刀架移动一个螺距进行分度。

分度运动可以是间歇分度，如自动车床的回转刀架的转位；也可以是连续的，如插齿机、滚齿机的工件分度等，此时分度运动包含在表面成形运动之中。

分度运动可以是手动、机动和自动的。

四、辅助运动

为切削加工创造条件的运动称为辅助运动，如工件或刀具的调位、快速趋近、快速退出和工作行程中空程的超越运动，以及修整砂轮、排除切屑、刀具和工件的自动装卸和夹紧等。

辅助运动虽然不直接参与表面成形过程，但对机床整个加工过程是不可缺少的，同时还对机床的生产率、加工精度和表面质量有较大的影响。

五、操纵及控制运动

操纵及控制运动包括起动、停止、变速、换向、部件与工件的夹紧和松开、转位以及自动换刀、自动测量、自动补偿等运动。

六、校正运动

在精密机床上，为了消除传动误差的运动称为校正运动。如精密螺纹车床或螺纹磨床中的螺距校正运动。

第三节 机床的传动联系和传动原理图

一、机床传动的组成

为了实现加工过程中所需的各种运动，机床必须有执行件、运动源和传动装置三个基本部分。

（1）执行件 是执行机床运动的部件，如主轴、刀架、工作台等，其任务是装夹刀具或工件，直接带动它们完成一定形式的运动（旋转或直线运动），并保证其运动轨迹的准确性。

（2）运动源 是为执行件提供运动和动力的装置，如交流异步电动机、直流或交流调速电动机和伺服电动机等。可以几个运动共用一个运动源，也可以每个运动有单独的运动源。

（3）传动装置（传动件） 是传递运动和动力的装置，通过它把执行件和运动源或有关的执行件之间联系起来，使执行件获得一定速度和方向的运动，并使有关执行件之间保持某种确定的相对运动关系。机床的传动装置有机械、液压、电气、气压等多种形式。传动装置还有完成变换运动的性质、方向、速度的作用。

二、机床的传动联系和传动链

机床上为了得到所需要的运动，需要通过一系列的传动件把执行件与运动源（如把主轴和电动机），或者把执行件和执行件（如把主轴和刀架）之间联系起来，称为传动联系。构成一个传动联系的一系列顺序排列的传动件，称为传动链。传动链中通常包含两类传动机构：一类是传动比和传动方向固定不变的传动机构，如定比齿轮副、蜗杆副、丝杠螺母副等，称为定比传动机构；另一类是根据加工要求可以变换传动比和传动方向的传动机构，如交换齿轮变速机构、滑移齿轮变速机构、离合器换向机构等，统称为换置机构。

根据传动联系的性质，传动链可以分为两类。

1. 外联系传动链

它是联系运动源（如电动机）和机床执行件（如主轴、刀架、工作台等）之间的传动链，使执行件得到运动，而且能改变运动的速度和方向，但不要求运动源和执行件之间有严格的传动比关系。如图 1-9 所示，车圆柱螺纹时，从电动机传到车床主轴的传动链“1—2—u_v—3—4”就是外联系传动链，它只决定车螺纹的速度，而不影响螺纹表面的成形。

2. 内联系传动链

当表面成形运动为复合的成形运动时，它是由保持严格的相对运动关系的几个单元运动

（旋转或直线运动）所组成，为完成复合的成形运动，必须有传动链把实现这些单元运动的执行件与执行件之间联系起来，并使其保持确定的运动关系，这种传动链叫做内联系传动链。如图 1-9 所示，车削圆柱螺纹时需要工件旋转 B_{11} 和车刀直线移动 A_{12} 组成的复合运动，这两个单元运动应保持严格的运动关系是：工件每转 1r，车刀准确地移动工件螺纹一个导程的距离。为保证这一运动关系，需用传动链“4—5—u_x—6—7”将两个单元运动的执行件（主轴和刀架）联系起来，并且这条传动链的总传动比必须准确地满足上述运动关系的要求。改变传动链中的换置机构 u_x，可以改变工件和车刀之间的相对运动关系，以满足车削不同导程螺纹的需要。上例这种联系复合的成形运动内部两个单元运动的执行件的传动链，即是内联系传动链。由于内联系传动链本身不能提供运动和动力，为使执行件获得运动，还需有一条外联系传动链将运动源的运动和动力传到内联系传动链上来，如图 1-9 中的由电动机至主轴的主运动传动链。换置机构 u_v 用于改变整个复合运动的速度。

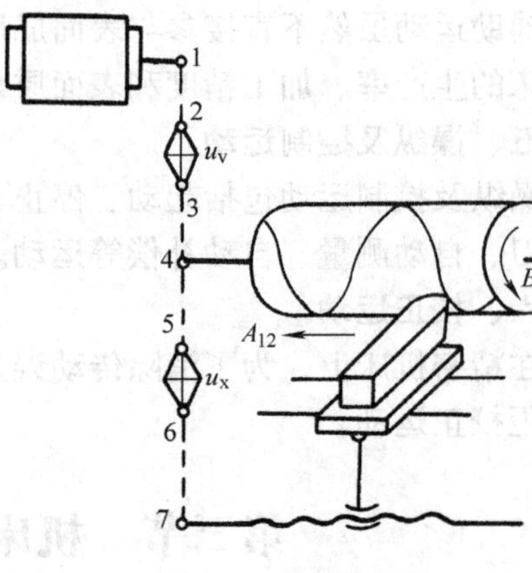

图 1-9　车圆柱螺纹

内联系传动链必须保证复合运动的两个单元运动严格的运动关系，其传动比是否准确以及由其确定的两个单元运动的相对运动方向是否正确，将会直接影响被加工表面的形状精度。因此，内联系传动链中不能有传动比不确定或瞬时传动比变化的传动机构，如带传动、链传动和摩擦传动等。

三、传动原理图

为了便于研究机床的传动联系，常用一些简单的符号表示运动源与执行件及执行件与执行件之间的传动联系，这就是传动原理图。传动原理图仅表示形成某一表面所需的成形、分度和与表面成形有直接关系的运动及其传动联系。图 1-10 所示为传动原理图常用的一部分符号。

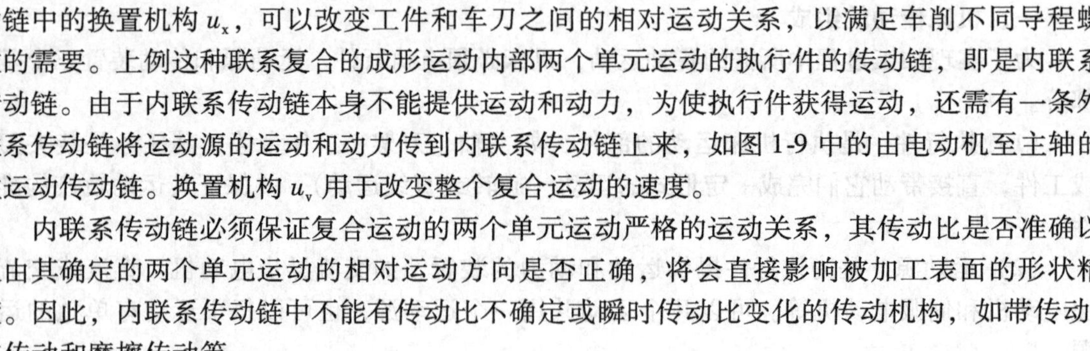

图 1-10　传动原理图常用的一些示意符号

a）电动机　b）主轴　c）车刀　d）滚刀　e）合成机构　f）传动比可变换的换置机构　g）传动比不变的机械联系　h）电的联系　i）脉冲发生器　j）快调换置机构——数控系统

图 1-11 为车圆锥螺纹的传动原理图。车圆锥螺纹需要三个单元运动组成的复合运动：工件旋转 B_{11}、车刀纵向直线移动 A_{12} 和横向直线移动 A_{13}。这三个单元运动之间必须保持严

格的运动关系是：工件转 1r 的同时，车刀纵向移动工件螺纹一个导程 P_h 的距离，横向移动 $P_h\tan\alpha$ 的距离（α 为圆锥螺纹的斜角）。为保证上述运动关系，需在主轴与刀架纵向溜板之间用传动链“4—5—u_x—6—7”联系，在刀架纵向溜板与横向溜板之间用传动链“7—8—u_y—9”联系，这两条传动链都是内联系传动链。传动链中的 u_x 是为适应不同导程螺纹的需要，u_y 是为适应加工不同锥度螺纹的需要。外联系传动链“1—2—u_v—3—4”使主轴和刀架获得一定速度和方向的运动。为实现一个复合运动，必须有一条外联系传动链和一条或几条内联系传动链。

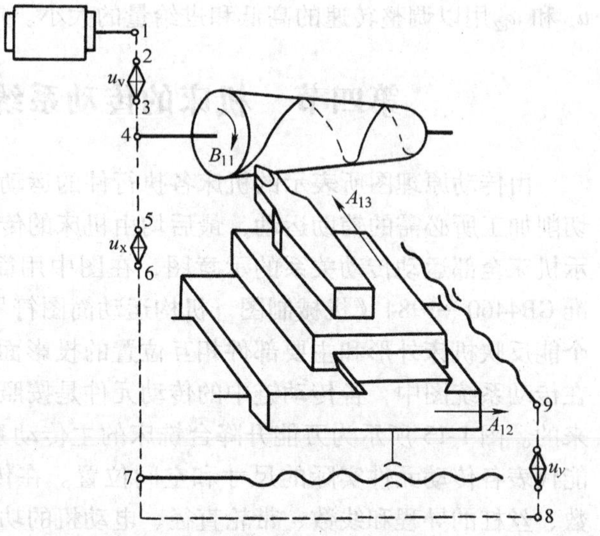

图 1-11　车圆锥螺纹的传动原理图

数控车床的传动原理图基本上与卧式车床相同，所不同的是许多地方用电联系代替机械联系，如图 1-12 所示。车削螺纹时，脉冲发生器 P 通过机械传动装置（通常是一对齿数相等的齿轮）与主轴相联系。主轴每转 1r，P 发出 N 个脉冲，经“3—4”至纵向快速调整换置机构 u_{c1} 和伺服系统“5—6”控制伺服电动机 M_1，它或经机械传动装置“7—8”或直接与滚珠丝杠联接传动滚珠丝杠，使刀架作纵向直线运动 A_2，并保证主轴每转 1r，刀架纵向移动一个工件螺纹的导程。改变 u_{c1}，可使其输出脉冲发生变化，以满足车削不同导程的螺纹要求。

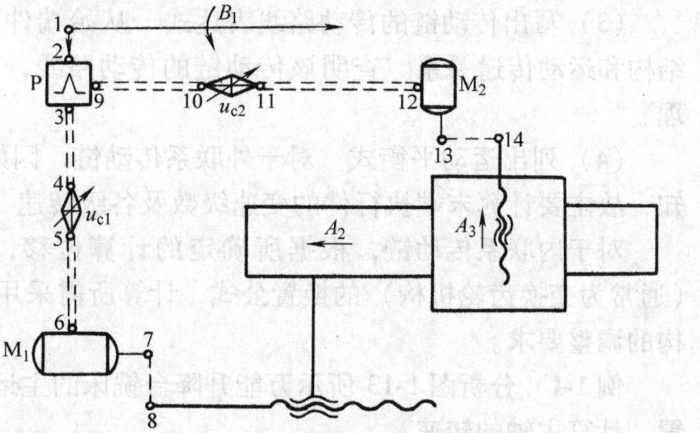

图 1-12　数控车床的螺纹链和进给链

此外，车削螺纹时，脉冲发生器还发出另一组脉冲，即主轴每转发出一个脉冲，称为“同步脉冲”。由于在加工螺纹时，必须经过多次重复车削才能完成，为了保证螺纹不乱扣，数控系统必须控制刀具的切削相位，以保证在螺纹上的同一切削点切入。同步脉冲是保证在螺纹车削中不产生乱扣的唯一控制信号。

车削端面螺纹时，脉冲发生器 P 发出的脉冲经“9—10—u_{c2}—11—12—M_2—13—14—丝杠”使刀具作横向移动 A_3。

车削成形曲面时，主轴每转 1r，脉冲发生器 P 发出的脉冲同时控制纵向移动 A_2 和横向移动 A_3。这时，联系纵、横向运动的传动链“A_2—纵向丝杠—8—7—M_1—6—5—u_{c1}—4—3—脉冲发生器 P—9—10—u_{c2}—11—12—M_2—13—14—横向丝杠—A_3”形成一条内联系传动链，u_{c1} 和 u_{c2} 同时不断地变化，以保证刀尖沿着要求的轨迹运动，以便得到所需的工件表面形状，并使 A_2、A_3 的合成线速度的大小基本保持恒定。

车削圆柱面或端面时，主轴的转动 B_1 和刀具的移动 A_2 或 A_3 是三个独立的简单运动，

u_{c1}和u_{c2}用以调整转速的高低和进给量的大小。

第四节　机床的传动系统与运动的调整和计算

由传动原理图所表示的机床各执行件的运动情况和它们之间的相互关系以及其他各种为切削加工所必需的辅助运动，最后均由机床的传动系统图表达出来。机床的传动系统图是表示机床全部运动传动关系的示意图，在图中用简单的规定符号代表各种传动元件（国家标准 GB4460—1984《机械制图　机构运动简图符号》见附录 B）。机床的传动系统图是画在一个能反映机床外形和主要部件相互位置的投影面上，并尽可能绘制在机床外形的轮廓线内。在传动系统图中，各传动链中的传动元件是按照运动传递的先后顺序，以展开图的形式画出来的。图 1-13 所示为万能升降台铣床的主传动系统图。传动系统图只能表示传动关系，不能代表各传动元件实际的尺寸和空间位置。在传动系统图中通常还须标明齿轮和蜗轮的齿数、丝杠的导程和线数、带轮直径、电动机的功率和转速、传动轴的编号等有关数据。

分析一台机床的传动系统时，首先应以传动原理图所表达的各条传动链为依据，大致可按下列步骤进行。

（1）确定传动链两端件　找出该传动链的始端件和末端件。

（2）根据两端件的相对运动要求确定计算位移　这主要是对内联系传动链而言，确定始端件和末端件之间的计算位移（指单位时间内两者的相对位移量）。

（3）写出传动链的传动路线表达式　从始端件向末端件顺次分析各传动轴之间的传动结构和运动传递关系。查明该传动链的传动路线，以及变速、换向、接通和断开的工作原理。

（4）列出运动平衡式　对于外联系传动链，因始端件为动力源（电动机），其转速为已知，故主要计算末端执行件的变速级数及各级转速（或速度）。

对于内联系传动链，根据所确定的计算位移，从运动平衡式中，或整理出换置机构（通常为交换齿轮机构）的换置公式，计算所需采用的交换齿轮齿数，或确定对其他变速机构的调整要求。

例 1-1　分析图 1-13 所示万能升降台铣床的主运动传动系统，并按照图示齿轮的啮合位置，计算主轴的转速。

解：万能升降台铣床上，主运动传动链的两端件是主电动机（7.5kW，1440r/min）和主轴Ⅴ。由图 1-13 可知，电动机的运动经弹性联轴器传给轴Ⅰ，然后经轴Ⅰ—Ⅱ之间的定比齿轮副 26/54 以及轴Ⅱ—Ⅲ、Ⅲ—Ⅳ和Ⅳ—Ⅴ之间的三个滑移齿轮变速机构，带动主轴Ⅴ旋转，并使其获得 3×3×2＝18 级不同的转速。主轴的开、停及变向均由电动机实现；轴Ⅰ右端的多片式电磁制动器 M_1 用于电动机停转时，能迅速而平稳地制动主轴，主运动传动链的传动路线表达式为

$$\text{电动机}-\mathrm{I}-\frac{26}{54}-\mathrm{II}-\begin{bmatrix}\frac{16}{39}\\\frac{19}{36}\\\frac{22}{33}\end{bmatrix}-\mathrm{III}-\begin{bmatrix}\frac{18}{47}\\\frac{28}{37}\\\frac{39}{26}\end{bmatrix}-\mathrm{IV}-\begin{bmatrix}\frac{19}{71}\\\frac{82}{38}\end{bmatrix}-\mathrm{V}\ (\text{主轴})$$

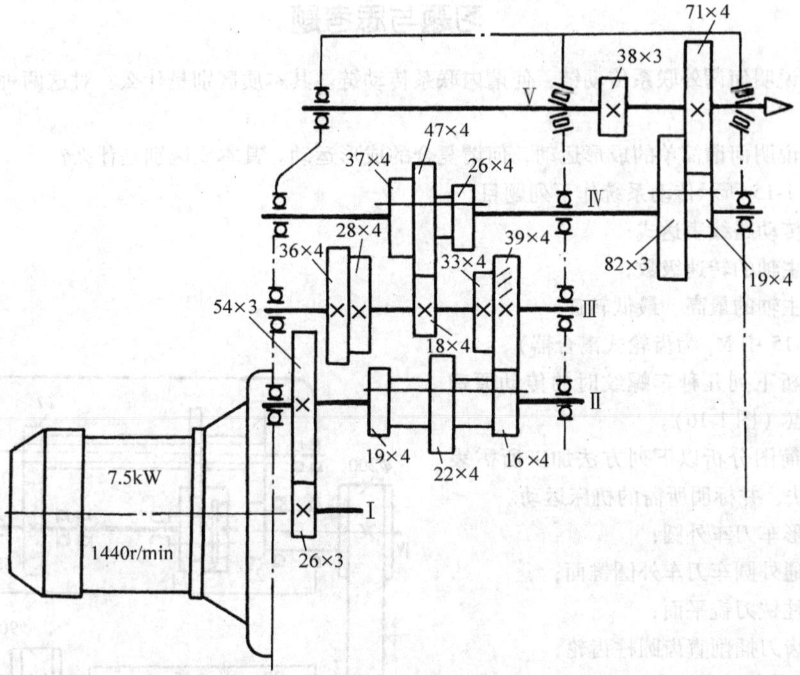

图 1-13 万能升降台铣床的主传动系统

根据图 1-13 所示齿轮啮合位置，可以得出主轴转速为

$$n_{主} = 1440 \times \frac{26}{54} \times \frac{16}{39} \times \frac{18}{47} \times \frac{19}{71}\text{r/min} = 29\text{r/min}$$

例 1-2 根据图 1-14 所示车螺纹进给传动链，确定交换齿轮变速机构的换置公式。

解：（1）传动链两端件 主轴—刀架

（2）确定计算位移 主轴 1r—刀架移动 P_h（P_h 是工件螺纹导程，单位为 mm）。

（3）列运动平衡式

$$1 \times \frac{60}{60} \times \frac{30}{45} \times \frac{a}{b}\ \frac{c}{d} \times 12 = P_h$$

（4）求换置公式 将上式化简整理，得出交换齿轮变速机构的换置公式为

$$u_x = \frac{a}{b}\ \frac{c}{d} = \frac{P_h}{8}$$

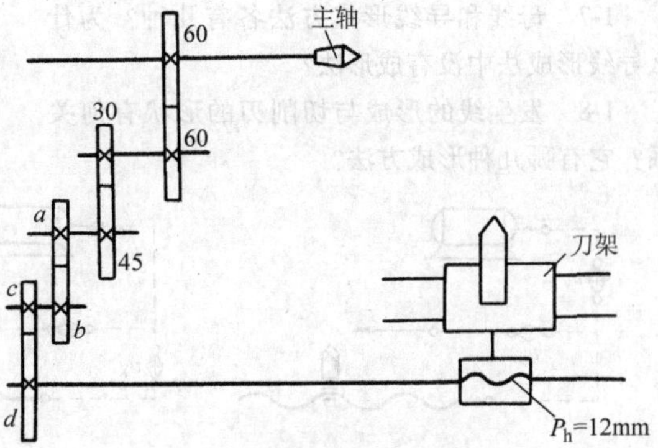

图 1-14 螺纹进给传动链

如将所需车削的工件螺纹导程的数值代入此换置公式，便可计算出交换齿轮变速机构的传动比以及各配换齿轮的齿数。例如，$P_h = 9\text{mm}$，则 $u_x = \frac{a}{b}\ \frac{c}{d} = \frac{9}{8} = \frac{45}{30} \times \frac{60}{80}$，即配换齿轮的齿数为 $a = 45$，$b = 30$，$c = 60$，$d = 80$。

根据换置机构的传动比确定配换齿轮齿数的方法有许多种，其中常用的是因子分解法和查表法。

习题与思考题

1-1 举例说明何谓外联系传动链，何谓内联系传动链。其本质区别是什么？对这两种传动链有何不同要求？

1-2 举例说明何谓简单的成形运动，何谓复合的成形运动。其本质区别是什么？

1-3 按图1-15所示传动系统作下列题目。

（1）写出传动路线表达式；

（2）分析主轴的转速级数；

（3）计算主轴的最高、最低转速。

（注：图1-15中 M_1 为齿轮式离合器）

1-4 试分析下列几种车螺纹时的传动原理图各自的优缺点（图1-16）。

1-5 试用简图分析以下列方法加工所需表面时的成形方法，并标明所需的机床运动。

（1）用成形车刀车外圆；

（2）用普通外圆车刀车外圆锥面；

（3）用圆柱铣刀铣平面；

（4）用插齿刀插削直齿圆柱齿轮；

（5）用钻头钻孔；

（6）用丝锥攻螺纹；

（7）用（窄）砂轮磨（长）圆柱体；

（8）用单片薄砂轮磨螺纹。

1-6 传动原理图与传动系统图有何区别？

1-7 母线和导线形成方法各有几种？为什么导线形成法中没有成形法？

1-8 发生线的形成与切削刃的形状有何关系？它有哪几种形成方法？

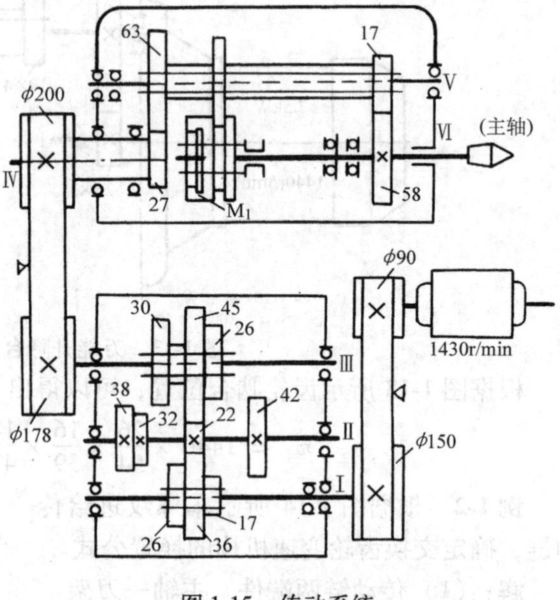

图1-15 传动系统

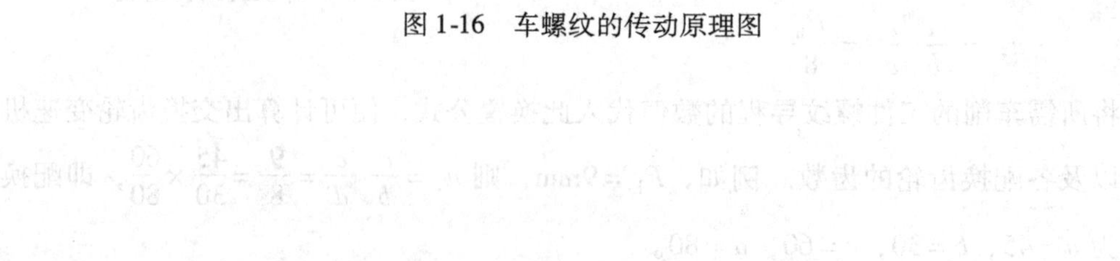

图1-16 车螺纹的传动原理图

第二章　车　床

车床是机械制造中使用最广泛的一类机床，主要用于加工各种回转表面（内外圆柱面、圆锥面、回转体成形面等）和回转体的端面，有些车床还能加工螺纹。

车床加工所使用的刀具主要是车刀，很多车床还可以使用钻头、扩孔钻、铰刀、丝锥、板牙等孔加工刀具和螺纹刀具进行加工。加工时的主运动一般为工件的旋转运动，进给运动则由刀具直线移动来完成。

车床的种类很多，按其用途和结构不同，主要分为落地及卧式车床，回轮、转塔车床，立式车床，仿形及多刀车床，单轴自动车床，多轴自动、半自动车床等。此外，还有各种专门化车床，如曲轴与凸轮轴车床，轮、轴、辊、锭及铲齿车床等，在大批大量生产中还使用各种专用车床。

第一节　卧式车床的工艺范围及其组成

一、工艺范围与运动

在各种车床中，卧式车床应用最普遍，它的工艺范围很广，能车削内外圆柱面、圆锥面、回转体成形面和环形槽，车削端面和各种螺纹，还可以进行钻孔、扩孔、铰孔、攻螺纹、套螺纹和滚花（图 2-1）。但卧式车床的自动化程度较低，加工形状复杂的工件时，换刀比较麻烦，加工中辅助时间较长，生产率低，所以仅适用于单件小批生产及修理车间。

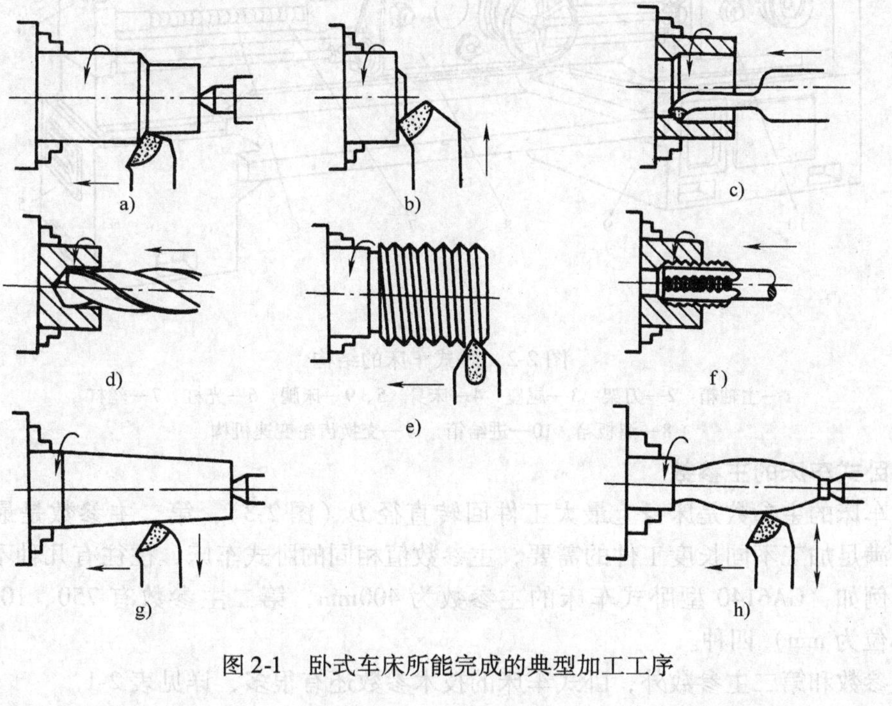

图 2-1　卧式车床所能完成的典型加工工序

由图 2-1 可以看出，为完成各种加工工序，车床必须具备下列成形运动，工件的旋转运动——主运动；刀具的直线移动——进给运动。在普通车削时，工件的旋转运动和刀具的移动，为两个相互独立的简单成形运动，而在加工螺纹时，由于工件旋转和刀具移动之间必须保持严格的运动关系，因此它们组合成一个复合成形运动——螺旋轨迹运动，它是一条内联系传动链，习惯上常称为螺纹进给运动（螺纹链）。

二、组成部件

卧式车床的结构如图 2-2 所示。床身 4 固定在左、右床腿 9 和 5 上，它的主要用途是支承机床各部件，使各部件保持准确的相对位置。主轴箱 1 固定地安装在床身 4 的左端，其内装有主轴和变速传动机构；主轴前端可装卡盘，用以夹持工件，由电动机经变速机构带动旋转，实现主运动，并获得所需转速。床身 4 右边装有尾座 3 可沿导轨作纵向调位运动，其上的套筒可安装顶尖，以便支承较长工件的一端；也可以安装钻头、铰刀等孔加工刀具，对工件进行加工，此时，尾座 3 应固定在床身 4 上，摇动其右侧的手轮（手动）实现纵向进给。刀架 2 装在床身导轨上，它由几层滑板和方刀架组成，可带着夹持在其上的车刀移动，实现纵向、横向和斜向（通常只能手动）进给运动。刀架 2 作进给运动时，运动由主轴箱 1 经交换齿轮变速机构 11、进给箱 10、光杠 6 或丝杠 7 传至溜板箱 8，进而带动溜板上的刀架 2，以实现各种车削加工。

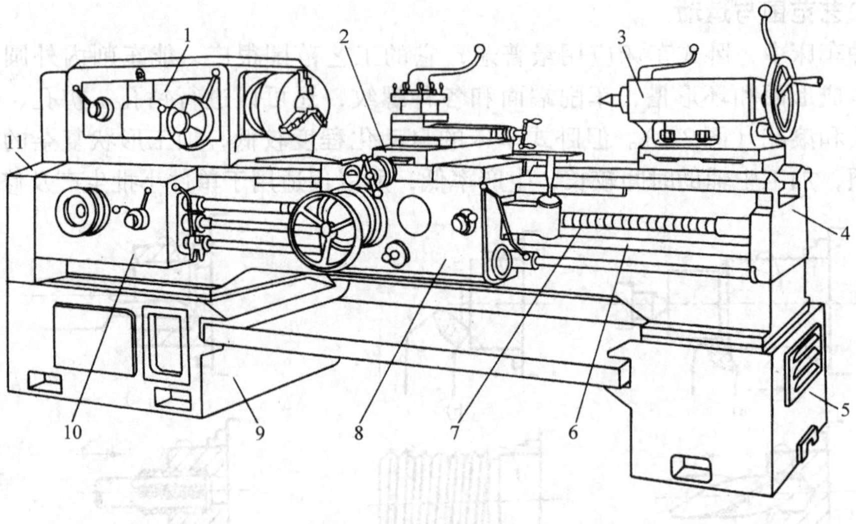

图 2-2　卧式车床的结构

1—主轴箱　2—刀架　3—尾座　4—床身　5、9—床腿　6—光杠　7—丝杠

8—溜板箱　10—进给箱　11—交换齿轮变速机构

三、卧式车床的主参数

卧式车床的主参数是床身上最大工件回转直径 D（图 2-3），第二主参数是最大工件长度。为了满足加工不同长度工件的需要，主参数值相同的卧式车床，往往有几种不同的第二主参数。例如，CA6140 型卧式车床的主参数为 400mm，第二主参数有 750、1000、1500、2000（单位为 mm）四种。

除主参数和第二主参数外，卧式车床的技术参数还有很多，详见表 2-1。

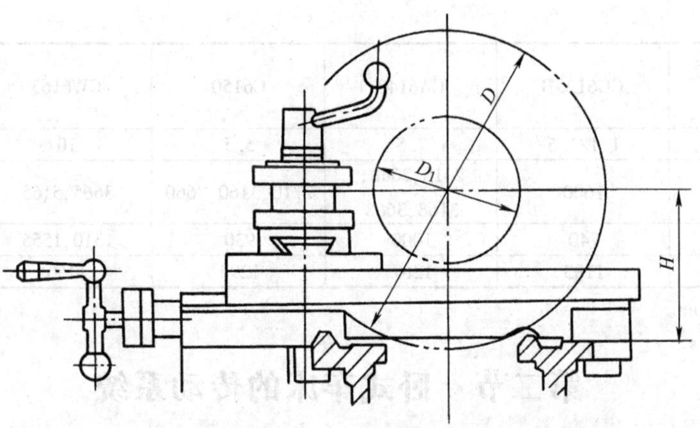

图 2-3 卧式车床的中心高和最大加工直径

表 2-1 几种卧式车床的技术参数

技术参数 \ 型号		CG6125B	CA6140	C6150	CW6163	CW61100
最大加工直径 mm	在床身上	250	400	500	630	1000
	在刀架上	130	210	280	350	630
	棒料	27	47	51	78	98
最大加工长度/mm		450	650,900 1400,1900	950,1400,1900	1360,2900	1300,2800,4800, 7800,9800,13800
中心高/mm		125	205	250	315	500
顶尖距/mm		500	750,1000, 1500,2000	1000,1500,2000	1500,3000	1500,3000,5000, 8000,10000,14000
主轴锥孔		莫氏锥度4号	莫氏锥度6号	莫氏锥度6号	米制锥度100号	米制锥度120号
主轴转速范围/ ($r \cdot min^{-1}$)		40~200	10~1400 (24级)	20~1250 (18级)	6~800 (18级)	3.15~315 (21级)
进给量范围	纵向/($mm \cdot r^{-1}$)	6~114① (无级)	0.028~6.33 (64级)	0.028~6.528	0.1~24.3 (64级)	0.1~12 (56级)
	横向/($mm \cdot r^{-1}$)	0.5~9.5① (无级)	0.014~3.16 (64级)	0.010~2.456	0.05~12.15 (64级)	0.05~6 (56级)
加工螺纹范围	米制/mm	0.5~4(15种)	1~192(44种)	1~80	1~240(39种)	1~120(44种)
	英制/(牙$\cdot in^{-1}$)		2~24(20种)	40~7/16	1~14(20种)	$\frac{3}{8}$~28(31种)
	模数/mm	0.25~1.5(10种)	0.25~48(39种)	0.5~40	0.5~120(45种)	0.5~60(45种)
	径节/(牙$\cdot in^{-1}$)		7~96(37种)	80~7/8	1~28(24种)	1~56(25种)
刀架最大行程 mm	纵向	450	650,900, 1400,1900	950,1400,1900	1360,2900	1450,2950,4950, 7950,9950,13950
	横向	125	320	290	420	520
	刀架溜板	75	140	140	200	300
尾座套筒锥孔尺寸		莫氏锥度2号	莫氏锥度5号	莫氏锥度4号	莫氏锥度6号	莫氏锥度6号
尾座套筒最大行程/mm		100	150	170	250	300

（续）

技术参数 \ 型号		CG6125B	CA6140	C6150	CW6163	CW61100
主电动机功率/kW		1.1/1.5	7.5	5.5	10	22
机床外形尺寸 mm	长度	1600	2418,2668,3168,3668	2710,3160,3660	3665,5165	4600,6100,8100,11100,13100,17100
	宽度	740	1000	930	1310,1555	2150
	高度	1183	1267	1295	1450	1700

① 单位为mm/min。

第二节 卧式车床的传动系统

卧式车床为了加工出所需要的表面，机床的传动系统需具备以下传动链：实现主运动的主传动链；实现螺纹进给运动的螺纹链；实现纵向或横向进给运动的纵、横向进给传动链。此外，为了节省辅助时间和减轻工人劳动强度，有些卧式车床，特别是尺寸较大的卧式车床，还有一条快速空行程传动链，在加工中可传动刀架快速退离或趋近工件。

图2-4为CA6140型卧式车床的传动系统图。现根据第一章所介绍的方法对主要传动链进行分析和计算。

一、主运动传动链

1. 传动路线

CA6140型卧式车床的主运动传动链可使主轴获得24级正转转速（10～1400r/min）及12级反转转速（14～1580r/min）。其传动路线是，运动由主电动机（7.5kW，1440r/min）经V带传至主轴箱中的轴Ⅰ，轴Ⅰ上装有一个双向多片式摩擦离合器 M_1，用以控制主轴的起动、停止和换向。离合器 M_1 向左接合时，主轴正转；向右接合时，主轴反转；左、右都不接合时，主轴停转（电动机仍然空转）。轴Ⅰ的运动经离合器 M_1、轴Ⅰ—Ⅱ和轴Ⅱ—Ⅲ间变速齿轮传至轴Ⅲ，然后分两路传给主轴。当主轴Ⅵ上的滑移齿轮 z_{50} 处于左边位置时(图2-4)，运动经齿轮副63/50直接传给主轴，使主轴得到6级高转速；当滑移齿轮 z_{50} 处于右边位置，使内齿轮式离合器 M_2 接合时，则运动经轴Ⅲ—Ⅳ—Ⅴ间的背轮机构和齿轮副26/58传给主轴，使主轴获得中、低转速。主运动传动链的传动路线表达式为

$$\underset{\left(\frac{7.5\text{kW}}{1440\text{r/min}}\right)}{\text{电动机}}-\frac{\phi130\text{mm}}{\phi230\text{mm}}-\text{Ⅰ}-\left[\begin{matrix}\underset{(\text{正转})}{M_1(\text{左})}-\left[\begin{matrix}\frac{51}{43}\\ \frac{56}{38}\end{matrix}\right]\\ \underset{(\text{反转})}{M_1(\text{右})}-\frac{50}{34}-\text{Ⅶ}-\frac{34}{30}\end{matrix}\right]-\text{Ⅱ}-\left[\begin{matrix}\frac{22}{58}\\ \frac{30}{50}\\ \frac{39}{41}\end{matrix}\right]-\text{Ⅲ}-\left[\begin{matrix}\left[\begin{matrix}\frac{20}{80}\\ \frac{50}{50}\end{matrix}\right]-\text{Ⅳ}-\left[\begin{matrix}\frac{20}{80}\\ \frac{51}{50}\end{matrix}\right]-\text{Ⅴ}-\frac{26}{58}-M_2\\ \frac{63}{50}\end{matrix}\right]-\text{Ⅵ(主轴)}$$

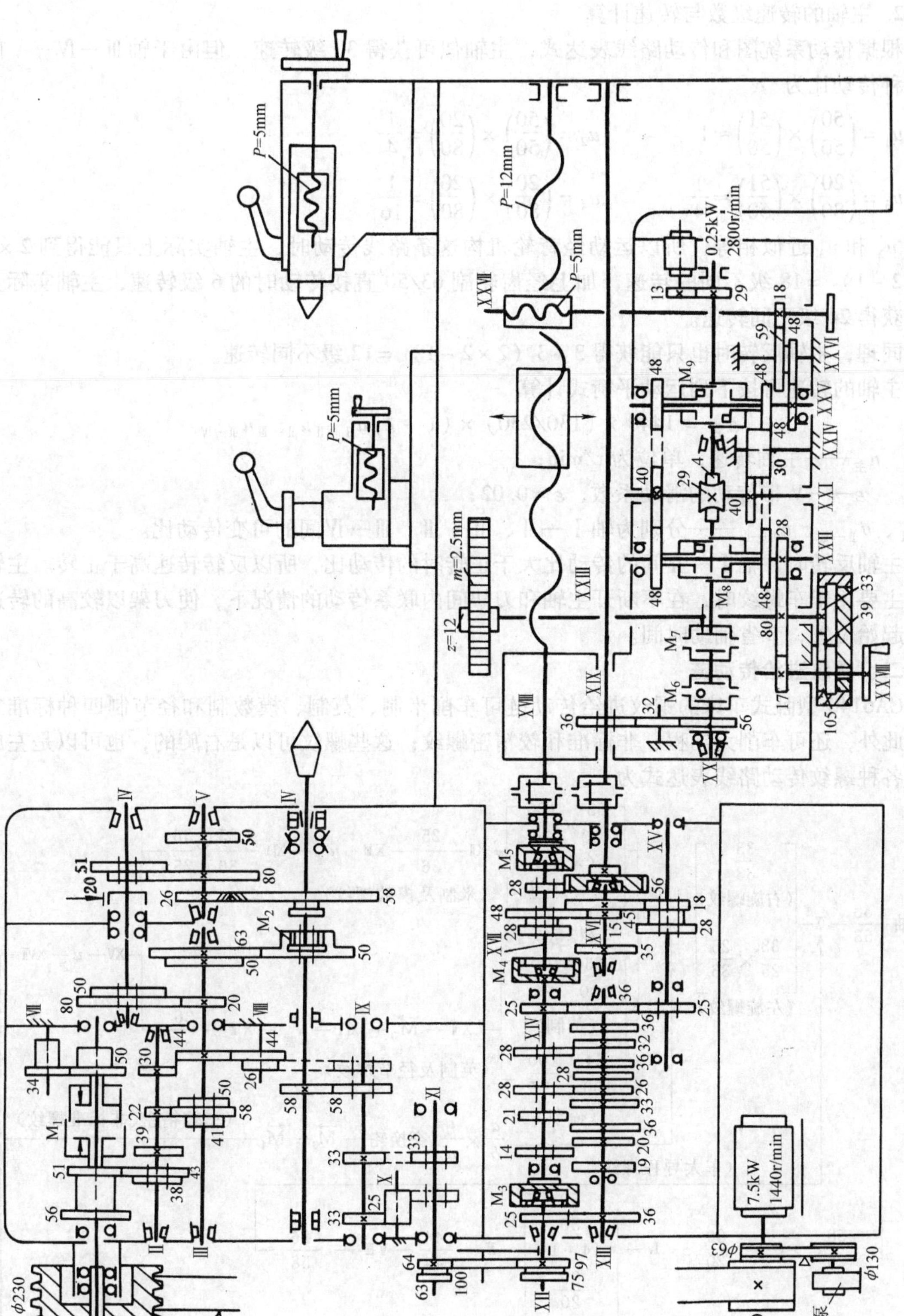

图 2-4 CA6140 型卧式车床的传动系统图

2. 主轴的转速级数与转速计算

根据传动系统图和传动路线表达式，主轴似可获得 30 级转速，但由于轴Ⅲ—Ⅳ—Ⅴ间的四种传动比为

$$u_1=\left(\frac{50}{50}\right)\times\left(\frac{51}{50}\right)\approx 1 \qquad u_2=\left(\frac{50}{50}\right)\times\left(\frac{20}{80}\right)=\frac{1}{4}$$

$$u_3=\left(\frac{20}{80}\right)\times\left(\frac{51}{50}\right)\approx \frac{1}{4} \qquad u_4=\left(\frac{20}{80}\right)\times\left(\frac{20}{80}\right)=\frac{1}{16}$$

其中 u_2 和 u_3 近似相等，所以运动经背轮机构这条路线传动时，主轴实际上只能得到 $2\times3(2\times2-1)=18$ 级不同的转速，加上经齿轮副 63/50 直接传动时的 6 级转速，主轴实际上只能获得 24 级不同转速。

同理，主轴反转时也只能获得 $3+3(2\times2-1)=12$ 级不同转速。

主轴的转速可按下列运动平衡式计算

$$n_{主}=1440\times(130/230)\times(1-\varepsilon)u_{Ⅰ—Ⅱ}u_{Ⅱ—Ⅲ}u_{Ⅲ—Ⅳ}$$

式中 $n_{主}$——主轴转速，单位为 r/min；

ε——V 带传动的滑动系数，$\varepsilon=0.02$；

$u_{Ⅰ—Ⅱ}$、$u_{Ⅱ—Ⅲ}$、$u_{Ⅲ—Ⅳ}$——分别为轴Ⅰ—Ⅱ、Ⅱ—Ⅲ、Ⅲ—Ⅳ间的可变传动比。

主轴反转时，轴Ⅰ—Ⅱ间的传动比大于正转时的传动比，所以反转转速高于正转。主轴反转主要用于车螺纹时，在不断开主轴和刀架间内联系传动的情况下，使刀架以较高的转速退至起始位置，节省辅助时间。

二、螺纹进给传动链

CA6140 型卧式车床的螺纹进给传动链可车削米制、英制、模数制和径节制四种标准螺纹；此外，还可车削大导程、非标准和较精密螺纹；这些螺纹可以是右旋的，也可以是左旋的。各种螺纹传动路线表达式为

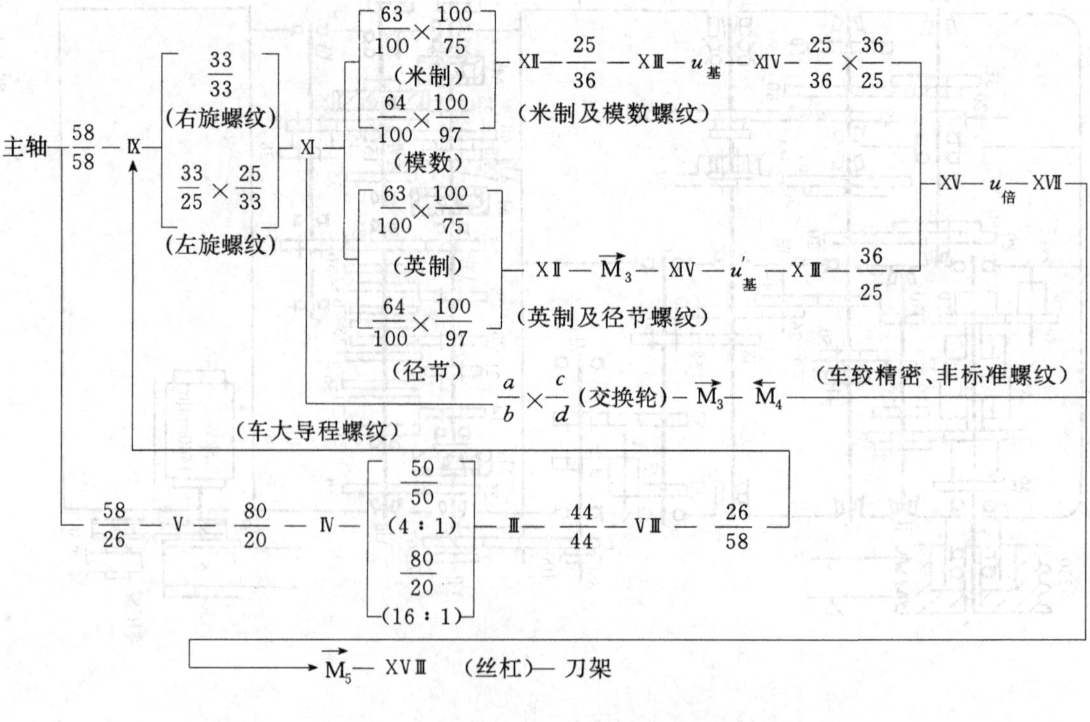

根据上述传动路线表达式，可以列出每种螺纹的运动平衡式，并进行分析和计算。

在车螺纹时必须保证主轴每转1r、刀具准确地移动被加工螺纹一个导程 P_h 的距离，因此可列出运动平衡式为

$$1_{(主轴)} \times u_0 \times u_x \times P_{h丝} = P_{h工}$$

式中 u_0——主轴至丝杠之间全部定比传动机构的固定传动比，是一个常数；

u_x——主轴至丝杠之间换置机构的可变传动比；

$P_{h丝}$——机床丝杠的导程，CA6140型车床的 $P_h = P = 12\text{mm}$，P 为螺距；

$P_{h工}$——被加工螺纹的导程，单位为mm。导程 $P_h = kP$，k 为螺纹线数。

车螺纹时，其中三种螺纹的螺距和导程要换算成米制以毫米为单位模数制，即 $P_{hm} = k\pi m$，m 为模数；英制 $P_{ha} = 25.4k/a$；径节制 $P_{hDP} = 25.4k\pi/DP$，a 和 DP 单位是牙/in。

1. 车米制螺纹

米制螺纹是我国常用的螺纹，其标准螺距值在国家标准中有规定。米制螺纹标准螺距值的特点是按分段等差数列的规律排列的（见表2-2），为此要求螺纹进给传动链的变速机构能按照分段等差数列的规律变换其传动比。这一要求是通过适当调整进给箱中的变速机构来实现的。

车削米制螺纹时，进给箱中的离合器 M_3、M_4 脱开（见图2-4所示位置），M_5 接合。此时，运动由主轴Ⅵ经齿轮副58/58、轴Ⅸ至轴Ⅺ间的左右螺纹换向机构、交换齿轮（63/100）×（100/75），传至进给箱的轴Ⅻ；然后再经齿轮副25/36、轴ⅩⅢ—ⅩⅣ间的滑移齿轮变速机构（基本螺距机构）、齿轮副（25/36）×（36/25），传至轴ⅩⅤ；接下去再经轴ⅩⅤ—ⅩⅦ间的两组滑移齿轮变速机构（增倍机构）和离合器 M_5 传动丝杠ⅩⅧ旋转。合上溜板箱中的开合螺母，使其与丝杠啮合，便带动刀架纵向移动。车米制螺纹时的传动路线表达式为

$$主轴\ Ⅵ - \frac{58}{58} - Ⅸ - \begin{bmatrix} \frac{33}{33} \\ (右旋螺纹) \\ \frac{33}{25} \times \frac{25}{33} \\ (左旋螺纹) \end{bmatrix} - Ⅺ - \frac{63}{100} \times \frac{100}{75} - Ⅻ - \frac{25}{36} - ⅩⅢ - u_{基} -$$

$$- ⅩⅣ - \frac{25}{36} \times \frac{36}{25} - ⅩⅤ - u_{倍} - ⅩⅦ - M_5 - ⅩⅧ（丝杠）- 刀架$$

$u_{基}$ 为轴ⅩⅢ—ⅩⅣ间变速机构的可变传动比，共8种。

$u_{基1} = 26/28 = 6.5/7$ $u_{基2} = 28/28 = 7/7$

$u_{基3} = 32/28 = 8/7$ $u_{基4} = 36/28 = 9/7$

$u_{基5} = 19/14 = 9.5/7$ $u_{基6} = 20/14 = 10/7$

$u_{基7} = 33/21 = 11/7$ $u_{基8} = 36/21 = 12/7$

它们近似按等差数列的规律排列。上述变速机构是获得各种螺纹导程的基本机构，故通常称其为基本螺距机构，或称基本组。

$u_{倍}$ 为轴ⅩⅤ—ⅩⅦ间变速机构的可变传动比，共4种。

$u_{倍1} = (28/35) \times (35/28) = 1$

$u_{倍2} = (18/45) \times (35/28) = 1/2$

$u_{倍3}$ = (28/35) × (15/48) = 1/4

$u_{倍4}$ = (18/45) × (15/48) = 1/8

它们按倍数关系排列。这个变速机构用于扩大机床车削螺纹导程的种数，称其为增倍机构或增倍组。

根据传动系统图或传动链的传动路线表达式，可列出车削米制螺纹时的运动平衡式为

$$P_h = kP = 1_{主轴} \times (58/58) \times (33/33) \times (63/100) \times (100/75) \times (25/36) \times u_{基} \times (25/36) \times (36/25) \times u_{倍} \times 12$$

式中 P_h——螺纹导程（对于单线螺纹为螺距 P），单位为 mm；

$u_{基}$——轴XIII—XIV间基本螺距机构的传动比；

$u_{倍}$——轴XV—XVII间增倍机构的传动比。

将上式化简后得

$$P_h = 7u_{基}\,u_{倍}$$

把 $u_{基}$ 和 $u_{倍}$ 的数值代入上式，可得 8×4 = 32 种导程值，其中符合标准的只有 20 种（见表 2-2）。

表 2-2 CA6140 型车床米制螺纹表

P_h/mm \ $u_{基}$ \ $u_{倍}$	$\frac{26}{28}$	$\frac{28}{28}$	$\frac{32}{28}$	$\frac{36}{28}$	$\frac{19}{14}$	$\frac{20}{14}$	$\frac{33}{21}$	$\frac{36}{21}$
$\frac{18}{45}\times\frac{15}{48}=\frac{1}{8}$	—	—	1	—	—	1.25	—	1.5
$\frac{28}{35}\times\frac{15}{48}=\frac{1}{4}$	—	1.75	2	2.25	—	2.5	—	3
$\frac{18}{45}\times\frac{35}{28}=\frac{1}{2}$	—	3.5	4	4.5	—	5	5.5	6
$\frac{28}{35}\times\frac{35}{28}=1$	—	7	8	9	—	10	11	12

由表 2-2 可以看出，通过变换基本螺距机构的传动比，可以得到大体上按等差数列规律排列的导程值（或螺距值），通过变换增倍机构的传动比，可把由基本螺距机构得到的导程值，按 1∶2∶4∶8 的关系增大或缩小，两种变速机构传动比不同组合的结果，便得到所需的导程（或螺距）数列。

2. 车英制螺纹

英制螺纹又称英寸制螺纹，在采用英寸制的国家中应用较广泛。我国的部分管螺纹目前也采用英制螺纹。

英制螺纹的螺距参数为每英寸长度上螺纹牙（扣）数 a。标准的 a 值也是按分段等差数列的规律排列的，所以英制螺纹的螺距和导程值是分段调和数列（分母是分段等差数列）。另外，将以英寸为单位的螺距或导程值换算成以毫米为单位的螺距或导程值时，即螺距 $P_a = 25.4/a$，数值中含有特殊因子 25.4。由此可知，为了车削出各种螺距（或导程）的英制螺纹，螺纹进给传动链必须作如下变动。

1）将车米制螺纹时的基本组的主动、从动传动关系对调，即轴XIV为主动，轴XIII为从动，这样基本组的传动比数列变成了调和数列，与英制螺纹螺距（或导程）数列的排列规律相一致。

2）改变传动链中部分传动副的传动比，使螺纹进给传动链总传动比满足英制螺纹螺距

（或导程）数值上的要求（含特殊因子 25.4）。

车削英制螺纹时传动链的具体调整情况为，交换齿轮用（63/100）×（100/75），进给箱中离合器 M_3 和 M_5 接合，M_4 脱开，同时轴XV左端的滑移齿轮 z_{25} 左移，与固定在轴XIII上的齿轮 z_{36} 啮合。于是运动便由轴XII经离合器 M_3 传至轴XIV，然后由轴XIV传至轴XIII，再经齿轮副 36/25 传至轴XV，从而使基本组的运动传动方向恰好与车米制螺纹时相反，其传动比为 $u'_{基}$，这时 $u'_{基}=28/26$；28/28；28/32；28/36；14/19；14/20；21/33；21/36；即 $u'_{基}=1/u_{基}$，同时轴XIII与轴XV之间定比传动机构的传动比为 36/25，其余部分传动路线与车米制螺纹时相同，此时传动路线表达式为

$$\text{主轴}-\frac{58}{58}-\text{IX}-\begin{bmatrix}\dfrac{33}{33}\\(\text{右旋螺纹})\\\dfrac{33}{25}\times\dfrac{25}{33}\\(\text{左旋螺纹})\end{bmatrix}-\frac{63}{100}\times\frac{100}{75}-\text{XII}-M_3-\text{XIV}-u'_{基}-\text{XIII}-\frac{36}{25}-$$

$$-\text{XV}-u_{倍}-\text{XVII}-M_5-\text{XVIII}\ (\text{丝杠})-\text{刀架}$$

传动链的运动平衡式为

$$P_{ha}=25.4k/a=1_{(主轴)}\times(58/58)\times(33/33)\times(63/100)\times(100/75)\times u'_{基}\times(36/25)\times u_{倍}\times 12$$

上式中 $(63/100)\times(100/75)\times(36/25)\approx 25.4/21$；$u'_{基}=1/u_{基}$，代入化简后得

$$P_{ha}=25.4k/a=4/7\times 25.4u_{倍}/u_{基}$$

$$a=7ku_{基}/4u_{倍}$$

当 $k=1$ 时，a 值与 $u_{基}$、$u_{倍}$ 的关系见表 2-3。

表 2-3 CA6140 型车床英制螺纹表

$a/(\text{牙}\cdot\text{in}^{-1})$ \ $u_{基}$ \ $u_{倍}$	$\frac{26}{28}$	$\frac{28}{28}$	$\frac{32}{28}$	$\frac{36}{28}$	$\frac{19}{14}$	$\frac{20}{14}$	$\frac{33}{21}$	$\frac{36}{21}$
$\frac{18}{45}\times\frac{15}{48}=\frac{1}{8}$	—	14	16	18	19	20	—	24
$\frac{28}{35}\times\frac{15}{48}=\frac{1}{4}$	—	7	8	9	—	10	11	12
$\frac{18}{45}\times\frac{35}{28}=\frac{1}{2}$	$3\frac{1}{4}$	$3\frac{1}{2}$	4	$4\frac{1}{2}$	—	5	—	6
$\frac{28}{35}\times\frac{35}{28}=1$	—		2	—	—	—	—	3

CA6140 型卧式车床，通过改换交换齿轮，利用米制螺纹的传动路线可车模数螺纹；利用英制螺纹传动路线可车径节螺纹。此外还可以通过扩大螺距的传动路线车大导程螺纹，以及通过更换交换齿轮的方法，车较精密螺纹，各种螺纹传动路线主要特征见表 2-4。

表 2-4 各种螺纹的传动特征

螺纹种类 \ 传动特征	螺距参数	交换齿轮 u_x	离合器			轴XIII上 z_{25} 位置
			M_3	M_4	M_5	
米制螺纹	螺距 P/mm	63/100 100/75	开	开	合	右位

（续）

传动特征 螺纹种类	螺距参数	交换齿轮 u_x	离合器			轴XIII上 z_{25} 位置
			M_3	M_4	M_5	
模数螺纹	模数 m/mm	64/100　100/97	开	开	合	右位
英制螺纹	a/（牙·in^{-1}）	63/100　100/75	合	开	合	左位
径节螺纹	径节 DP/（牙·in^{-1}）	64/100　100/97	合	开	合	左位
较精密及非标准螺纹	同上任一类	a/b　c/d	合	合	合	右位

注：1. 表中前4种螺纹含大导程螺纹。

2. 表中 a、b、c、d 交换齿轮由给定的导程值计算确定。

三、纵向和横向进给传动链

实现一般车削时刀架机动进给的纵向和横向进给传动链，由主轴至进给箱轴XVII的传动路线与车米制或英制常用螺纹时的传动路线相同，其后运动经齿轮副28/56传至光杠XIX（此时离合器 M_5 脱开，齿轮 z_{28} 与轴XIX上的齿轮 z_{56} 啮合），再由光杠经溜板箱中的传动机构，分别传至齿轮齿条机构和横向进给丝杠XXVII，使刀架作纵向或横向机动进给，其传动路线表达式为

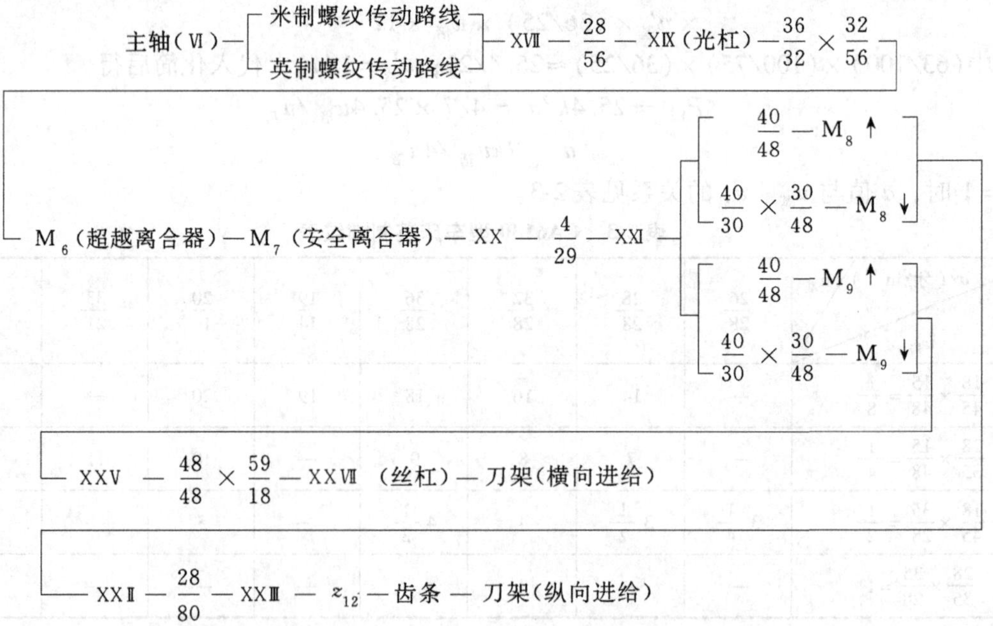

溜板箱中由双向牙嵌式离合器 M_8、M_9 和齿轮副40/48、40/30×30/48组成的两个换向机构，分别用于变换纵向和横向进给运动的方向。利用进给箱中的基本螺距机构和增倍机构，以及进给传动链的不同传动路线，可获得纵向和横向进给量各64种。纵向和横向进给传动链两端件的计算位移为

纵向进给　主轴转1r—刀架纵向移动 $f_{纵}$，单位为mm

横向进给　主轴转1r—刀架横向移动 $f_{横}$，单位为mm

下面以纵向进给为例，说明按不同路线传动时进给量的计算。

1）当运动经车削常用米制螺纹传动路线传动时，可得到0.08～1.22mm/r的32种进给量，其他动平衡式为

$$f = 1_{(\text{主轴})} \times (58/58) \times (33/33) \times (63/100) \times (100/75) \times (25/36) \\ \times u_{\text{基}} \times (25/36) \times (36/25) \times u_{\text{倍}} \times (28/56) \times (36/32) \times (32/56) \\ \times (4/29) \times (40/48) \times (28/80) \times \pi \times 2.5 \times 12$$

化简后得

$$f_{\text{纵}} = 0.71 u_{\text{基}} u_{\text{倍}}$$

2）当运动经车削常用英制螺纹传动路线传动时，同理得

$$f_{\text{纵}} = 1.474 u_{\text{倍}} / u_{\text{基}}$$

变换$u_{\text{基}}$并使$u_{\text{倍}}=1$，可得到0.86～1.59mm/r的8种较大进给量。当$u_{\text{倍}}$为其他值时，所得到的$f_{\text{纵}}$值与上一条传动路线重复。

3）当主轴为10～125r/min时，运动经扩大螺距机构及英制螺纹传动路线传动，可获得16种供强力切削或宽刀精车用的加大进给量，其范围为1.71～6.33mm/r。

4）当主轴为450～1400r/min（其中500r/min除外）时（此时主轴由轴Ⅲ经齿轮副63/50直接传动），运动经扩大螺距机构及米制螺纹传动路线传动，可获得8种供高速精车用的细进给量，其范围为0.028～0.054mm/r。

由传动分析可知，横向机动进给在其与纵向进给传动路线一致时，所得的横向进给量是纵向进给量的一半。横向进给量的种数与纵向进给量种数相同。

四、刀架快速移动传动链

刀架快速移动由装在溜板箱内的快速电动机（0.25kW，2800r/min）传动。快速电动机的运动经齿轮副13/29传至轴XX，然后再经溜板箱内与机动工作进给相同的传动路路传至刀架，使其实现纵向和横向的快速移动。当快速电动机使传动轴XX快速旋转时，依靠齿轮z_{56}与轴XX间的单向超越离合器M_6，可避免与进给箱传来的慢速工作进给运动发生矛盾。

单向超越离合器M_6的结构原理如图2-5所示。它由空套齿轮1（即溜板箱中的齿轮z_{56}）、星轮2、滚柱3、顶销4和弹簧5组成。当进给运动由空套齿轮1传入并逆时针旋转时，带动滚柱3挤向楔缝，使星轮2随同齿轮1一起转动，再经安全离合器M_7带动轴XX转动（图2-13），这是机动工作进给的情况。当快速电动机起动，星轮2由轴XX带动逆时针方向快速旋转时，由于星轮2超越齿轮1转动，滚柱3退出楔缝，使星轮2和齿轮1自动

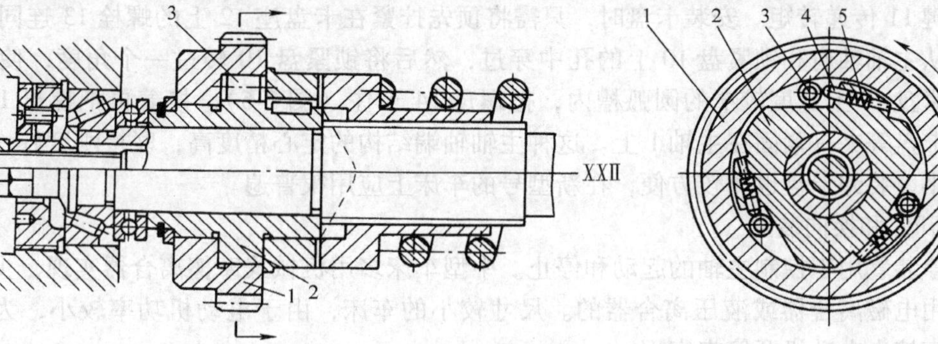

图2-5 超越离合器

1—空套齿轮 2—星轮 3—滚柱 4—顶销 5—弹簧

脱开，因而由进给箱传给齿轮1的慢速转动虽照常进行，却不能传给轴XX。此时，轴XX由快速电动机传动作快速转动，使刀架实现快速运动。一旦快速电动机停止转动，超越离合器自动接合，刀架立即恢复正常的工作进给运动。应该注意的，是离合器 M_6 正常工作的条件是空套齿轮1和星轮2只准作逆时针的转动。

第三节 卧式车床的结构

一、主轴箱

主轴箱的功用是支承主轴并使其实现起动、停止、旋转、变速和换向等功能。因此，主轴箱中通常包含有主轴及其轴承，传动机构，起动、停止以及换向装置，制动装置，操纵机构和润滑装置等。

1. 主轴及其轴承

主轴及其轴承是主轴箱最重要的部分。主轴前端可装卡盘，用于夹持工件，并由其带动旋转。主轴的旋转精度、刚度、抗振性和热变形等对工件的加工精度和表面粗糙度有直接影响，因此，对主轴及其轴承要求较高。

卧式车床的主轴支承大多采用滚动轴承，一般为前后两点支承。例如，CA6140型车床的主轴部件（图2-6），前支承装有一个双列短圆柱滚子轴承3，后支承装有角接触球轴承8和一个推力球轴承7。主轴径向力由双列短圆柱轴承3和角接触球轴承8承受。向左的轴向力由推力球轴承7承受；向右的轴向力由角接触球轴承8承受。前轴承3的间隙，可由螺母2通过套筒4进行调整，调好后，由螺母2固定其轴向位置。后轴承8及推力球轴承7的间隙由螺母9来调整。主轴1的轴承由液压泵供给润滑油进行充分的润滑，为防止润滑油外漏，前后支承处都有油沟式密封装置。在螺母2和套筒6的外圆上有锯齿形环槽，主轴1旋转时，依靠离心力的作用，把经过轴承向外流出的润滑油甩到前、后轴承端盖的接油槽里，然后经回油孔 a_2、b_2 流回主轴箱。卧式车床的主轴是空心阶梯轴。其内孔用于通过长棒料以及气动、液压等夹紧驱动装置（装在主轴后端）的传动杆，也用于穿入钢棒卸下顶尖。主轴前端有精密的莫氏锥孔，供安装顶尖或心轴之用。主轴前端安装卡盘、拨盘或其他夹具。CA6140型卧式车床主轴前端为短锥法兰式结构，它以短锥和轴肩端面作定位面。卡盘、拨盘等夹具通过卡盘座12，用四个螺栓13固定在主轴1上，由装在主轴轴肩端面上的圆柱形端面键11传递转矩。安装卡盘时，只需将预先拧紧在卡盘座12上的螺栓13连同螺母14一起，从主轴轴肩和锁紧盘10上的孔中穿过，然后将锁紧盘10转过一个角度，使螺栓13进入锁紧盘10上宽度较窄的圆弧槽内，把螺母14卡住（图2-6），接着再把螺母14拧紧，就可把卡盘等夹具紧固在主轴1上。这种主轴轴端结构的定心精度高，联接刚度好，卡盘悬伸长度小，装卸卡盘也比较方便，在新型号的车床上应用很普遍。

2. 开停和换向装置

开停装置用于控制主轴的起动和停止。中型车床多用机械式摩擦离合器实现，少数机床也有采用电磁离合器或液压离合器的。尺寸较小的车床，由于电动机功率较小，为简化结构，常直接由电动机开停来实现。

换向装置用于改变主轴旋转方向。若主轴的开停由电动机直接控制，则主轴换向通常采用改变电动机转向来实现。若开停采用摩擦离合器，则换向装置由同一离合器（双向的）

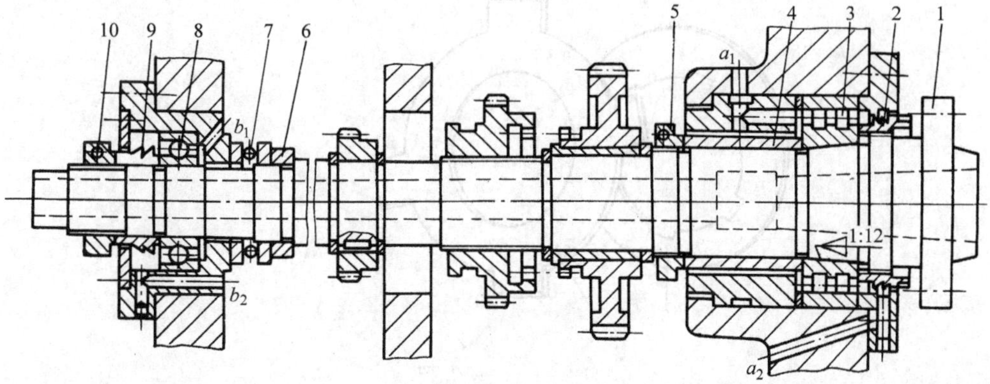

a)

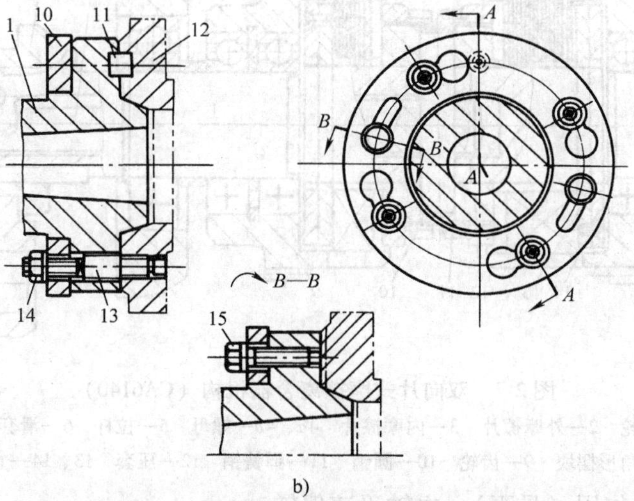

b)

图 2-6 CA6140 型卧式车床主轴及其轴承

a）主轴结构 b）主轴前端结构

1—主轴 2、9—锁紧螺母 3—双列短圆柱滚子轴承 4、6—套筒 5、10—锁紧盘 7—推力球轴承 8—角接触球轴承 11—端面键 12—卡盘座 13—螺栓 14—螺母 15—螺钉

和圆柱齿轮组成，大部分中型卧式车床都采用这种换向装置。

图 2-7 为 CA6140 型卧式车床采用的控制主轴开停和换向的双向多片离合器结构。它由结构相同的左、右两部分组成，左离合器接合时主轴正转，右离合器接合时主轴反转。下面以左离合器为例说明其结构原理。多个内摩擦片 3 和外摩片 2 相间安装，内摩擦片 3 以花键与轴 I 相联接，外摩擦片 2 以其四个凸齿与空套双联齿轮 1 相联接。内外摩擦片未被压紧时，彼此互不联系，轴 I 不能带动双联齿轮 1 转动。当用操纵机构拨动滑套 6 至右边位置时，滑套 6 将羊角形摆块 8 的右角压下，使它绕销轴 7 顺时针摆动，其下端凸起部分推动拉杆 5 向左，通过固定在拉杆左端的圆销 10，带动压套 12 和螺母 $4a$，将左离合器内外摩擦片压紧在止推片 13 和 14 上，通过摩擦片间的摩擦力，使轴 I 和双联齿轮 1 联接，于是主轴沿正向旋转。右离合器的结构和工作原理同左离合器一样，只是内外摩擦片数量少一些；当拨动滑套 6 至左边位置时，压套 12 右移，将右离合器的内外摩擦片压紧，空套齿轮 9 与轴 I 联接，主轴反向旋转。滑套 6 处于中间位置时，左右两离合器的摩擦片都松开，断开主轴的

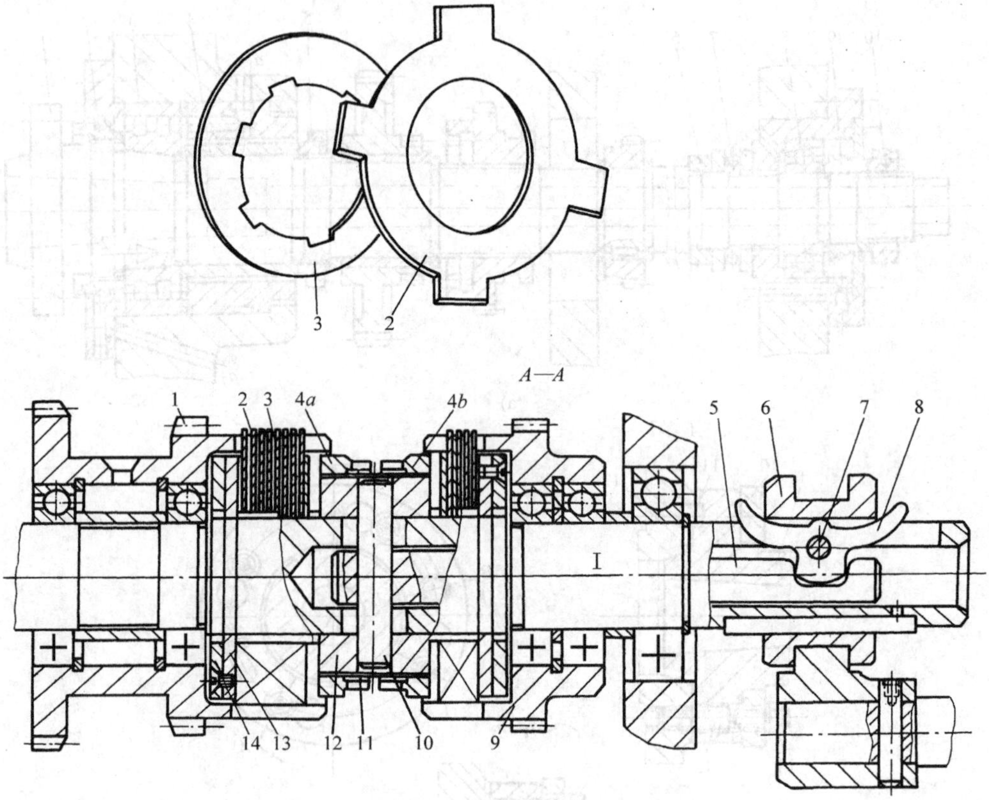

图 2-7 双向片式摩擦离合器机构（CA6140）

1—双联齿轮 2—外摩擦片 3—内摩擦片 4a、4b—螺母 5—拉杆 6—滑套 7—销轴 8—羊角形摆块 9—齿轮 10—圆销 11—弹簧销 12—压套 13、14—止推片

传动，同时制动装置作用（见下），主轴迅速停转。

摩擦片间的压紧力可用拧在压套 12 上的螺母 4*a* 和 4*b* 来调整。压下弹簧销 11，然后转动螺母 4*a*、4*b*，使其相对压套 12 作小量轴向位移，即可改变摩擦片间的压紧力，从而调整了离合器所能传递转矩的大小，调妥后弹簧销 11 复位，插入螺母的槽口中，使螺母在运转中不能自行松开。

3. 制动装置

制动装置的功用是在车床停车过程中克服主轴箱中各运动件的惯性，使主轴迅速停止转动，以缩短辅助时间。卧式车床主轴箱中常用的制动装置有闸带式制动器和片式制动器。当直接由电动机控制主轴开停时，也可以采用电机制动方式，如反接制动、能耗制动等。

图 2-8 为 CA6140 型车床上采用的闸带式制动器，它由制动轮 7、制动带 6 和杠杆 4 等组成。制动轮 7 是一个钢制圆盘，与传动轴 8（轴Ⅳ）用花键联接。制动带为一钢带，其内侧固定着一层铜丝石棉，以增加摩擦面的摩擦系数。制动带 6 绕在制动轮 7 上，它的一端通过调节螺钉 5 与主轴箱体 1 联接，另一端固定在杠杆 4 的上端。杠杆 4 可绕轴 3 摆动，当它的下端与齿条轴 2 上的圆弧形凹部 *a* 或 *c* 接触时，制动带 6 处于放松状态，即不起作用；移动齿条轴 2，其上凸起部分 *b* 与杠杆 4 下端接触时，杠杆 4 绕轴 3 逆时针摆动，使制动带 6 包紧制动轮，产生摩擦制动力矩，轴 8（Ⅳ轴）通过传动齿轮使主轴迅速停止转动。制动时制

动带 6 的拉紧程度，可用螺钉 5 进行调整。在调整合适的情况下，应是停车时主轴能迅速停转，而开车时制动带 6 能完全松开。

片式制动器分为多片式和单片式两种。多片式制动器的结构与摩擦离合器类似，只是其中的外摩擦片与机床静止部分联接。

4. 操纵机构

主轴箱中的操纵机构用于控制主轴起动、停止、制动、变速、换向以及变换左、右螺纹等。为使操纵方便，常采用集中操纵方式，即用一个手柄操纵几个传动件（滑移齿轮、离合器等），以控制几个动作。

图 2-9 为 CA6140 型车床上控制主轴开停、换向和制动的操纵机构。为了便于操作，在操纵杆 8 上装有两个手柄，一个在进给箱右侧，如图 2-9 中手柄 7，另一个在溜板箱右侧（图 2-2）。向上扳动手柄 7 时，通过由曲柄 9、拉杆 10 和曲柄 11 组成的杠杆机构，使轴 12 和齿扇 13 顺时针转动，传动齿条轴 14 及固定在其左端的拨叉 15 右移，拨叉 15 又带动滑套 4 右移，使双向多片离合器的左离合器接合，主轴起动正转。当手柄 7 扳至下面时，双向多片离合器的右离合器接合，主轴起动反转。手柄扳至中间位置时，齿条轴 14 和滑套 4 也

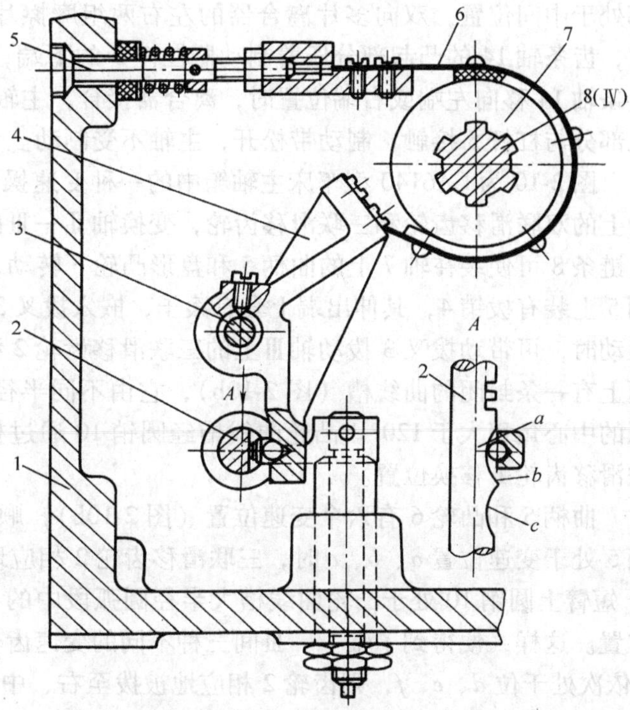

图 2-8 闸带式制动器

1—箱体 2—齿条轴 3—杠杆支承轴 4—杠杆 5—调节螺钉 6—制动带 7—制动轮 8—传动轴

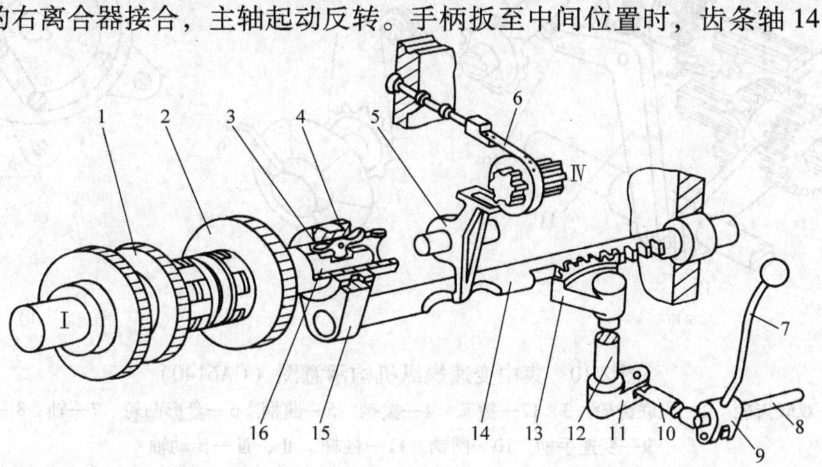

图 2-9 主轴开停及制动操纵机构

1—双联齿轮 2—齿轮 3—羊角形摆块 4—滑套 5—杠杆 6—制动带 7—手柄 8—操纵杆 9、11—曲柄 10、16—拉杆 12—轴 13—齿扇 14—齿条轴 15—拨叉

都处于中间位置，双向多片离合器的左右两组摩擦片都松开，主传动链与动力源断开。此时，齿条轴 14 的凸起部分压着制动器杠杆 5 的下端，将制动带 6 拉紧，导致主轴制动。当齿条轴 14 移向左端或右端位置时，离合器接合，主轴起动旋转。此时齿条轴 14 上圆弧形凹入部分与杠杆 5 接触，制动带松开，主轴不受制动。

图 2-10 为 CA6140 型车床主轴箱中的一种变速操纵机构，它用一个手柄同时操纵轴Ⅱ、Ⅲ上的双联滑移齿轮和三联滑移齿轮，变换轴Ⅱ—Ⅲ间的六种传动比。转动变速手柄 9，通过链条 8 可使装在轴 7 上的曲柄 5 和盘形凸轮 6 转动，手柄轴和轴 7 间的传动比为 1∶1。曲柄 5 上装有拨销 4，其伸出端上套有滚子，嵌入拨叉 3 的长槽中。曲柄 5 带着拨销 4 作偏心运动时，可带动拨叉 3 拨动轴Ⅲ上的三联滑移齿轮 2 沿轴Ⅲ左右移换位置。盘形凸轮 6 的端面上有一条封闭的曲线槽（图 2-10b），它由不同半径的两段圆弧和过渡直线组成，每段圆弧的中心角稍大于 120°。凸轮曲线槽经圆销 10 通过杠杆 11 和拨叉 12，可拨动轴Ⅱ上的双联滑移齿轮 1 移换位置。

曲柄 5 和凸轮 6 有六个变速位置（图 2-10b），顺次转动变速手柄 9，每次转 60°，使曲柄 5 处于变速位置 a、b、c 时，三联滑移齿轮 2 相应地被拨至左、中、右位置；此时，杠杆 11 短臂上圆销 10 处于凸轮曲线槽大半径圆弧段中的 a'、b'、c'处，双联滑移齿轮 1 在左端位置。这样，便得到了轴Ⅰ—Ⅲ间三种不同的变速齿轮组合情况。继续转动手柄 9，使曲柄 5 依次处于位 d、e、f，则齿轮 2 相应地被拨至右、中、左位置；此时，杠杆 11 上的圆销 10 进入凸轮曲线槽小半径圆弧段中的 d'、e'、f'处，齿轮 1 被移换至右端位置，得到轴Ⅰ—Ⅲ间另外三种不同的变速齿轮组合情况。曲柄和凸轮在不同变速位置时，滑移齿轮 1 和 2 轴向位置的组合情况见表 2-5。

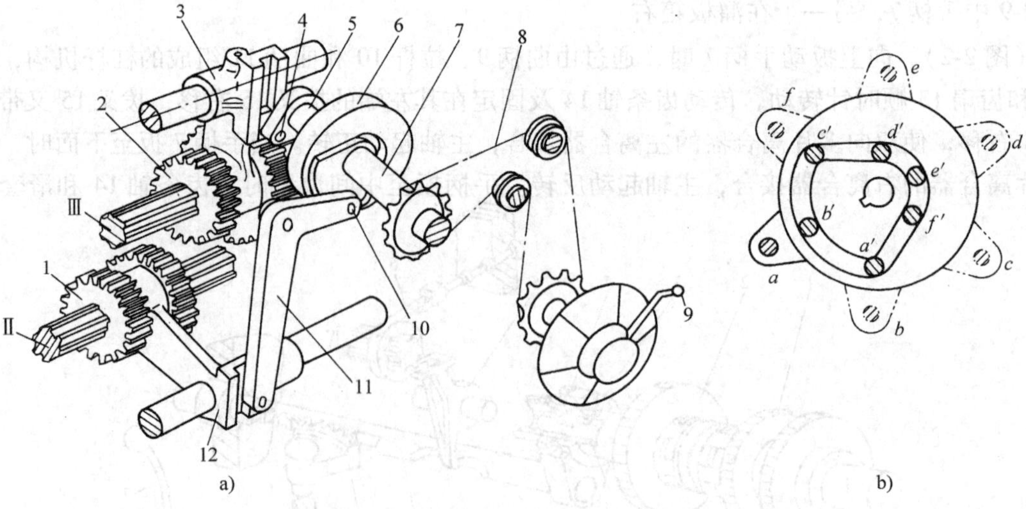

图 2-10 集中变速操纵机构示意图（CA6140）

1—双联齿轮 2—三联齿轮 3、12—拨叉 4—拨销 5—曲柄 6—盘形凸轮 7—轴 8—链条 9—变速手柄 10—圆销 11—杠杆 Ⅱ、Ⅲ—传动轴

二、溜板箱

溜板箱的功用：是将丝杠或光杠传来的旋转运动转变为溜板箱的直线运动并带动刀架进给，控制刀架运动的接通、断开和换向。当机床过载时，能使刀架自动停止；还可以手动操

纵刀架移动或实现快速运动等。因此，溜板箱通常设有以下几种机构：接通丝杠传动的开合螺母机构，将光杠的运动传至纵向齿轮齿条和横向进给丝杠的传动机构，接通、断开和转换纵横进给的转换机构，保证机床工作安全的过载保险装置，丝杠、光杠互锁机构以及控制刀架纵、横向机动进给的操纵机构。此外，有些车床的溜板箱中还具有改变纵、横机动进给运动方向的换向机构，以及快速空行程传动机构等。下面介绍其中一些主要机构的结构。

表 2-5 各种组合情况

曲柄 5 位置	*a*	*b*	*c*	*d*	*e*	*f*
三联滑移齿轮 2 的位置	左	中	右	右	中	左
圆销 10 在凸轮曲线槽中的位置	*a′*	*b′*	*c′*	*d′*	*e′*	*f′*
双联滑移齿轮的位置	左	左	左	右	右	右

1. 纵、横向机动进给操纵机构

图 2-11 所示为 CA6140 型车床的纵、横向机动进给操纵机构。它利用一个手柄集中操纵纵、横向机动进给运动的接通、断开和换向，且手柄扳动方向与刀架运动方向一致，使用非常直观方便。向左或向右扳动手柄 1，使手柄座 3 绕着销轴 2 摆动时（销轴 2 装在轴向位置固定的轴 23 上），手柄座 3 下端的开口槽通过球头销 4 拨动轴 5 轴向移动，再经杠杆 11 和连杆 12 使凸轮 13 转动，凸轮 13 上的曲线槽又通过圆销 14 带动拨叉轴 15 以及固定在它上面的拨叉 16 向前或向后移动，拨叉 6 拨动离合器 M_8，使之与轴 XXⅡ 上两个空套齿轮之一啮合，于是纵向机动进给运动接通，刀架相应向左或向右移动。

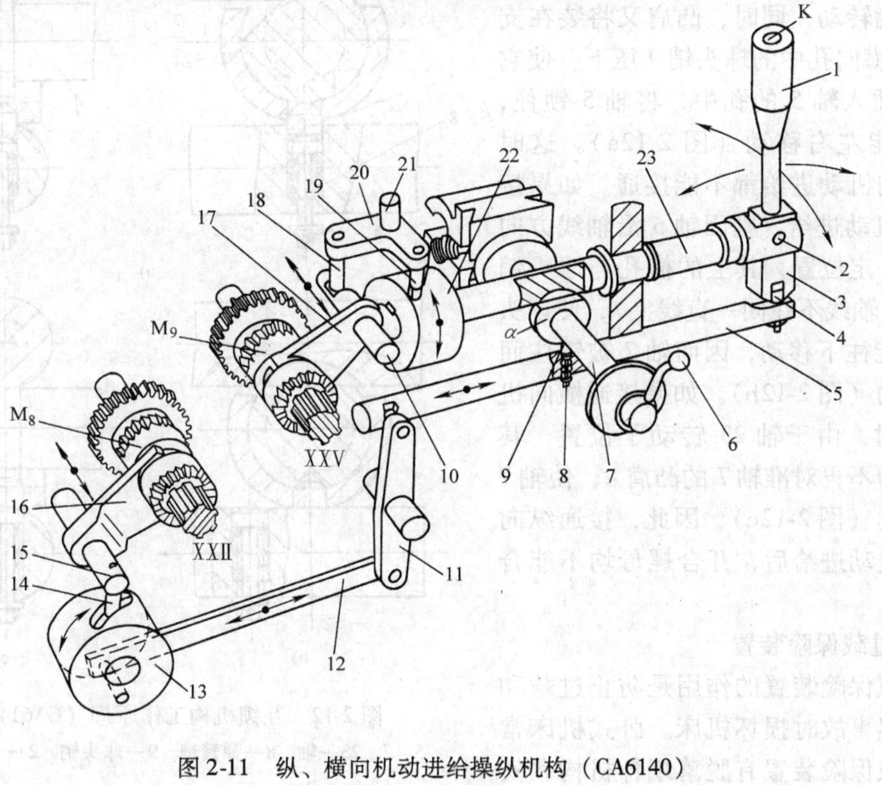

图 2-11 纵、横向机动进给操纵机构（CA6140）

1、6—手柄 2、21—销轴 3—手柄座 4—球头销 5、7、23—轴 8—弹簧销 9—球头销 10、15—拨叉轴 11、20—杠杆 12—连杆 13、22—凸轮 14、18、19—圆销 16、17—拨叉

向后或向前扳动手柄1，通过手柄座3使轴23以及固定在它左端的凸轮22转动时，凸轮上曲线槽通过圆销19使杠杆20绕销轴21摆动，再经过杠杆20上的另一圆销18，带动拨叉轴10以及固定在它上面的拨叉17向前或向后移动，拨叉17拨动离合器M_9，使之与轴XXV上两空套齿轮之一啮合，于是横向机动进给运动接通，刀架相应地向前或向后移动。

手柄1扳至中间直立位置时，离合器M_8和M_9均处于中间位置，机动进给传动链断开。当手柄搬至左、右、前、后任一位置时，如按下装在手柄1顶端的按钮K，则快速电动机起动，刀架便在相应方向上快速移动。

2. 互锁机构

机床工作时，如因操作错误同时将丝杠传动和纵、横向机动进给（或快速运动）接通，则将损坏机床。为了防止发生上述事故，溜板箱中设有互锁机构，以保证开合螺母合上时，机动进给不能接通；反之，机动进给接通时，开合螺母不能合上。

图2-12所示互锁机构由开合螺母操纵轴7上的凸肩a，轴5上的球头销9和弹簧销8以及支承套24等组成。图2-11所示为丝杠传动和纵、横向机动进给均未接通的情况，此时可扳动手柄1（图2-11）至前、后、左、右任意位置，接通相应方向的纵向或横向机动进给，或者扳动手柄6，使开合螺母合上，此位置称中间位置。

如果向下扳动手柄6使开合螺母合上，则轴7顺时针转过一个角度，其上凸肩a嵌入轴23的槽中，将轴23卡住，使其不能转动，同时，凸肩又将装在支承套24横向孔中的球头销9压下，使它的下端插入轴5的孔中，将轴5锁住，使其不能左右移动（图2-12a）。这时纵、横向机动进给都不能接通。如果接通纵向机动进给，则因轴5沿轴线方向移动了一定位置，其上的横孔与球头销9错位（轴线不在同一直线上），使球头销9不能往下移动，因而轴7被锁住而无法转动（图2-12b）。如果接通横向机动进给时，由于轴23转动了位置，其上的沟槽不再对准轴7的凸肩a，使轴7无法转动（图2-12c），因此，接通纵向或横向机动进给后，开合螺母均不能合上。

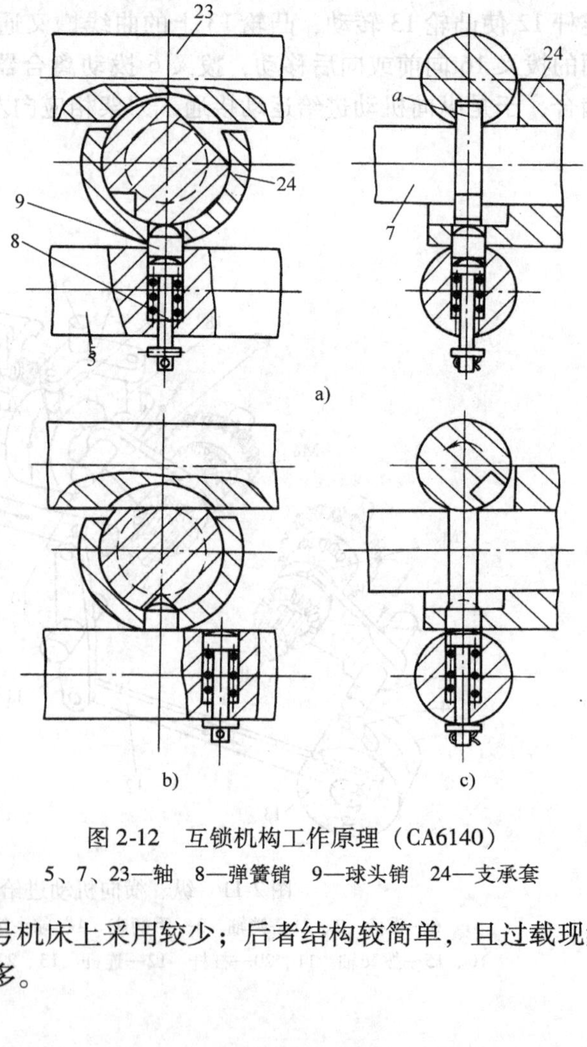

图2-12 互锁机构工作原理（CA6140）
5、7、23—轴 8—弹簧销 9—球头销 24—支承套

3. 过载保险装置

过载保险装置的作用是防止过载和发生偶然事故时损坏机床。卧式机床常用的过载保险装置有脱落蜗杆机构和安全离合器。前者由于结构比较复杂，新型号机床上采用较少；后者结构较简单，且过载现象消除后能自动恢复正常工作，因此采用较多。

图 2-13 所示为 CA6140 型车床溜板箱中所采用的安全离合器。它由端面带螺旋形齿爪的左右两半部 5 和 6 组成，其左半部 5 用键装在单向超越离合器 M_6 的星轮 4 上，且与轴 XX 空套，右半部 6 与轴 XX 用花键联接。在正常工作情况下，在弹簧 7 的压力作用下，离合器左右两半部分相互啮合，由光杠传来的运动，经齿轮 z_{56}、超越离合器 M_6 和安全离合器 M_7，传至轴 XX 和蜗杆 10，此时安全离合器螺旋齿面产生的轴向分力 $F_{轴}$，由弹簧 7 的压力来平衡（图 2-14）。刀架上的载荷增大时，通过安全离合器齿爪传递的转矩以及作用在螺旋齿面上的轴向分力都将随之增大。当轴向分力 $F_{轴}$ 超过弹簧 7 的压力时，离合器右半部 6 将压缩弹簧而向右移动，与左半部 5 脱开，导致安全离合器打滑。于是机动进给传动链断开，刀架停止进给。过载现象消除后，弹簧 7 使安全离合器重新自动接合，恢复正常工作。机床许用的最大进给力，决定于弹簧 7 调定的压力。旋转螺母 3，通过装在轴 XX 内孔中的拉杆 1 和圆销 8，可调整弹簧座 9 的轴向位置，改变弹簧 7 的压缩量，从而调整安全离合器能传递转矩的大小。

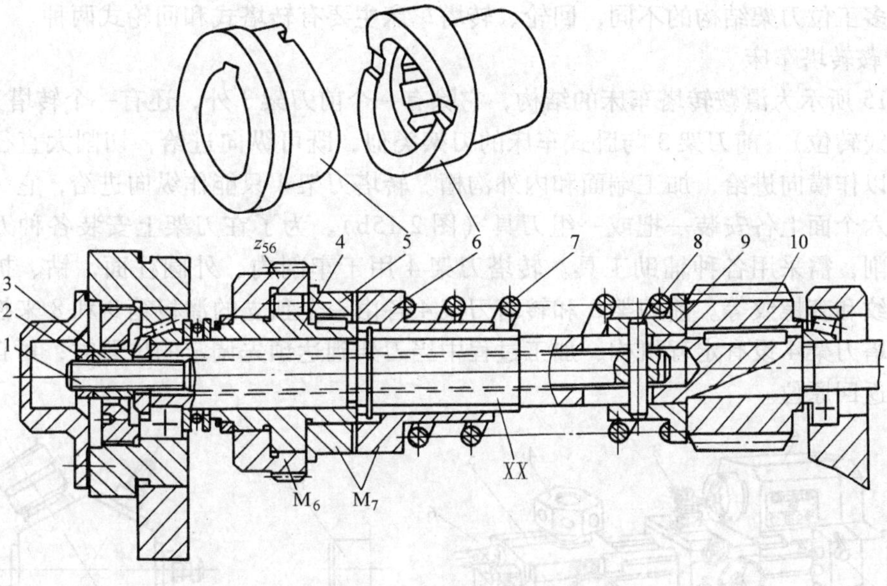

图 2-13 安全离合器

1—拉杆 2—锁紧螺母 3—调整螺母 4—超越离合器的星轮 5—安全离合器左半部
6—安全离合器的右半部 7—弹簧 8—圆销 9—弹簧座 10—蜗杆

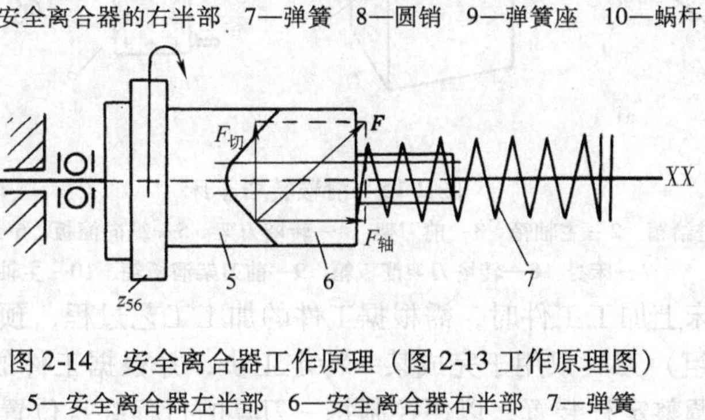

图 2-14 安全离合器工作原理（图 2-13 工作原理图）

5—安全离合器左半部 6—安全离合器右半部 7—弹簧

第四节 其他类型车床

一、回轮、转塔车床

在成批生产中如用卧式车床加工形状比较复杂，特别是带有内孔和内、外螺纹的工件，如各种阶梯小轴、套筒、螺钉、螺母、接头和法兰盘等零件，由于需要使用多种车刀、孔加工刀具和螺纹加工刀具，因此必须多次装卸刀具，移动尾座，以及频繁对刀、试切和测量尺寸等，生产率很低，工人劳动强度高。回轮、转塔车床是在卧式车床的基础上发展起来的，它与卧式车床在结构上的主要区别是，没有尾座和丝杠，在床身尾部装有一个能纵向移动的多工位刀架，其上可安装多把刀具。加工过程中，多工位刀架可周期地转位，将不同刀具依次转到加工位置，顺序地对工件进行加工。因此它在成批生产，特别是在加工形状较复杂的工件时，生产率比卧式车床高。由于这类机床没有丝杠，所以只能采用丝锥和板牙加工螺纹。根据多工位刀架结构的不同，回轮、转塔车床主要有转塔式和回轮式两种。

1. 滑鞍转塔车床

图 2-15 所示为滑鞍转塔车床的结构，它除有一个前刀架 3 外，还有一个转塔刀架 4（可绕垂直轴线转位）。前刀架 3 与卧式车床的刀架类似，既可纵向进给，切削大直径的外圆柱面，也可以作横向进给，加工端面和内外沟槽。转塔刀架 4 只能作纵向进给，它一般为六角形，可在六个面上各安装一把或一组刀具（图 2-15b）。为了在刀架上安装各种刀具以及进行多刀切削，需采用各种辅助工具。转塔刀架 4 用于车削内、外圆柱面，钻、扩、铰和镗孔，攻螺纹和套螺纹等。前刀架 3 和转塔刀架 4 各由一个独立的溜板箱 9 和 8 来控制它们的运动。转塔刀架 4 设有定程机构，加工过程中当刀架到达预先调定的位置时，可自动停止进给或快速返回原位。

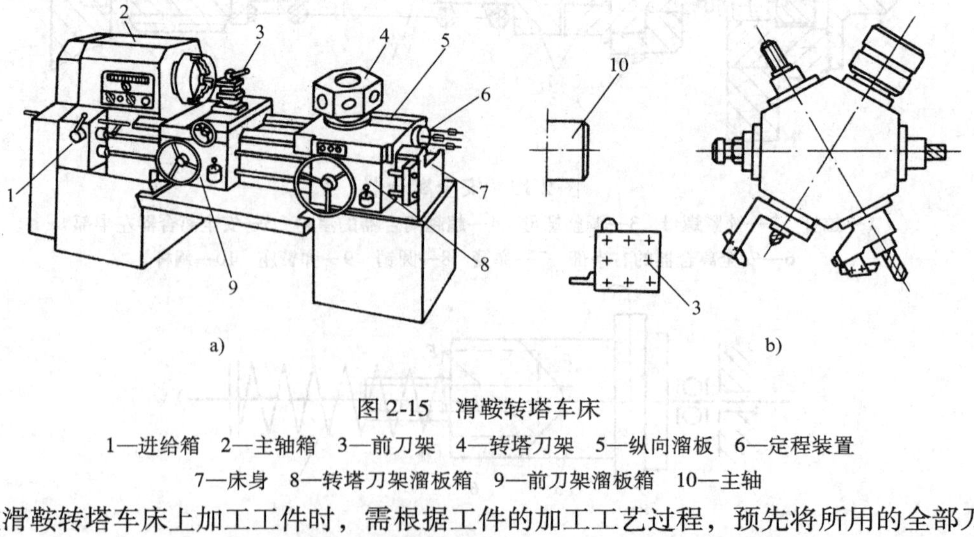

图 2-15 滑鞍转塔车床

1—进给箱 2—主轴箱 3—前刀架 4—转塔刀架 5—纵向溜板 6—定程装置 7—床身 8—转塔刀架溜板箱 9—前刀架溜板箱 10—主轴

在滑鞍转塔车床上加工工件时，需根据工件的加工工艺过程，预先将所用的全部刀具装在刀架上，每把（组）刀具只用于完成某一特定工步，并根据工件的加工尺寸调整好位置。同时，还需相应地调整定程装置，以便控制每一刀具的行程终点位置。机床调整妥当后，只需接通刀架的进给运动，以及工作行程终了时将其退回，便可获得所要求的加工尺寸。在加工过程中，每完成一个工步，刀架转位一次（手动），将下一组所需使用的刀具转到加工位置，以进行下一工步。

2. 回轮车床

图 2-16 所示是回轮车床的结构。在回轮车床上没有前刀架，只有一个可绕水平轴线转位的圆盘形回轮刀架，其回转轴线与主轴轴线平行。回轮刀架上沿圆周均匀分布着许多轴向孔（一般为 12 个或 16 个），供安装刀具用（图 2-16b）。当刀具孔转到最高位置时，其轴线与主轴轴线在同一直线上。回轮刀架随纵向溜板一起，可沿着床身导轨作纵向进给运动，进行车内外圆、钻孔、扩孔、铰孔和加工螺纹等工序；还可以绕自身轴线缓慢旋转，实现横向进给，以便进行车成形面、沟槽、端面和切断等工序。这种车床加工工件时，除采用复合刀夹进行多刀切削外，还常常利用装在相邻刀孔中的几个单刀刀夹同时进行切削。

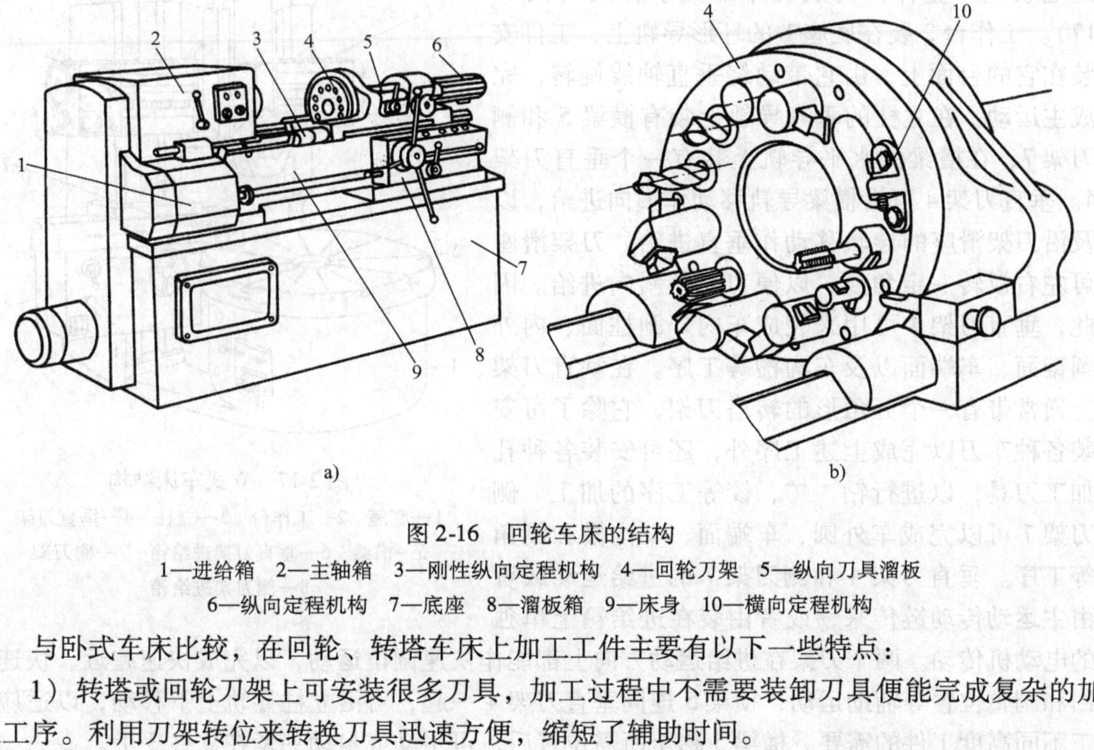

图 2-16 回轮车床的结构

1—进给箱 2—主轴箱 3—刚性纵向定程机构 4—回轮刀架 5—纵向刀具溜板 6—纵向定程机构 7—底座 8—溜板箱 9—床身 10—横向定程机构

与卧式车床比较，在回轮、转塔车床上加工工件主要有以下一些特点：

1）转塔或回轮刀架上可安装很多刀具，加工过程中不需要装卸刀具便能完成复杂的加工工序。利用刀架转位来转换刀具迅速方便，缩短了辅助时间。

2）每把刀具只用于完成某一特定工步，可进行合理调整，实现多刀同时切削，缩短机动时间。

3）由预先调整好的刀具位置来保证工件的加工尺寸，并利用可调整的定程机构控制刀具的行程长度，在加工过程中不需要对刀、试切和测量。

4）通常采用各种快速夹头以替代普通卡盘，如棒料常用弹簧夹头装夹，铸、锻件用气动或液压卡盘装夹；加工棒料时，还采用专门的送料机构，送夹料迅速方便。

由上述可知，用回轮、转塔车床加工工件，可缩短机动时间和辅助时间，生产率较高，但是，回轮、转塔车床上预先调整刀具和定程机构需要花费较多的时间，不适于单件小批生产，而在大批大量生产中，则应采用生产率更高的自动和半自动车床。因此它只适用于成批生产中加工尺寸不大且形状较复杂的零件。

二、立式车床

立式车床主要用于加工径向尺寸大而轴向尺寸相对较小，且形状比较复杂的大型或重型零件。立式车床是汽轮机、水轮机、重型电机、矿山冶金重型机械制造厂不可缺少的加工设备，在一般机械制造厂也很普遍。立式车床结构布局上的主要特点是主轴垂直布置，并有一个直径很大的圆形工作台，供安装工件之用；工作台台面处于水平位置，因而笨重工件的装夹和找正比较方便。由于工件及工作台的重量由床身导轨或推力轴承承受，大大减轻了主轴及其轴承的载荷，因此较易保证加工精度。

立式车床分单柱式和双柱式两种，前者加工直径一般小于1600mm；后者加工直径一般大于2000mm。重型立式车床其加工直径超过2500mm。

单柱立式车床具有一个箱形立柱，与底座固定地联成一整体，构成机床的支承骨架（图2-17）。工作台2装在底座1的环形导轨上，工件安装在它的台面上，由它带动绕垂直轴线旋转，完成主运动。在立柱的垂直导轨上装有横梁5和侧刀架7，在横梁的水平导轨上装有一个垂直刀架4。垂直刀架4可沿横梁导轨移动作横向进给，以及沿刀架滑座的导轨移动作垂直进给。刀架滑座可左右扳转一定角度，以便刀架作斜向进给。因此，垂直刀架4可用来完成车内外圆柱面、内外圆锥面、车端面以及车沟槽等工序。在垂直刀架上通常带有一个五角形的转塔刀架，它除了可安装各种车刀以完成上述工序外，还可安装各种孔加工刀具，以进行钻、扩、铰等工序的加工。侧刀架7可以完成车外圆、车端面、车沟槽和倒角等工序。垂直刀架4和侧刀架7的进给运动或者由主运动传动链传来，或者由装在进给箱上单独的电动机传动。两个刀架在进给运动方向上都能作快速调位运动，以完成快速趋近、快速退回和调整位置等辅助运动，横梁5连同垂直刀架4一起，可沿立柱导轨上下移动，以适应加工不同高度工件的需要。横梁5移至所需位置后，可手动或自动夹紧在立柱3上。

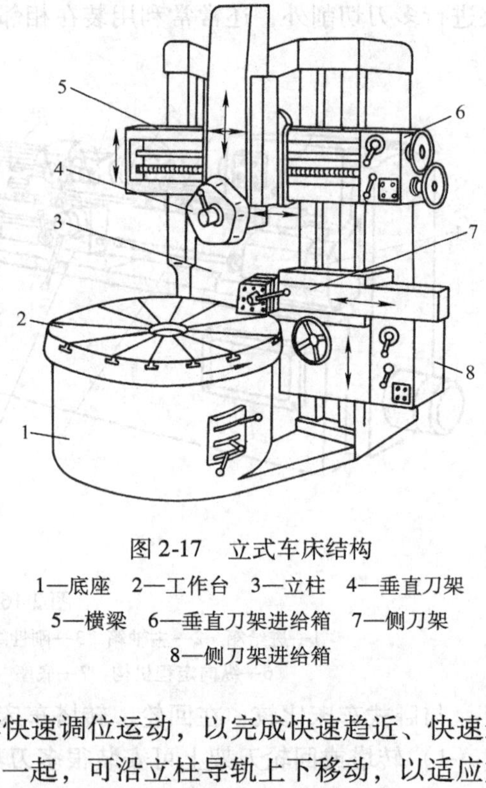

图2-17 立式车床结构

1—底座 2—工作台 3—立柱 4—垂直刀架 5—横梁 6—垂直刀架进给箱 7—侧刀架 8—侧刀架进给箱

三、各类车床性能比较

各种车床性能比较见表2-6。

表2-6 各种车床性能比较

项目/类型	卧式车床	回轮、转塔车床	自动、半自动车床	数控车床
工件几何形状	不限	较复杂为宜	较复杂为宜	复杂为宜
生产批量	单件、小批	成批	大批	单件、小批
调整机床所需时间	少	中等	多	机床调整省时
生产效率	低	中等	高	高
适用场合	生产、机修车间	生产车间	生产车间	不限
工人劳动强度	高	中等	机床调整好后无需人工操作	无需人工操作

（续）

项目/类型	卧式车床	回轮、转塔车床	自动、半自动车床	数控车床
所用毛坯及要求	铸、锻件及棒料均可	以棒料为宜也可用件料	只宜用棒料（冷拔钢）	不限，对件料外形应粗加工成形

注：“数控车床”可见第六章第三节。

习题与思考题

2-1 在 CA6140 型车床上车削下列螺纹。

（1）米制螺纹 $P=3\text{mm}$；$P=8\text{mm}$；$k=2$。

（2）英制螺纹 $DP=4\frac{1}{2}$牙/in；

（3）径节螺纹 $DP=14$ 牙/in；$\left[\text{提示：}(64/100)\times(100/97)\times(36/25)\approx\frac{25.4\pi}{84}\right]$

（4）模数螺纹 $m=4\text{mm}$，$k=2$；$\left[\text{提示：}(64/100)\times(100/97)\times(25/36)\approx\frac{7\pi}{48}\right]$

试写出其传动路线表达式和运动平衡式。

2-2 欲在 CA6140 型车床上车削 $P_h=10\text{mm}$ 的米制螺纹，能够加工这一螺纹的传动路线有哪几条？

2-3 当 CA6140 型车床的主轴转速为 450～1400r/min（其中 500r/min 除外）时，为什么能获得细进给量？在进给箱中变速机构调整情况不变的条件下、细进给量与常用进给量的比值是多少？

2-4 CA6140 型主传动链中，能否用双向牙嵌离合器或双向齿轮式离合器代替双向多片离合器，实现主轴的开停及换向？在进给传动链中，能否用单向摩擦离合器代替齿轮式离合器 M_3、M_4、M_5？为什么？

2-5 卧式车床进给传动系统中，为何既有光杠又有丝杠来实现刀架的直线运动？可否单独设置丝杠或光杠？为什么？

2-6 CA6140 型车床主轴前后轴承的间隙怎样调整（图 2-6）？作用在主轴上的进给力是怎样传递到箱体上的？

2-7 为什么卧式车床溜板箱中要设置互锁机构？丝杠传动与纵向、横向机动进给能否同时接通？纵向和横向机动进给之间是否需要互锁？为什么？

2-8 分析 CA6140 型车床出现下列现象的原因，并指出解决办法。

（1）车削过程产生闷车现象；

（2）扳动主轴开、停和换向操纵手柄（图 2-7 中零件 5）十分费力，甚至不能稳定地停留在终点位置上；

（3）操纵手柄 5（图 2-7）扳至停车位置时，主轴不能迅速停止旋转；

（4）安全离合器打滑，刀架不进给。

2-9 根据图 2-7 和图 2-9，画出 CA6140 型车床主轴箱中摩擦离合器内、外摩擦片和轴Ⅰ的结构草图。

2-10 如果卧式车床刀架横向进给方向相对于主轴轴线存在垂直度误差，将会影响哪些加工工序的加工精度？产生什么样的加工误差？

2-11 回轮转塔车床与卧式车床在布局和用途上有哪些区别？回轮转塔车床的生产率是否一定比卧式车床高？为什么？立式车床的主要加工用途是什么？

第三章　磨　　床

用磨料磨具（砂轮、砂带、油石和研磨剂等）为工具进行切削加工的机床，统称磨床。

磨床可以加工内外圆柱面、圆锥面、平面、渐开线齿廓面、螺旋面以及各种成形面，还可以刃磨刀具和进行切断等工作，其应用范围十分广泛。

磨床主要用于零件的精加工，尤其是淬硬钢和高硬度特殊材料零件的精加工。目前也有不少用于粗加工的高效磨床。由于现代机械产品对机械零件的尺寸精度和表面质量的要求愈来愈高，各种高硬度材料的应用日益增多，以及精密毛坯制造工艺的发展，使很多零件可以不经其他切削加工而直接由磨削加工制成成品。因此，磨床的应用范围日益扩大，在金属切削机床中的比重亦不断上升。

为了适应磨削各种不同形状的工件表面及生产批量的要求，磨床的种类繁多，主要类型有：各类内、外圆磨床、各类平面磨床、工具磨床、刀具刃磨床以及各种专门化磨床。

第一节　M1432B 型万能外圆磨床

一、机床的用途、布局及运动

1. 机床的用途

万能外圆磨床的工艺范围较宽，可以磨削内外圆柱面、内外圆锥面、端面等。但其生产效率较低，适用于单件小批生产。

2. 机床的布局

图 3-1 所示为万能外圆磨床结构 。在床身 1 顶面前部的纵向导轨上装有工作台 3，台面上装着头架 2 和尾座 6，床身 1 的内部用作液压油的油池。被加工工件支承在头架 2 和尾座顶尖上，或夹持在头架卡盘中，由头架 2 带动其旋转。尾座 6 可在工作台 3 上纵向移动调整位置，以适应装夹不同长度工件的需要。工作台 3 由液压传动装置驱动沿床身导轨作纵向往复运动；也可用手轮操纵调整其位置。工作台 3 由上下两层组成，上工作台可相对于下工作台在水平面内偏转一定角度，以便磨削锥度不大的外圆锥面。装有砂轮主轴及其传动装置的砂轮架 5，安装在床身 1 顶面后部的横向导轨上，利用横向进给机构可实现周期或连续的横向进给运动以及调整位置。为了便于装卸工件和进行测量．砂轮架 5 还可以作定距离的快进快退。在砂轮架 5 上部的内圆磨削装置 4 中，装有供磨削内孔用的砂轮主轴。砂轮架 5 和头架 2，都可绕垂直轴线转动一定角度，以便磨削锥度较大的圆锥面。

3. 机床的运动

图 3-2 所示是万能外圆磨床几种典型加工方法的示意图。可以看出，机床必须具备以下运动：外磨或内磨砂轮的旋转主运动 n_t，工件圆周进给运动 n_w，工件（工作台）往复纵向进给运动 f_a，砂轮周期或连续横向进给运动 f_r。此外，机床还有砂轮架快速进退和尾座套筒缩回两个辅助运动。

二、机床的传动

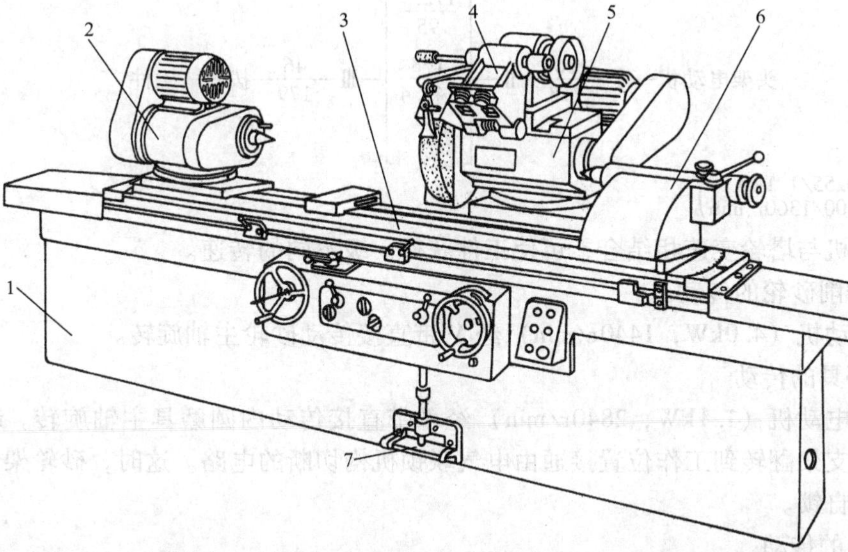

图 3-1 万能外圆磨床

1—床身 2—头架 3—工作台 4—内磨装置 5—砂轮架 6—尾座 7—脚踏操纵板

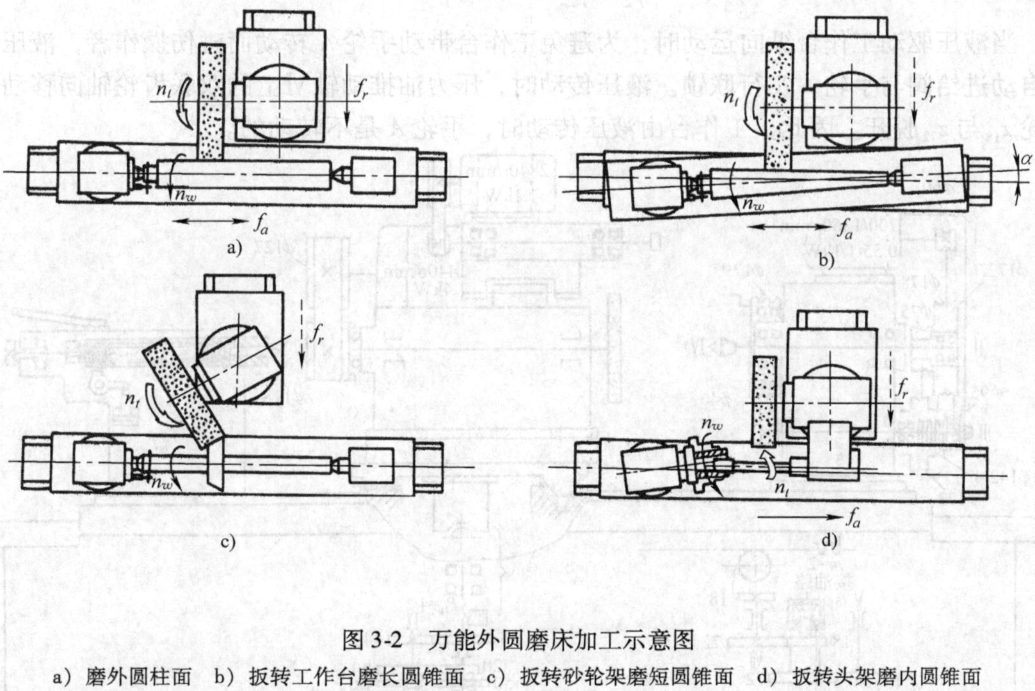

图 3-2 万能外圆磨床加工示意图

a）磨外圆柱面 b）扳转工作台磨长圆锥面 c）扳转砂轮架磨短圆锥面 d）扳转头架磨内圆锥面

图 3-3 所示为 M1432B 型万能外圆磨床的传动系统图。工作台的纵向往复运动，砂轮架的快速进退和自动周期进给以及尾座套筒的缩回均采用液压传动，其余则为机械传动。

1. 头架的传动

头架上双速电动机（0.55/1.1kW，700/1360r/min）经 3 级 V 带传动，把运动传给头架的拨盘（与带轮 ϕ179mm 为一体）拨动工件作圆周进给运动。其传动路线表达式为

$$\text{头架电动机}-\text{I}-\frac{60}{178}-\text{II}-\begin{bmatrix}\frac{172.7}{95}\\ \frac{178}{142.4}\\ \frac{75}{173}\end{bmatrix}-\text{III}-\frac{46}{179}-\text{拨盘}-\text{工件}$$

$$\begin{pmatrix}0.55/1.1\text{kW}\\ 700/1360\text{r/min}\end{pmatrix}$$

双速电动机与塔轮变速相结合，可使工件获得6级不同的转速。

2. 外圆磨削砂轮的传动

砂轮架电动机（4.0kW，1440r/min）经V带直接传动砂轮主轴旋转。

3. 内圆磨具的传动

内圆磨具电动机（1.1kW，2840r/min）经平带直接传动内圆磨具主轴旋转。起动此电动机的条件是支架翻转到工作位置接通由电气联锁机构切断的电路。这时，砂轮架快速进退手柄在原位置自锁。

4. 工作台的传动

工作台既可液压传动，也可手动。手动是为了磨削轴肩或调整工作台的位置。手轮A转一转，工作台的纵向移动量f为

$$f=1\times\frac{15}{72}\times\frac{18}{72}\times18\times2\times\pi\text{mm}\approx6\text{mm}$$

当液压驱动工作台纵向运动时，为避免工作台带动手轮A转动而碰伤操作者，液压传动的自动进给阀与手轮A实行联锁。液压传动时，压力油推动轴Ⅵ上的双联齿轮轴向移动，使齿轮z_{18}与z_{72}脱开。因此，工作台由液压传动时，手轮A是不转动的。

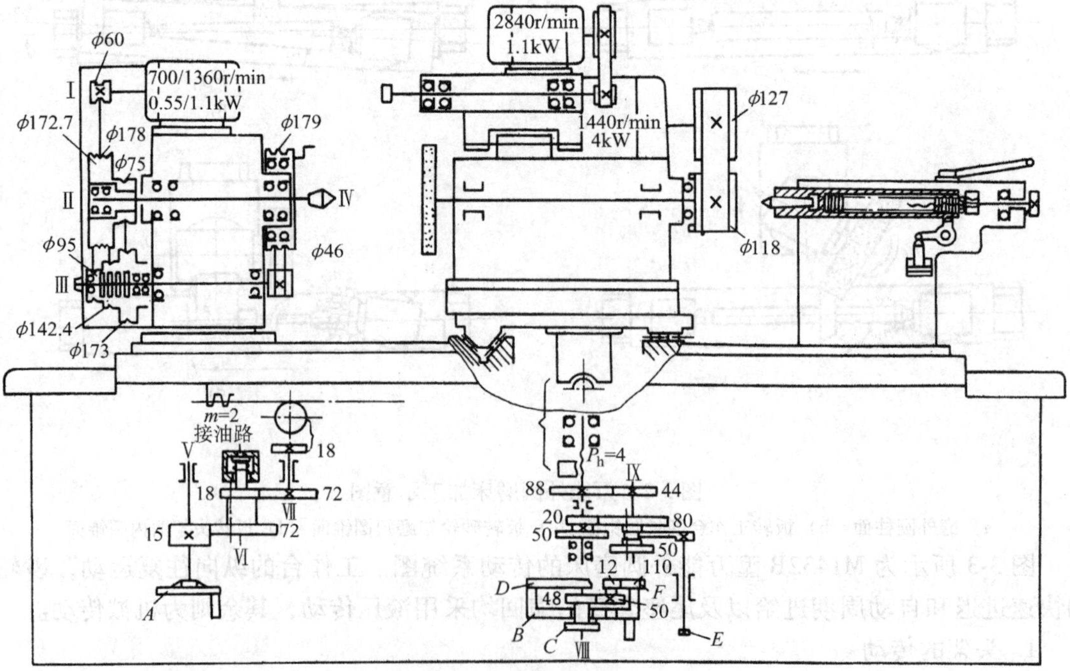

图3-3　M1432B型万能外圆磨床传动系统图

5. 砂轮架的横向进给运动

用手转动固定在轴Ⅷ上的手轮 B，可使砂轮架作横向进给，其传动路线表达式为

$$\text{手轮}B—\text{Ⅷ}—\begin{bmatrix}\frac{50}{50}\text{（粗进给）}\\ \\ \frac{20}{80}\text{（细进给）}\end{bmatrix}—\text{Ⅸ}—\frac{44}{88}—\text{丝杠}\ (P_h=4)\ —\text{砂轮架}$$

手轮 B 转 1 周，粗进给时砂轮架的横向进给量为 2mm。手轮 B 的刻度盘为 200 格，每格的进给量为 0. 01mm。细进给时每格进给量为 0. 0025mm。

当磨削一批工件时，为减少反复测量工件的次数，以节省辅助时间，通常先试磨一个工件，当达到所要求的尺寸后，调整刻度盘上挡块 F 的位置，使它在横向进给磨削至所需直径时正好与固定在床身前罩上的定位爪相碰。磨削后续工件时只需转动手轮 B，当挡块 F 碰到定位爪时，便达到了所要求的磨削尺寸。

当砂轮磨损或修正后，为保证工件直径不变，必须调整刻度盘 D 上挡块 F 的位置。其调整方法是：拔出旋钮 C，使它与手轮 B 上的销子脱开，然后旋转 C，使旋钮上的齿轮 z_{48} 带动行星齿轮 z_{50}、z_{12} 旋转，z_{12} 与刻度盘 D 上的内齿轮 z_{110} 相啮合，使刻度盘 D 反转，反转格数应根据砂轮的磨损量来确定。调整完毕后，将旋钮 C 推入，手轮 B 上的销子插入其后端面的销孔中，使刻度盘 D 和手轮 B 联成一个整体。

旋钮 C 后端面上沿圆周均布有 21 个销孔，旋钮 C 转过一个孔距时，砂轮架附加横向位移量 Δf_r 为

粗进给 $$\Delta f_r=\frac{1}{21}\times\frac{48}{50}\times\frac{12}{110}\times 2\text{mm}=0.01\text{mm}$$

细进给 $$\Delta f_r=\frac{1}{21}\times\frac{48}{50}\times\frac{12}{110}\times 0.5\text{mm}=0.0025\text{mm}$$

三、主要部件的结构

1. 砂轮架

砂轮架由壳体、主轴及其轴承、传动装置等组成。砂轮主轴及其支承部分的结构将直接影响工件的加工精度和表面粗糙度，这是砂轮架部件的关键部分，它应保证砂轮主轴具有较高的旋转精度、刚度、抗振性和耐磨性。

图 3-4 所示为 M1432B 型万能外圆磨床的砂轮架。砂轮主轴 8 的前、后支承均采用“短四瓦”动压滑动轴承。每个轴承由均布在圆周上的四块轴瓦 5 组成，每块轴瓦由球头螺钉 4 和轴瓦支承头 7 支承。当主轴高速旋转时，在轴承与主轴轴颈之间形成四个楔形压力油膜，将主轴悬浮在轴承中心而呈纯液体摩擦状态。主轴轴颈与轴瓦之间的间隙（一般为 0. 01 ~ 0. 02mm）用球头螺钉 4 调整，调整好后，用通孔螺钉 3 和拉紧螺钉 2 锁紧，以防止球头螺钉 4 松动而改变轴承间隙，最后用封口螺塞 1 密封。

砂轮主轴向右的轴向力通过主轴右端轴肩作用在轴承盖 9 上，向左的轴向力通过带轮 13 中的六个螺钉 12，经弹簧 11 和销子 10 以及推力球轴承，最后传递到轴承盖 9 上。弹簧 11 可用来给推力球轴承预加载荷。

砂轮架壳体内装润滑油以润滑主轴轴承，主轴两端用橡胶油封实现密封。

砂轮的圆周速度很高，为了保证砂轮运转平稳，装在主轴上的零件都要校静平衡，整个主轴部件还要校动平衡。此外，砂轮必须安装防护罩，以防止砂轮意外碎裂时损伤工人及设备。

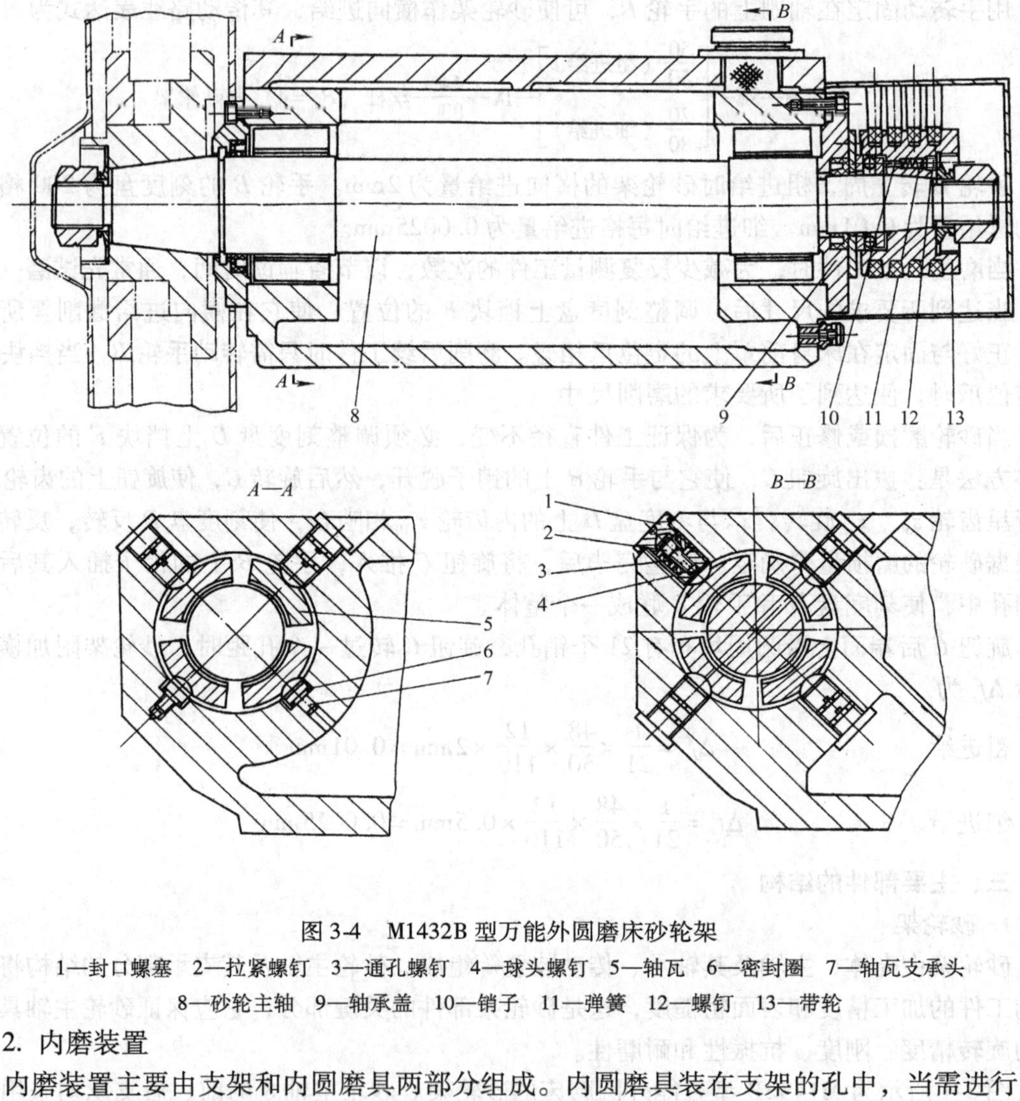

图 3-4 M1432B 型万能外圆磨床砂轮架

1—封口螺塞 2—拉紧螺钉 3—通孔螺钉 4—球头螺钉 5—轴瓦 6—密封圈 7—轴瓦支承头 8—砂轮主轴 9—轴承盖 10—销子 11—弹簧 12—螺钉 13—带轮

2. 内磨装置

内磨装置主要由支架和内圆磨具两部分组成。内圆磨具装在支架的孔中，当需进行内圆磨削时，将支架翻下。

图 3-5 所示为内圆磨具。磨削内圆时因砂轮直径较小，为达到一定的磨削速度，要求砂轮

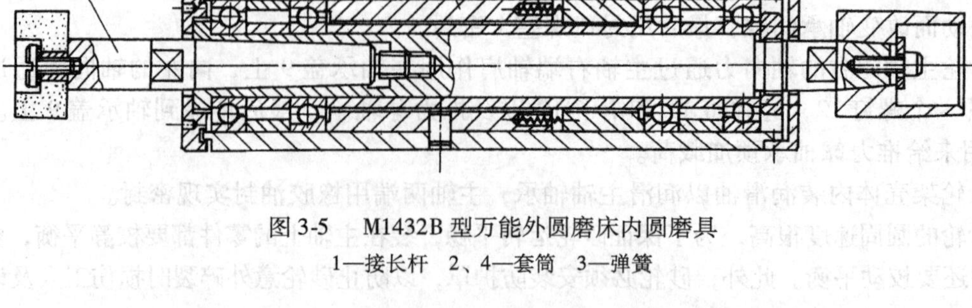

图 3-5 M1432B 型万能外圆磨床内圆磨具

1—接长杆 2、4—套筒 3—弹簧

轴具有很高的转速，因此内圆磨具除应保证主轴在高转速下运转平稳，还应具有足够的刚度和抗振性。内圆磨具主轴由平带传动。主轴前、后轴承各用2个R_5级精度的角接触球轴承，用弹簧3通过套筒2和4进行预紧。轴承采用锂基润滑脂润滑，并用迷宫密封。当被磨削的内孔长度改变时，接长杆1可以更换。

第二节　其他类型磨床

一、普通外圆磨床

普通外圆磨床和万能外圆磨床在结构上的主要区别在于：普通外圆磨床的头架和砂轮架均不能绕其垂直轴线调整角度，头架主轴也不能转动，没有内圆磨具。因此，普通外圆磨床的工艺范围较窄，只能磨削外圆柱面和锥度较小的外圆锥面。但由于其主要部件的结构层次少，刚性好，可采用较大的磨削用量，因此生产率较高，同时也易于保证磨削质量。

二、无心外圆磨床

无心外圆磨床进行磨削时，工件不是支承在顶尖上或夹持在卡盘中，而是直接被放在砂轮和导轮之间，由托板和导轮支承，以工件被磨削的外圆表面本身作为定位基准面，如图3-6所示。磨削时砂轮高速旋转，导轮3则以较低的速度旋转，工件4在磨削力以及导轮3和工件间摩擦力的作用下被带动旋转，实现圆周进给运动。导轮是摩擦系数较大的树脂或橡胶结合剂砂轮，它不起磨削作用，而是用于支承工件并控制工件的进给速度。在正常磨削情况下，高速旋转的砂轮通过磨削力$F_{切}$带动工件旋转，导轮则依靠摩擦力F_1对工件进行“制动”，限制工件的圆周速度，使之基本上等于导轮的圆周线速度，从而在砂轮和工件间形成很大的速度差，产生磨削作用。改变导轮的转速，便可调节工件的圆周进给速度。

为了加快工件的成圆过程和提高工件的圆度，进行无心磨削时，工件的中心必须高于砂轮和导轮的中心连线（高出的距离一般约等于工件直径的15%～25%），使工件与砂轮及工件

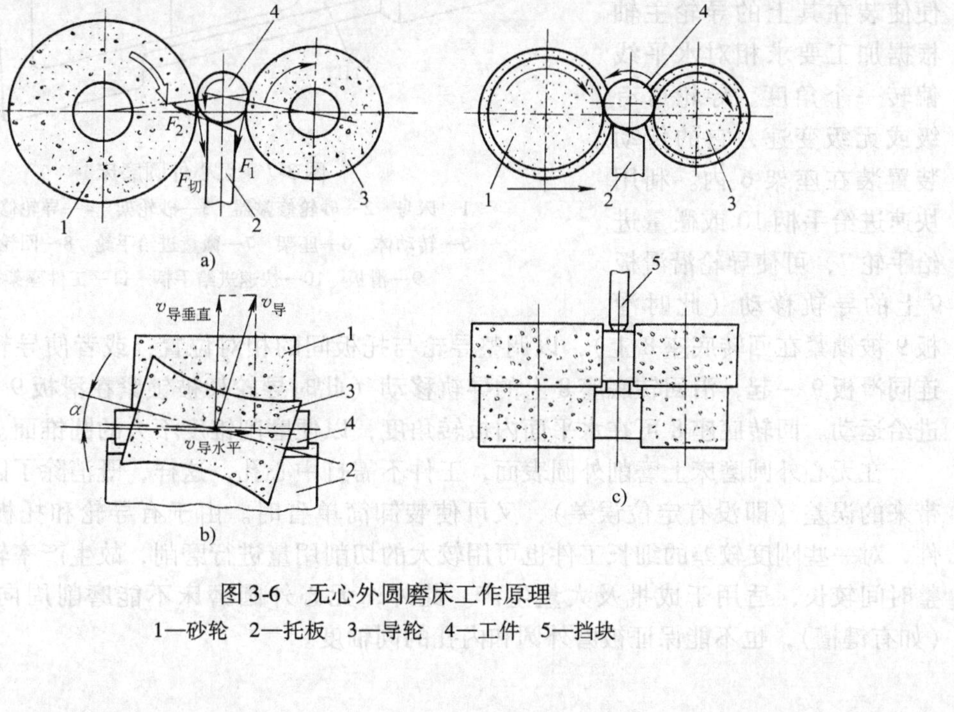

图3-6　无心外圆磨床工作原理

1—砂轮　2—托板　3—导轮　4—工件　5—挡块

与导轮间的接触点不在同一直径线上，从而可使工件在多次转动中逐渐被磨圆。

无心外圆磨床有两种磨削方法：贯穿磨削法和切入磨削法。贯穿磨削法如图 3-6b 所示，磨削时将工件 4 从机床前面放到导板上，推入磨削区。由于导轮 3 在垂直平面内倾斜 α 角，导轮 3 与工件 4 接触处的线速度 $v_{导}$ 可分解为水平和垂直两个方向的分速度 $v_{导水平}$ 和 $v_{导垂直}$，后者控制工件的圆周进给运动，前者使工件作纵向进给。所以工件 4 被推入磨削区后，便既作旋转运动，同时又轴向向前移动，穿过磨削区，从机床另一端出去就磨削完毕。磨削时，工件一个接一个地通过磨削区，加工便连续进行。为了保证导轮和工件间为直线接触，导轮的形状应修整成回转双曲面形。这种磨削方法适用于不带台阶的圆柱形工件。切入磨削法如图 3-6c 所示，磨削时先将工件 4 放在托板 2 和导轮 3 上，然后由工件 4（连同导轮 3）或砂轮 1 作横向进给。此时导轮 3 的中心线仅倾斜一个很微小的角度（约 30′），以便使导轮 3 对工件 4 产生一微小的轴向推力，将工件 4 靠向挡块 5，保证工件有可靠的轴向定位。这种方法适用于磨削不能纵向通过的阶梯轴和有成形回转表面的工件。

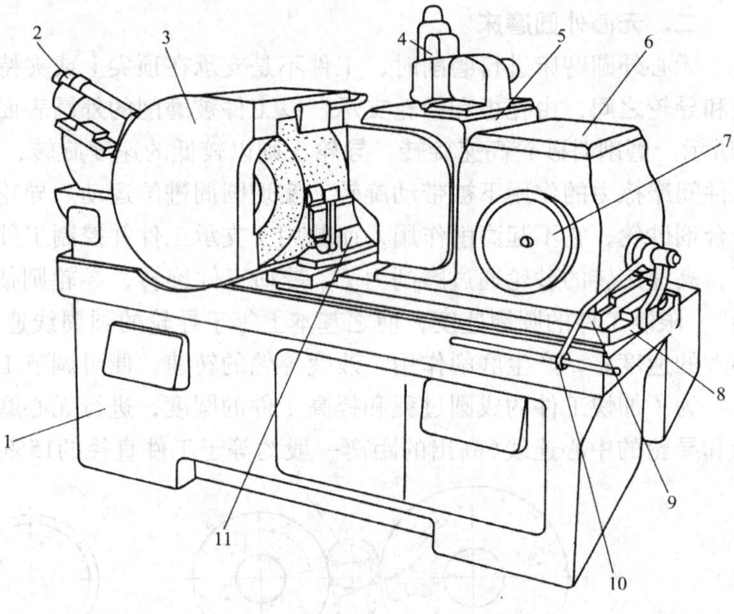

图 3-7 无心外圆磨床

1—床身 2—砂轮修整器 3—砂轮架 4—导轮修整器 5—转动体 6—座架 7—微量进给手轮 8—回轮底座 9—滑板 10—快速进给手柄 11—工件座架

图 3-7 所示是无心外圆磨床的结构。砂轮架 3 固定在床身 1 的左边，装在其上的砂轮主轴通常是不变速的，由装在床身 1 内的电动机经带传动高速旋转。导轮架装在床身 1 右边的滑板 9 上，它由转动体 5 和座架 6 两部分组成。转动体 5 可在垂直平面内相对座架 6 转位，以便使装在其上的导轮主轴根据加工要求相对水平线偏转一个角度。导轮可有级或无级变速，它的传动装置装在座架 6 内。利用快速进给手柄 10 或微量进给手轮 7，可使导轮沿滑板 9 上的导轨移动（此时滑板 9 被锁紧在回转底座 8 上），以调整导轮与托板间的相对位置；或者使导轮架、工件座架连同滑板 9 一起，沿回转底座 8 上的导轨移动（此时导轮架被锁紧在滑板 9 上），实现横向进给运动。回转底座 8 可在水平面内扳转角度，以便磨削锥度不大的圆锥面。

在无心外圆磨床上磨削外圆表面，工件不需打中心孔，这样，既消除了因中心孔偏心而带来的误差（即没有定位误差），又可使装卸简单省时。由于有导轮和托板沿全长支承工件，对一些刚度较差的细长工件也可用较大的切削用量进行磨削，故生产率较高。但机床调整时间较长，适用于成批及大量生产。此外，无心外圆磨床不能磨削周向不连续的表面（如有键槽），也不能保证被磨外圆和内孔的同轴度。

三、内圆磨床

内圆磨床主要用于磨削各种圆柱孔（包括通孔、不通孔、阶梯孔和断续表面的孔等）和圆锥孔。内圆磨床的主要类型有普通内圆磨床、无心内圆磨床、行星式内圆磨床和坐标磨床等。

1. 普通内圆磨床

普通内圆磨床是生产中应用最广泛的一种内圆磨床，其磨削方法如图 3-8 所示。磨削时，根据工件形状和尺寸的不同，可采用纵磨法或切入法磨削内孔，如图 3-8a、b 所示。某些普通内圆磨床上装备有专门的端磨装置，采用这种端磨装置，可在工件一次装夹中完成内孔和端面的磨削，如图 3-8c、d 所示。这样既容易保证孔和端面的垂直度，又可提高生产效率。

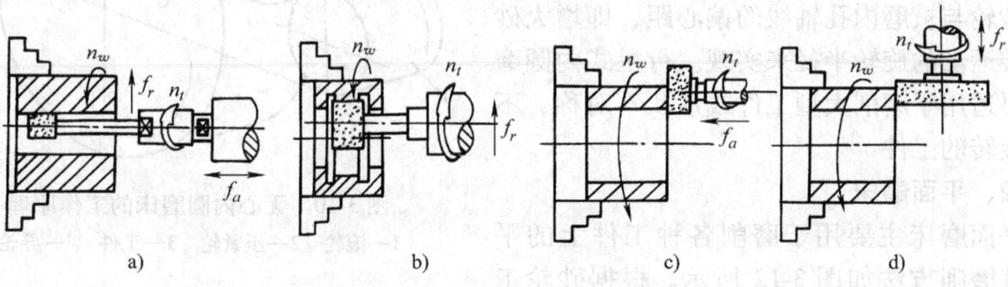

图 3-8　普通内圆磨床的磨削方法

图 3-9 所示为两种普通内圆磨床的结构型式。图 3-9a 所示磨床的工件头架 3 安装在工作台 2 上，随工作台 2 一起往复移动，完成纵向进给运动；图 3-9b 所示磨床的砂轮架 4 安装在工作台 2 上，随工作台 2 作纵向进给运动。两种磨床的横向进给运动都由砂轮架 4 实现。工件头架 3 均可绕其垂直轴线调整角度，以便磨削锥孔。

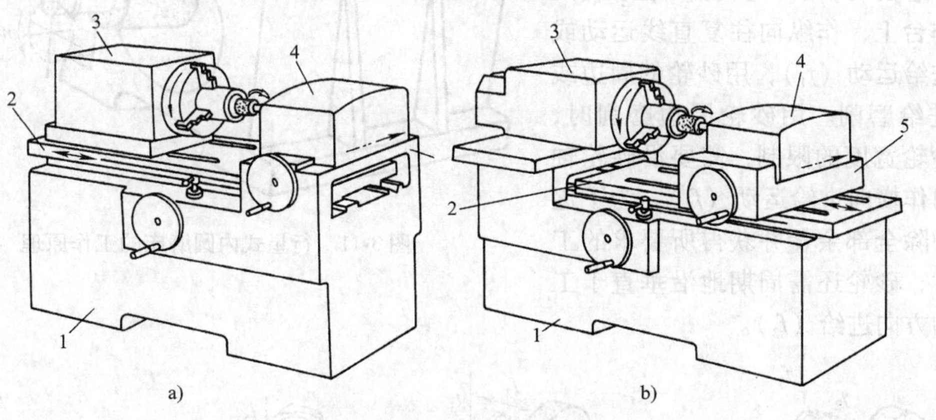

图 3-9　普通内圆磨床

1—床身　2—工作台　3—头架　4—砂轮架　5—滑座

2. 无心内圆磨床

无心内圆磨床的工作原理如图 3-10 所示。磨削时，工件 3 支承在滚轮 1 和导轮 4 上，压紧轮 2 使工件 3 紧靠导轮 4，由导轮 4 带动工件 3 旋转，实现圆周进给运动（n_w）。砂轮除了完成主运动 n_t 外，还作纵向进给运动（f_a）和周期横向进给运动（f_r）。加工结束时，压紧轮 2 沿箭头 A 的方向摆开，以便装卸工件。磨削锥孔时，可将滚轮 1、工件 3 和导轮 4 一起偏转一定角度。

这种磨床主要适用于大批大量生产中，加工那些外圆表面已经精加工且又不宜用卡盘夹紧的薄壁状工件以及内、外圆同轴度要求较高的工件，如轴承环之类的零件。

3. 行星式内圆磨床

行星式内圆磨床的工作原理如图 3-11 所示。磨削时，工件固定不转，砂轮除了绕其自身轴线高速旋转实现主运动（n_t）外，同时还绕着被磨内孔的轴线作公转运动，即圆周进给运动（n_w）。纵向往复运动（f_a）由砂轮或工件完成，周期横向进给运动（f_r）通过周期地改变砂轮与被磨内孔轴线的偏心距，即增大砂轮公转运动的旋转半径来实现。行星式内圆磨床主要适用于磨削大型工件或形状不对称、不便于旋转的工件

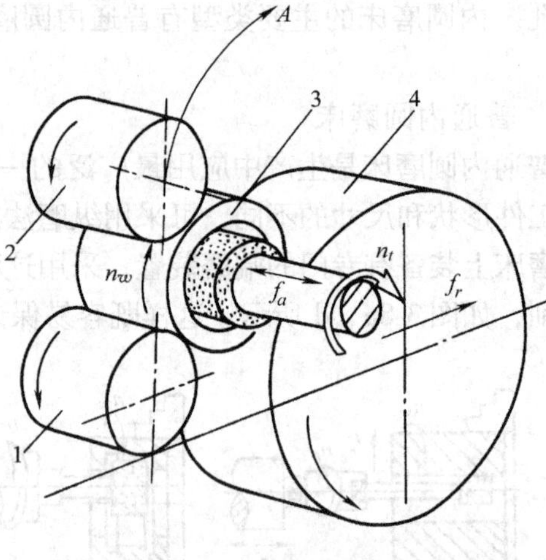

图 3-10 无心内圆磨床的工作原理
1—滚轮 2—压紧轮 3—工件 4—导轮

四、平面磨床

平面磨床主要用于磨削各种工件上的平面。其磨削方法如图 3-12 所示。根据砂轮工作表面和工作台形状的不同，它主要可分为四种类型：卧轴矩台型、卧轴圆台型、立轴矩台型和立轴圆台型。其中前两种磨床用砂轮的周边磨削，砂轮主轴为水平布置，如图 3-12a、b 所示；后两种磨床用砂轮的端面磨削，砂轮主轴为垂直布置，如图 3-12c、d 所示。磨削时，工件安装在矩形或圆形工作台上，作纵向往复直线运动或圆周进给运动（f_1），用砂轮的周边或端面进给磨削。用砂轮周边磨削时，由于砂轮宽度的限制，需要沿砂轮轴线方向作横向进给运动（f_2）。为了逐步地切除全部余量并获得所要求的工件尺寸，砂轮还需周期地沿垂直于工作台的方向进给（f_3）。

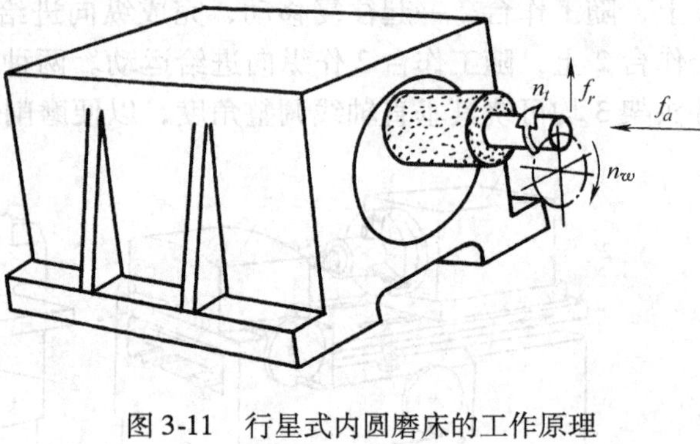

图 3-11 行星式内圆磨床的工作原理

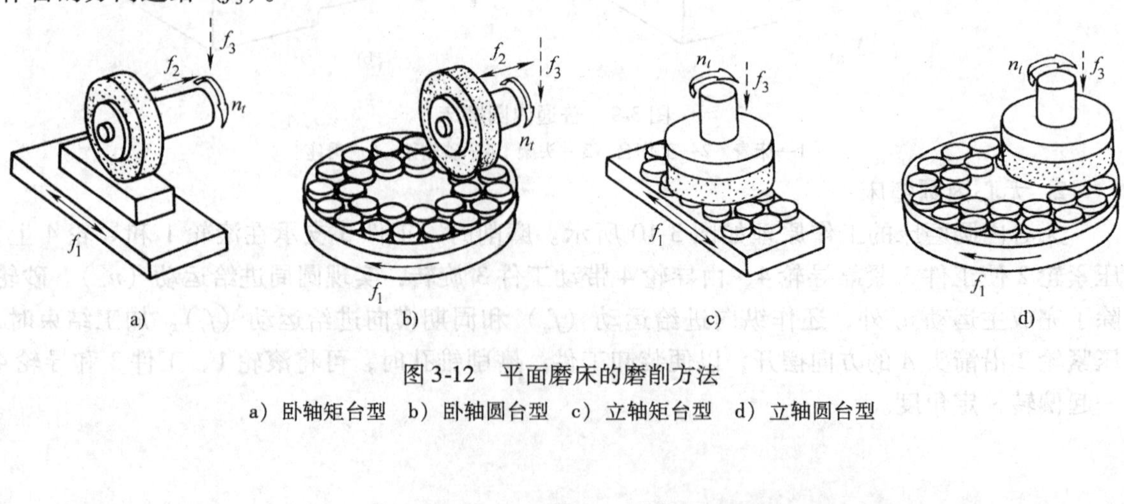

图 3-12 平面磨床的磨削方法
a）卧轴矩台型 b）卧轴圆台型 c）立轴矩台型 d）立轴圆台型

在上述四种平面磨床中，用砂轮端面磨削的平面磨床与用周边磨削的平面磨床相比较，由于端面磨削的砂轮直径往往比较大，能一次磨出工件的全宽，磨削面积较大，所以生产率较高，但端面磨削时砂轮和工件表面是成弧形线或面接触，接触面积大，冷却困难，切屑不易排除，所以加工精度较低，表面质量较差；而用砂轮周边磨削，由于砂轮和工件接触面积小，发热量少，冷却和排屑条件好，可获得较高的加工精度和表面质量。圆台平面磨床与矩台平面磨床相比，圆台式的生产率较高，这是由于圆台式是连续进给，而矩台式有换向时间损失。圆台式适于磨削小零件和大直径的环形零件端面，而矩台式可磨削各种零件，包括直径小于矩台宽度的环形零件。

在四种平面磨床中，应用较多的是卧轴矩台式平面磨床和立轴圆台式平面磨床。

图 3-13 所示是两种卧轴矩台式平面磨床的结构。图 3-13a 为砂轮架移动式，工作台 4 只作纵向往复运动，而由砂轮架 1 沿滑鞍 2 上的燕尾型导轨移动来实现周期的横向进给运动；滑鞍 2 和砂轮架 1 一起可沿立柱 3 的导轨垂直移动，完成周期的垂直进给运动。图 3-13b 为十字导轨式，工作台 4 装在床鞍 6 上。工作台 4 除了作纵向往复运动外，还随床鞍 6 一起沿床身 5 的导轨作周期的横向进给运动，而砂轮架 1 只作垂直周期进给运动。在这类平面磨床上，工作台的纵向往复运动和砂轮架的横向周期进给运动，一般都采用液压传动。砂轮架的垂直进给运动通常是手动的。为了减轻工人的劳动强度和节省辅助时间，有些机床具有快速升降机构，用以实现砂轮架的快速机动调位运动。砂轮主轴采用内连电动机直接传动。

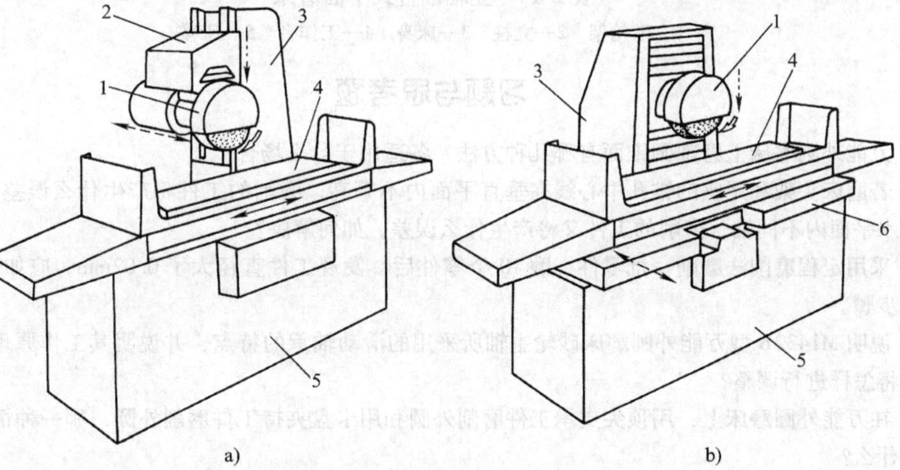

图 3-13　卧轴矩台式平面磨床
1—砂轮架　2—滑鞍　3—立柱　4—工作台　5—床身　6—床鞍

图 3-14 所示是立轴圆台式平面磨床的结构。圆形工作台 4 装在床鞍 5 上，它除了作旋转运动实现圆周进给外，还可以随床鞍 5 一起，沿床身 3 的导轨纵向快速退离或趋近砂轮，以便装卸工件。砂轮架 1 可作垂直快速调位运动，以适应磨削不同高度工件的需要。在这类平面磨床上，其砂轮主轴轴线的位置，可根据加工要求进行微量调整，使砂轮端面和工作台台面平行或倾斜一个微小的角度（一般小于 10′）。粗磨时常采用较大的磨削用量以提高磨削效率，为避免发热量过大而使工件产生热变形和表面烧伤，需将砂轮端面倾斜一定角度，以减少砂轮与工件的接触面积。精磨时，为了保证磨削表面的平面度与平行度，需使砂轮端面与工作台台面平行或倾斜一极小的角度。砂轮主轴轴线的位置可通过砂轮架相对于立柱

3，或立柱 3 相对于床身底座偏斜一个角度来进行调整。

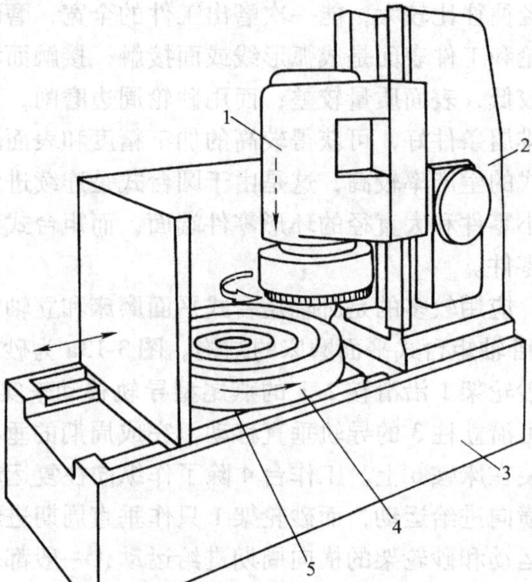

图 3-14 立轴圆台式平面磨床

1—砂轮架 2—立柱 3—床身 4—工作台 5—床鞍

习题与思考题

3-1 万能外圆磨床上磨削圆锥面有哪几种方法？各适用于什么场合？

3-2 若磨床头架和尾座的锥孔中心线在垂直平面内不等高，磨削的工件将产生什么误差，如何解决？若两者在水平面内不同轴，磨削的工件又将产生什么误差，如何解决？

3-3 采用定程磨削法磨削一批零件，磨 10 个零件后，发现工件直径大了 0.02mm，应如何进行补偿？说明调整步骤。

3-4 说明 M1432B 型万能外圆磨床砂轮主轴所采用的滑动轴承的特点，并说明其工作原理。若轴承间隙过大，将怎样进行调整？

3-5 在万能外圆磨床上，用顶尖支承工件磨削外圆和用卡盘夹持工件磨削外圆，哪一种情况的加工精度高？为什么？

3-6 内磨主轴部件的 8 个弹簧起什么作用？在其他一些主轴部件中也能采用这种结构吗？

3-7 无心外圆磨床工件托板的顶面为什么做成倾斜的？工件中心为什么必须高于砂轮与导轮的中心连线？

3-8 内圆磨削的方法有哪几种？各适用于什么场合？

3-9 试分析卧轴矩台式平面磨床与立轴圆台式平面磨床在磨削方法、加工质量、生产率等方面有何不同。它们的适用范围有何区别？

第四章　齿轮加工机床

第一节　概　　述

齿轮加工机床是用来加工齿轮轮齿的机床。由于齿轮传动具有传动比准确、传递功率大、效率高、结构紧凑以及可靠耐用等优点。因此，被广泛应用于各种机械及仪表中。随着现代科学技术和工业水平的不断提高，对齿轮制造质量的要求也越来越高。齿轮的需要量也日益增加。这就要求机床制造业生产出高精度、高效率和高自动化程度的齿轮加工机床，以满足生产发展的需要。

一、齿轮加工机床的加工原理

齿轮加工机床的种类繁多，构造各异，加工方法也各不相同，但就其加工原理来说，可分为成形法和展成法两大类。

1. 成形法

成形法加工齿轮所采用的刀具为成形刀具，其切削刃形状与被切齿轮的齿槽形状相吻合。例如，在铣床上用盘形铣刀或指形铣刀铣削齿轮，在刨床或插床上用成形刀具刨削或插削齿轮等。图 4-1a 所示为用盘形铣刀加工直齿圆柱齿轮；图 4-1b 所示为用指形铣刀加工直齿圆柱齿轮。这种方法的优点是不需要专门的齿轮加工机床，而可以在通用机床（如配有分度装置的铣床）上进行加工。由于轮齿的齿廓为渐开线，其廓形取决于齿轮的基圆直径（$d_{基} = mz\cos\alpha$），故对于同一模数的齿轮，只要齿数不同，其渐开线齿廓形状就不相同，需采用不同的成形刀具。而在实际生产中，为了减少成形刀具的数量。每一种模数通常只配有 8 把一套或 15 把一套的成形铣刀，每把刀具适应一定的齿数范围。这样加工出来的渐开线齿廓是近似的，加工精度较低。而且，每加工完一个齿槽后，工件需要分度一次，生产率也较低。所以，本方法常用于修配行业中加工精度要求不高的齿轮，或用于重型机器制造业中，以解决缺乏大型齿轮加工机床的问题。

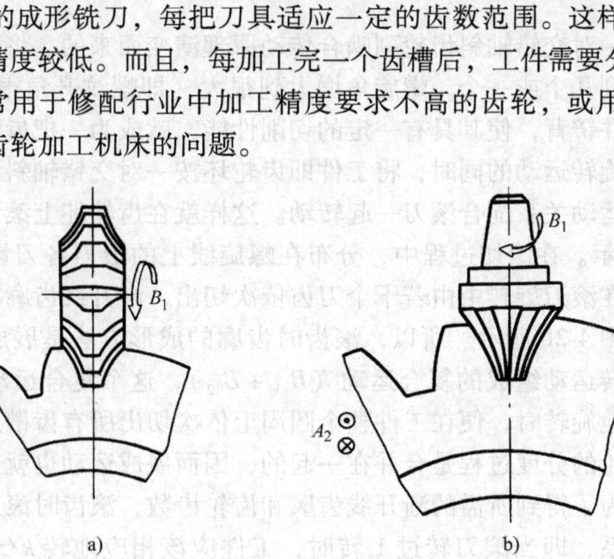

图 4-1　成形法加工齿轮

在大批量生产中，也有采用多齿廓成形刀具加工齿轮，如用齿轮拉刀、齿轮推刀或多齿刀盘等刀具，此时，其渐开线齿形可按工件齿廓的要求精确制造。加工时在机床的一个工作循环中即可完成全部齿槽的加工，生产率较高，但刀具制造比较复杂且成本较高。

2. 展成法

展成法加工齿轮是利用齿轮的啮合原理进行的，即把齿轮啮合副（齿条—齿轮、齿轮—齿轮）中的一个转化为刀具，另一个转化为工件，并强制刀具和工件作严格的啮合运动，在工件上切出齿廓。由于齿轮啮合副正常啮合的条件是模数相同，故展成法加工齿轮所用刀具切削刃的渐开线廓形仅与刀具本身的齿数有关，而与被切齿轮的齿数无关。因此，每一种模数，只需用一把刀具就可以加工各种不同齿数的齿轮。此外，还可以用改变刀具与工件的中心距来加工变位齿轮。这种方法的加工精度和生产率一般比较高，因而在齿轮加工机床中应用最为广泛。

二、齿轮加工机床的类型

按照被加工齿轮种类的不同，齿轮加工机床可分为圆柱齿轮加工机床和圆锥齿轮加工机床两大类。圆柱齿轮加工机床主要有滚齿机、插齿机等。圆锥齿轮加工机床可分为直齿锥齿轮加工机床和弧齿锥齿轮加工机床。直齿锥齿轮加工机床主要有刨齿机、铣齿机和拉齿机等。弧齿锥齿轮加工机床主要有加工各种不同弧齿锥齿轮的铣齿机和拉齿机等。另外，用于精加工齿轮齿面的机床有剃齿机、珩齿机和磨齿机等。

第二节 滚 齿 机

滚齿机是齿轮加工机床中应用最广泛的一种。它多数是立式布置的，用于加工直齿和斜齿外啮合圆柱齿轮及蜗轮；也有卧式布置的，用于仪表工业中加工小模数齿轮和在一般机械制造业中加工轴齿轮、花键轴和链轮等。

一、滚齿原理

滚齿加工是由一对交错轴斜齿轮副啮合传动原理演变而来的。将这对啮合传动副中的一个齿轮的齿数减少到几个或一个，螺旋角增大到很大（即螺纹升角很小），它就成了蜗杆形状。再将蜗杆开槽并铲背，使其具有一定的切削性能，就成为一把齿轮滚刀。在齿轮滚刀按给定的切削速度作旋转运动的同时，将工件即齿轮坯按一对交错轴斜齿轮副啮合传动即蜗杆蜗轮副啮合传动的运动关系配合滚刀一起转动。这样就在齿轮坯上滚切出具有渐开线齿廓的齿槽，如图 4-2a 所示。在滚切过程中，分布在螺旋线上的滚刀各刀齿相继切去齿槽中一薄层金属，每个齿槽在滚刀旋转中由若干个刀齿依次切出，渐开线齿廓则由切削刃一系列瞬间位置包络而成，如图 4-2b 所示。所以，滚齿时齿廓的成形方法是展成法，成形运动是滚刀旋转运动和工件旋转运动组成的复合运动（$B_{11}+B_{12}$），这个复合运动称为展成运动。当滚刀与工件连续不断地旋转时，便在工件整个圆周上依次切出所有齿槽。也就是说，滚齿时齿面的成形过程与齿轮的分度过程是合并在一起的，因而展成运动也就是分度运动。

由上述可知，为了得到所需的渐开线齿廓和齿轮齿数，滚齿时滚刀和工件之间必须保持严格的相对运动关系，即当滚刀转过 1 转时，工件应该相应地转 k/z 转（k 为滚刀头数，z 为工件齿数）。

（一）加工直齿圆柱齿轮的运动和传动原理

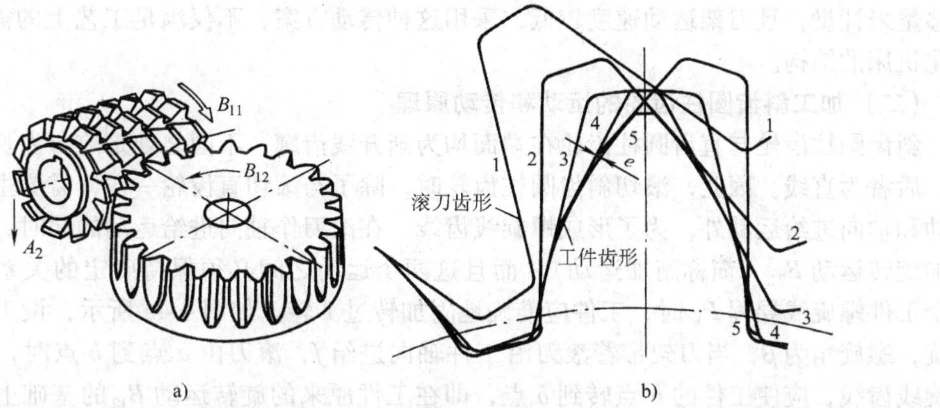

图 4-2 滚齿原理

根据表面成形原理，加工直齿圆柱齿轮的成形运动应包括：形成渐开线齿廓（母线）的运动和形成直线形齿长（导线）的运动。如上所述，前者由复合成形运动——展成运动实现；后者则由相切法形成，即靠滚刀旋转运动 B_{11} 和滚刀沿工件轴向的直线进给运动 A_2 来实现，这是两个简单运动，如图 4-2a 所示。其中，滚刀的旋转运动既是形成渐开线齿廓的运动，又是形成直线形齿线的运动。所以，滚切直齿圆柱齿轮实际上是由一个复合成形运动（$B_{11}+B_{12}$）和一个简单成形运动 A_2 所组成。但是，习惯上常常根据切削中所起作用来称呼滚齿时的运动，即称工件的旋转运动为展成运动，滚刀的旋转运动为主运动，滚刀沿工件轴线方向的运动为轴向进给运动，并据此来命名实现这些运动的传动链。

图 4-3 所示为滚切直齿圆柱齿轮的传动原理图，它具有以下三条传动链。

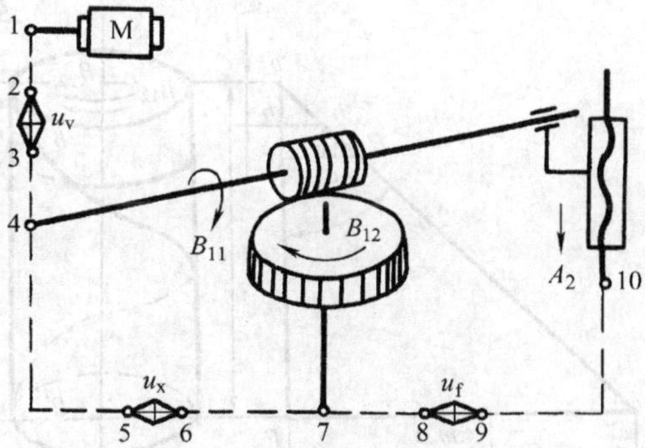

图 4-3 滚切直齿圆柱齿轮的传动原理图

（1）主运动传动链 电动机（M）—1—2—u_v—3—4—滚刀（B_{11}），是一条将运动源（电动机）与滚刀相联系的外联系传动链。这条传动链产生切削运动，根据金属切削原理的定义，这个运动是主运动。其中，u_v 为换置机构，用以变换滚刀的转速。这一转速是由滚刀材料、直径、工件材料、硬度以及加工质量要求确定的。

（2）展成运动传动链 滚刀（B_{11}）—4—5—u_x—6—7—工作台（B_{12}），是一条内联系传动链，实现渐开线齿廓的复合成形运动，滚刀与工作台之间必须保持严格的传动比关系。其中，换置机构为 u_x，用于适应工件齿数和滚刀头数的变化，其传动比的数值要求很精确。根据蜗杆蜗轮啮合原理，工作台（蜗轮）的旋转方向取决于滚刀（蜗杆）螺旋角的旋向，故在这个传动链中，还设有工作台变向机构。

（3）轴向进给运动传动链 工作台（B_{12}）—7—8—u_f—9—10—刀架（A_2），是一条外联系传动链，实现直线形齿形的运动。其中，换置机构为 u_f，用于调整轴向进给量的大小和进给方向，以适应不同加工表面粗糙度的要求。必须明确指出的是，由于轴向进给运动是一个独立的简单运动，相应的传动链是外联系传动链，因此它可以使用独立的运动源来驱动，这里所以用工作台作为间接运动源，是因为滚齿时的进给量通常以工件每转一转时，刀架的位移量来计量，且刀架运动速度较低，采用这种传动方案，不仅满足工艺上的需要，而且能简化机床的结构。

（二）加工斜齿圆柱齿轮的运动和传动原理

斜齿圆柱齿轮与直齿圆柱齿轮在端面均为渐开线齿廓，不同之处是前者齿长形状为螺旋线，后者为直线。因此，滚切斜齿圆柱齿轮时，除了与滚切直齿轮一样，需要主运动、展成运动和轴向进给运动外，为了形成螺旋线齿线，在滚刀作轴向进给运动的同时，工件还应作附加旋转运动 B_{22}（简称附加运动），而且这两个运动之间必须保持确定的关系，滚刀移动一个工件螺旋线导程 P_h 时，工件应准确地附加转过 1 转。如图 4-4a 所示，设工件螺旋线为右旋，螺旋角为 β，当刀架带着滚刀沿工件轴向进给 f，滚刀由 a 点到 b 点时，为了能切出螺旋线齿线，应使工件的 b' 点转到 b 点，即在工件原来的旋转运动 B_{12} 的基础上，再附加转动 $\overset{\frown}{bb'}$。当滚刀再进给一个 f 至 c 点时，工件再附加转动 $c'cc''$，使工件的 c' 点转到 c 点，依次类推，当滚刀进给至 p 点，正好等于一个工件螺旋线导程 P_h 时，工件上的 p' 点应转到 p 点，即工件应附加转动 1 转。附加运动用 B_{22} 表示，它的方向与工件在展成运动中的旋转运动 B_{12} 方向或者相同，或者相反，这取决于工件螺旋线方向和滚刀（刀架）轴向进给方向 A_{21}；如果 B_{22} 和 B_{12} 同向，调整计算时附加运动取 +1 转，反之，若 B_{22} 和 B_{12} 方向相反，则取 -1 转。由上述分析可知，滚刀的轴向进给运动 A_{21} 和工件的附加运动 B_{22} 是形成螺旋线齿线所必需的运动，它们组成了一个复合运动——螺旋轨迹运动。

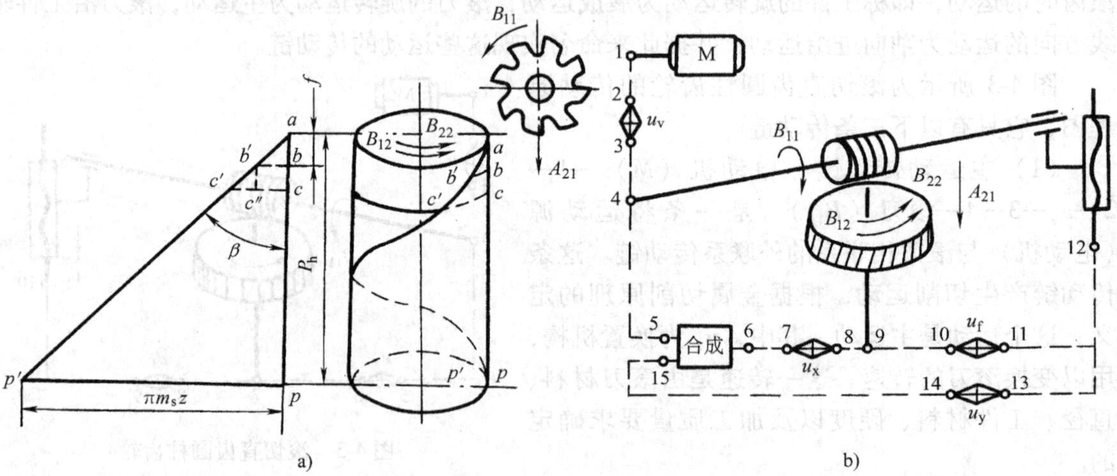

图 4-4　滚切斜齿圆柱齿轮的传动原理图

m_s—端面模数　z—工件齿数　β—工件螺旋角

实现滚切斜齿圆柱齿轮所需成形运动的传动原理图如图 4-4b 所示。其中，主运动、展成运动以及轴向进给运动传动链与加工直齿圆柱齿轮时相同，只是在刀架与工作台之间增加了一条附加运动传动链：刀架（滚刀移动 A_{21}）—12—13—u_y—14—15—〔合成〕—6—7—u_x—8—9—工作台（工件附加转动 B_{22}），以保证刀架沿工作台轴线方向移动一个螺旋线导程 P_h 时，工件附加转过 ±1 转，形成螺旋线齿线。显然，这是一条内联系传动链。传动链中的换置机构为 u_y，用于适应不同的工件螺旋线导程 P_h，传动链中也设有换向机构以适应不同的螺旋方向。由于滚切斜齿圆柱齿轮时，工作台的旋转运动既要与滚刀旋转运动配合，组成形成渐开线齿廓的展成运动，又要与滚刀刀架轴向进给运动配合，组成形成螺旋线齿长的附加运动，所以加工时工作台的实际旋转运动是上述两个运动的合成。为使工作台能同时接受来自两条传动链的运动而不发生矛盾，就需要在传动链中配置一个运动合成机构（图4-4b中以及其他传动原理图中均用〔合成〕表示），将两个运动合成之后再传给工作台。

（三）滚齿机的运动合成机构

滚齿机既可用于加工直齿圆柱齿轮，又可用于加工斜齿圆柱齿轮，所以滚齿机的传动设计必须满足两者的要求。通常，滚齿机是根据加工斜齿圆柱齿轮的要求设计的。在传动系统中设有一个运动合成机构，以便将展成运动传动链中工作台的旋转运动 B_{12} 和附加运动传动链中工作台的附加运动 B_{22} 合成为一个运动后传送到工作台。加工直齿圆柱齿轮时，断开附加运动传动链，同时把运动合成机构调整成为一个如同“联轴器”的结构形式即可。

滚齿机所用的运动合成机构通常是圆柱齿轮或锥齿轮行星机构。图4-5所示为Y3150E型滚齿机所用的运动合成机构，由模数 $m=3$、齿数 $z=30$、螺旋角 $\beta=0°$ 的四个弧齿锥齿轮组成。

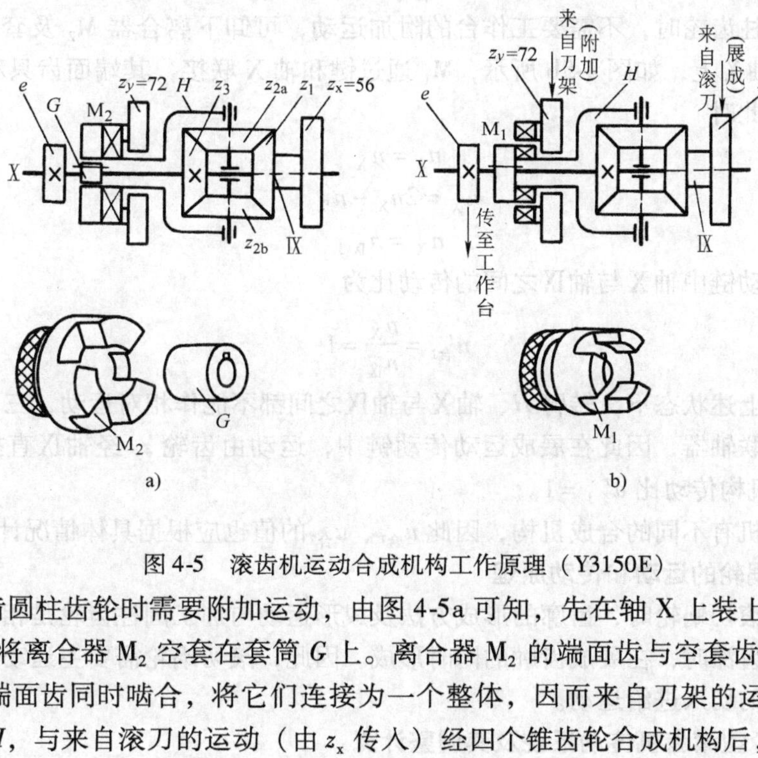

图4-5　滚齿机运动合成机构工作原理（Y3150E）

加工斜齿圆柱齿轮时需要附加运动，由图4-5a可知，先在轴X上装上套筒 G（用键与轴联接），再将离合器 M_2 空套在套筒 G 上。离合器 M_2 的端面齿与空套齿轮 z_y 的端面齿以及转臂 H 的端面齿同时啮合，将它们连接为一个整体，因而来自刀架的运动可通过齿轮 z_y 传递给转臂 H，与来自滚刀的运动（由 z_x 传入）经四个锥齿轮合成机构后，由X轴经齿轮 e 传往工作台。

设 n_{X}、n_{IX}、n_H 分别为轴X、IX及转臂 H 的转速，根据行星齿轮机构传动原理，可以列出运动合成机构的传动比计算式

$$\frac{n_{X}-n_H}{n_{IX}-n_H}=(-1)\frac{z_1}{z_{2a}}\times\frac{z_{2a}}{z_3}$$

式中的（-1），由锥齿轮传动的旋转方向确定。将锥齿轮齿数 $z_1=z_{2a}=z_{2b}=z_3=30$ 代入上式，得

$$\frac{n_{\mathrm{X}}-n_{\mathrm{H}}}{n_{\mathrm{IX}}-n_{\mathrm{H}}}=-1$$

进一步可得运动合成机构中传动件的转速 n_{X} 与两个主动件的转速 n_{IX} 及 n_H 的关系式

$$n_{\mathrm{X}}=2n_H-n_{\mathrm{IX}}$$

在展成运动传动链中，来自滚刀的运动由齿轮 z_x 经合成机构传至轴X，可设 $n_H=0$，则轴Ⅸ与X之间传动比为

$$u_{合1}=\frac{n_{\mathrm{X}}}{n_{\mathrm{IX}}}=-1$$

在附加运动传动链中，来自刀架的运动由齿轮 z_y 传给转臂 H，再经合成机构传至轴X；可设 $n_{\mathrm{IX}}=0$，则转臂 H 与轴X之间的传动比为

$$u_{合2}=\frac{n_{\mathrm{X}}}{n_H}=2$$

综上所述，加工斜齿圆柱齿轮、大质数齿轮和切向法加工蜗轮时，展成运动和附加运动同时通过合成机构传动，并分别按传动比 $u_{合1}=-1$ 及 $u_{合2}=2$ 经轴X和齿轮 e 传往工作台。

加工直齿圆柱齿轮时，不需要工作台的附加运动，可卸下离合器 M_2 及套筒 G。然后将离合器 M_1 装在轴X上，如图4-5b所示，M_1 通过键和轴X联接，其端面齿只和转臂 H 的端面齿连接，所以此时

$$n_H=n_{\mathrm{X}}$$

$$n_{\mathrm{X}}=2n_{\mathrm{X}}-n_{\mathrm{IX}}$$

$$n_{\mathrm{X}}=n_{\mathrm{IX}}$$

展成运动传动链中轴X与轴Ⅸ之间的传动比为

$$u'_{合1}=\frac{n_{\mathrm{X}}}{n_{\mathrm{IX}}}=1$$

实际上，在上述状态下，转臂 H、轴X与轴Ⅸ之间都不能作相对运动，三者联成一个整体，相当于一个联轴器，因此在展成运动传动链中，运动由齿轮 z_x 经轴Ⅸ直接传至轴X及齿轮 e，即合成机构传动比 $u'_{合1}=1$。

不同的滚齿机有不同的合成机构，因此 $u_{合1}$、$u_{合2}$ 的值也应根据具体情况计算确定。

（四）加工蜗轮的运动和传动原理

用蜗轮滚刀滚切蜗轮时，齿廓的形成方法及成形运动与加工圆柱齿轮是相同的，但齿长是当滚刀切至全齿深时，在展成齿廓的同时形成。因此，滚切蜗轮需要主运动，展成运动以及滚刀切入工件的切入进给运动。

二、Y3150E型滚齿机传动系统及其调整计算

中型通用滚齿机常见的布局型式有立柱移动式和工作台移动式两种。Y3150E型滚齿机的布局属于后者，图4-6所示为该机床的结构图。床身1上固定有立柱2，刀架溜板3带动刀架体5可沿立柱导轨作垂直进给运动和快速移动，安装滚刀的刀杆4装在刀架体5的主轴上，刀架体5连同滚刀一起可沿刀架溜板3的圆形导轨在240°范围内调整安装角度。工件安装在工作台9的心轴7上或直接安装在工作台9上，随工作台9一起转动。后立柱8和工作台9装在床鞍10上，可沿床身1的水平导轨移动，以调整工件的径向位置或作手动径向进给运动。后立柱8的支架6可通过轴套或顶尖支承工件心轴的上端，以提高心轴的刚度，使

滚切过程平稳。

通用滚齿机一般要求它能加工直齿、斜齿圆柱齿轮和蜗轮。因此，其传动系统应具备下列传动链：主运动传动链、展成运动传动链、轴向进给传动链、附加运动传动链、径向进给传动链和切向进给传动链。其中，前四种传动链是所有通用滚齿机都具备的，后两种传动链只有部分滚齿机具备。此外，大部分滚齿机还具备刀架快速空行程传动链，由快速电动机直接传动刀架溜板作快速运动。

（一）Y3150E 型滚齿机传动系统图

图 4-7 所示为 Y3150E 型滚齿机的传动系统图。该机床主要用于加工直齿和斜齿圆柱齿轮，也可用径向切入法加工蜗轮，但径向进给只能手动。因此，传动系统中只有主运动、展成运动、轴向进给运动和附加运动 4 条传动链。另外还有一条刀架快速移动（空行程）传动链。

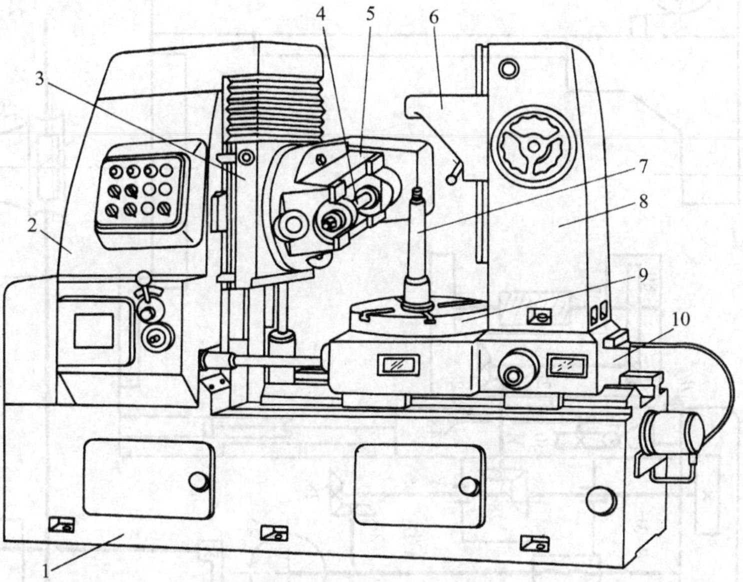

图 4-6　Y3150E 型滚齿机

1—床身　2—立柱　3—刀架溜板　4—刀杆　5—刀架体　6—支架　7—心轴　8—后立柱　9—工作台　10—床鞍

滚齿机的传动系统比较复杂，直接去寻找传动路线，因传动路线长，分支多。对于这类运动关系复杂的机床，正确的方法必须是根据对机床的运动分析，结合机床的传动原理图，再从传动系统图中找出各传动链对应的传动路线及相应的换置机构，进而理解滚齿机的传动原理是如何由传动系统图具体地体现出来的。

（1）主运动传动链　由图 4-3 或图 4-4 传动原理图中得主运动传动链为

$$\text{电动机（M）—1—2—}u_v\text{—3—4—滚刀（}B_{11}\text{）}$$

首先找出这条传动链的两端件：主电动机（$P=4\text{kW}$、$n=1430\text{r/min}$）和滚刀（装在机床滚刀主轴上）。然后从主电动机开始，按传动先后顺序，列出主运动传动链的传动路线表达式为

$$\underset{\left(\begin{smallmatrix}4\text{kW}\\1430\text{r/min}\end{smallmatrix}\right)}{\text{电动机}}-\frac{\phi115}{\phi165}-\text{I}-\frac{21}{42}-\text{II}-\begin{bmatrix}\frac{31}{39}\\\frac{35}{35}\\\frac{27}{43}\end{bmatrix}-\text{III}-\frac{A}{B}-\text{IV}-\frac{28}{28}-\text{V}-\frac{28}{28}-\text{VI}-\frac{28}{28}-\text{VII}-\frac{20}{80}-\text{VIII（滚刀）}$$

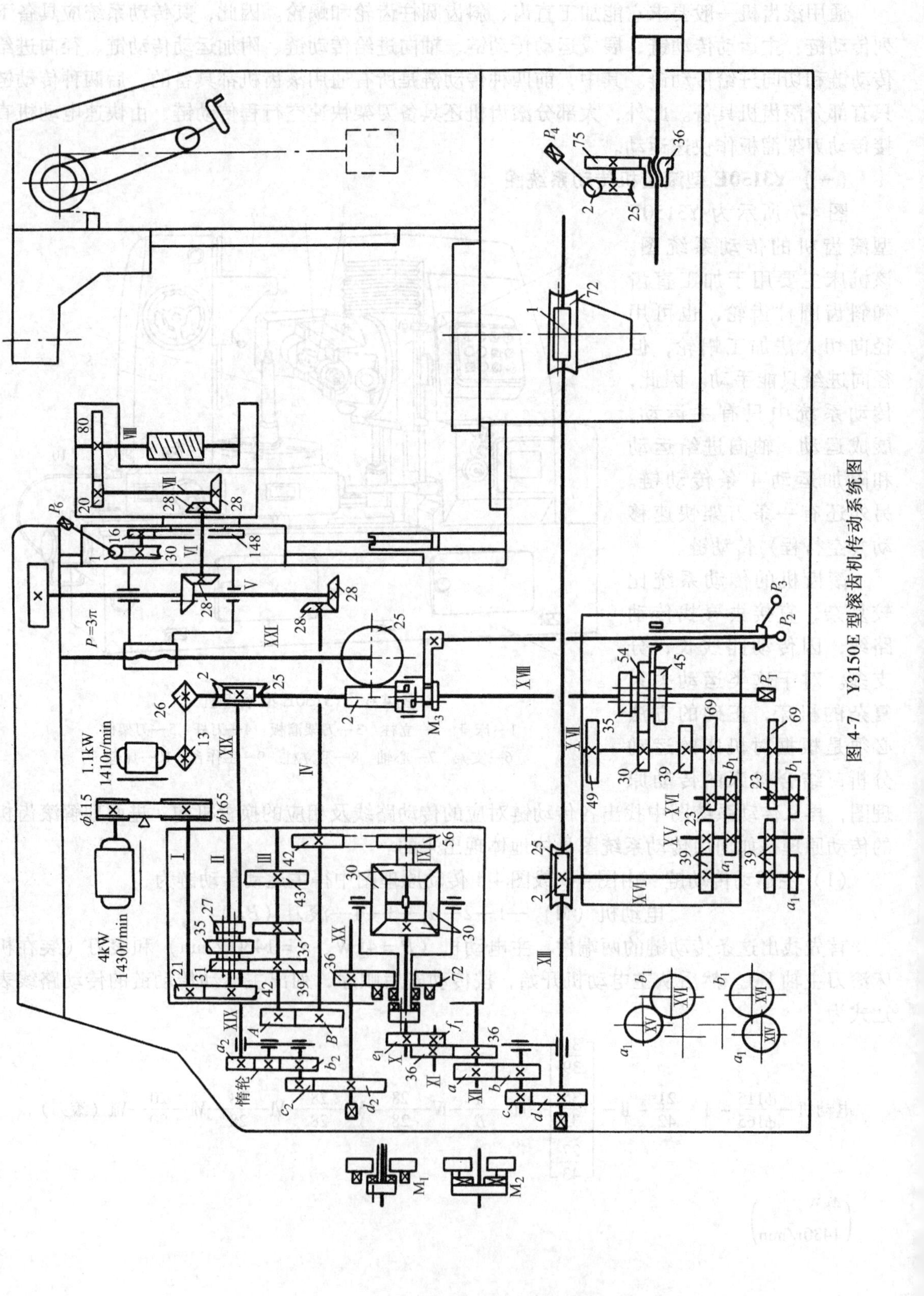

图 4-7 Y3150E 型滚齿机传动系统图

在主运动传动链中，传动原理图中定比传动 1—2，在传动系统图中是通过带传动副 $\frac{\phi115}{\phi165}$ 和齿轮副 $\frac{21}{42}$ 来实现的；换置机构 u_v 是通过三联滑移齿轮副和交换齿轮 $\frac{A}{B}$ 来实现的；定比传动 3—4，是通过三对锥齿轮副 $\frac{28}{28}$ 和齿轮副 $\frac{20}{80}$ 来实现的。

（2）展成运动传动链　由图 4-4 传动原理图得展成运动传动链为

滚刀（B_{11}）—4—5—［合成］—6—7—u_x—8—9—工作台（B_{12}）

即从滚刀开始，依次可列出展成运动传动链的传动路线表达式为

$$\text{滚刀（Ⅷ）}—\frac{80}{20}—\text{Ⅶ}—\frac{28}{28}—\text{Ⅵ}—\frac{28}{28}—\text{Ⅴ}—\frac{28}{28}—\text{Ⅳ}—\frac{42}{56}—\text{Ⅸ}—\text{合成}—\text{Ⅹ}—\frac{e_1}{f_1}—\begin{bmatrix}\text{Ⅺ}-\frac{36}{36}\\ \text{——}\end{bmatrix}—\text{Ⅻ}—\frac{a}{b}-\frac{c}{d}—\text{ⅩⅢ}—\frac{1}{72}—\text{工作台}$$

其中，定比传动 4—5 由滚刀Ⅷ轴至Ⅸ轴中的齿轮副实现，合成机构根据加工直齿轮或斜齿轮分别为 $u'_{合1}=1$ 或 $u_{合1}=-1$，换置机构 u_x 由 $\frac{e_1}{f_1}$ 交换齿轮和Ⅺ轴至ⅩⅢ轴的变向机构齿轮副 $\frac{36}{36}$ 以及 $\frac{a}{b}-\frac{c}{d}$ 交换齿轮实现，定比传动 8—9 由蜗杆副 $\frac{1}{72}$ 实现。

（3）轴向进给传动链　由图 4-4 传动原理图得轴向进给传动链为

工作台（B_{12}）—9—10—u_f—11—12—刀架（A_2）

即从工作台开始至刀架，依次可列出轴向进给传动链的传动路线表达式为

$$\text{工作台}—\frac{72}{1}—\text{ⅩⅢ}—\frac{2}{52}—\text{ⅩⅣ}—\begin{bmatrix}\frac{39}{39}-\text{ⅩⅤ}\\ \text{——}\end{bmatrix}—\frac{a_1}{b_1}—\text{ⅩⅥ}—\frac{23}{69}—\text{ⅩⅦ}—\begin{bmatrix}\frac{39}{45}\\ \frac{30}{54}\\ \frac{49}{35}\end{bmatrix}-\text{ⅩⅧ}—\text{M}_3—\frac{2}{25}—\text{ⅩⅪ（刀架轴向进给丝杆 } P=3\pi\text{）}$$

其中，定比传动 9—10 由 $\frac{72}{1}$ 和 $\frac{2}{25}$ 蜗杆副实现，换置机构 u_f 由换向机构 $\frac{39}{39}$、交换齿轮 $\frac{a_1}{b_1}$ 以及三联滑移齿轮实现，定比传动 11—12 由齿轮副 $\frac{23}{69}$ 和蜗杆副 $\frac{2}{25}$ 实现。另外，离合器 M_3 用于脱开或接通ⅩⅧ轴与ⅩⅪ轴之间的联系。

（4）附加运动传动链　由图 4-4 传动原理图得附加运动传动链为

刀架（滚刀移动 A_{21}）—12—13—u_y—14—15—〔合成〕—6—7—u_x—8—9—工作台（工作附加转动 B_{22}）

即从刀架开始至工作台，依次可列出附加运动传动链的传动路线表达式为

$$\text{刀架（ⅩⅪ）}—\frac{25}{2}—\text{M}_3—\text{ⅩⅧ}—\frac{2}{25}—\text{ⅩⅨ}—\begin{bmatrix}\frac{a_2}{\text{惰轮}}-\frac{\text{惰轮}}{b_2}\\ \frac{a_2}{b_2}\end{bmatrix}—\frac{c_2}{d_2}—\text{ⅩⅩ}—\frac{36}{72}—\text{［合成］}—\text{Ⅹ}—\frac{e_1}{f_1}—\begin{bmatrix}\text{Ⅺ}—\frac{36}{36}\\ \text{—}\end{bmatrix}—\text{ⅩⅡ}—\frac{a}{b}-\frac{c}{d}—\text{ⅩⅢ}—\frac{1}{72}—\text{工作台}$$

其中，定比传动 12—13 由$\frac{25}{2}$和$\frac{2}{25}$蜗杆副实现，换置机构 u_y 由$\frac{a_2}{b_2}$交换齿轮，$\frac{c_2}{d_2}$交换齿轮以及$\frac{a_2}{b_2}$中惰轮变向机构实现，定比传动 14—15 由齿轮副$\frac{36}{72}$实现并传至合成机构进行运动合成，此时，传动比 $u_{合2}=2$，以下 6—7—…—工作台与展成运动传动链相同。

（5）刀架快速移动传动路线　利用快速电动机可使刀架作快速升降运动，以便调整刀架位置及在进给前后实现快进和快退。此外，在加工斜齿圆柱齿轮时，启动快速电动机，可经附加运动传动链带动工作台旋转，以便检查工作台附加运动的方向是否正确。

由图 4-7 可知刀架快速移动的传动路线为

$$\underset{\begin{pmatrix}1.1\text{kW}\\1410\text{r/min}\end{pmatrix}}{快速电动机}-\frac{13}{26}-M_3-\frac{2}{25}-\text{XXI（刀架轴向进给丝杆）}$$

刀架快速移动的方向可通过控制快速电动机的旋转方向来变换。在 Y3150E 型滚齿机上，启动快速电动机之前，必须先将操纵手柄 P_3 放于“快速移动”位置上，此时轴XVIII上的三联滑移齿轮处于空档位置，脱开轴XVII和轴XVIII之间的传动联系，同时接通离合器 M_3。此时方能启动快速电动机。从图 4-8 上看，就是先切断由 11 至 2′之间的传动，快速电动机经 1′至 2′传给 12，其他传动链均未改变。

在加工斜齿圆柱齿轮时，第一刀初切完毕后，将刀架快速向上退回，以便进行第二次切削，如使用快速移动，这时附加运动传动链未断开，所以滚刀仍然按原来螺旋线轨迹退回，避免出现“乱牙”。

使用快速电动机时，主电动机转动或不转动都可以，因为它们属于两个不同独立运动。以滚切斜齿圆柱齿轮第一刀后，刀架快速退回为例，如主电动机仍然转动，这时刀架带着以 B_{11} 旋转的滚刀退刀，而工件以（$B_{12}+B_{22}$）的合成运动转动；如主电动机停止，则展成运动停止，当刀架快退时，刀架上的滚刀不转，但是工作台上的工件还是会转动，这是由附加运动传动链传来的 B_{22}。

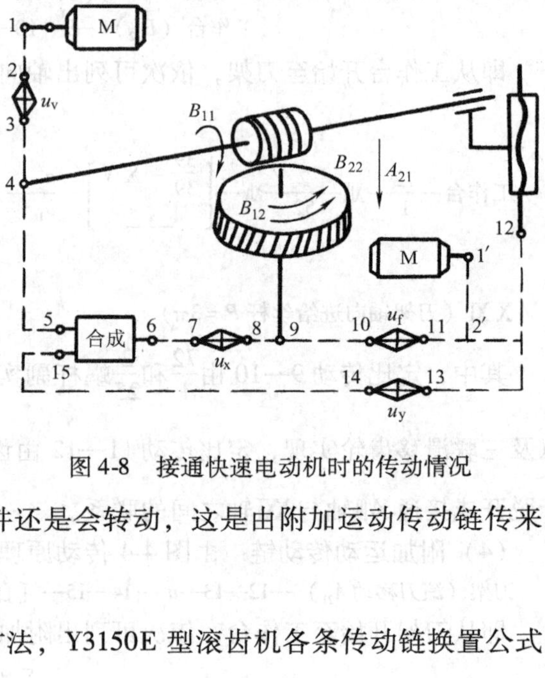

图 4-8　接通快速电动机时的传动情况

（二）加工直齿圆柱齿轮的调整计算

根据第一章所介绍的传动链分析和计算方法，Y3150E 型滚齿机各条传动链换置公式的计算过程如下。

1. 主运动传动链

（1）找两端件　电动机—滚刀

（2）确定计算位移　$n_电$（1430r/min）—$n_刀$（r/min）
（电动机）　（滚刀）

（3）列运动平衡式

$$1430\times\frac{115}{165}\times\frac{21}{42}\times u_{\text{Ⅱ-Ⅲ}}\times\frac{A}{B}\times\frac{28}{28}\times\frac{28}{28}\times\frac{28}{28}\times\frac{20}{80}=n_{刀}$$

（4）计算换置式　由上式可推导出换置机构传动比 u_v 的计算公式

$$u_V=u_{\text{Ⅱ-Ⅲ}}\times\frac{A}{B}=\frac{n_{刀}}{124.583}$$

式中　$u_{\text{Ⅱ-Ⅲ}}$——轴Ⅱ－Ⅲ之间的可变传动比，共三种：$u_{\text{Ⅱ-Ⅲ}}=\frac{27}{43}$；$\frac{31}{39}$；$\frac{35}{35}$；

$\frac{A}{B}$——主运动变速交换齿轮的齿数比，共三种：$\frac{A}{B}=\frac{22}{44}$；$\frac{33}{33}$；$\frac{44}{22}$。

由此可知，滚刀转速为 40～250r/min 共有 9 级转速供选用。

2. 展成运动传动链

（1）找两端件　滚刀—工件

（2）确定计算位移　当滚刀头数为 k，工件齿数为 z 时，滚刀转过 1 转，工件（即工作台）相应地转 k/z 转，即计算位移为

1 转－k/z 转
（滚刀）（工件）

（3）列运动平衡式

$$1\times\frac{80}{20}\times\frac{28}{28}\times\frac{28}{28}\times\frac{28}{28}\times\frac{42}{56}\times u'_{合1}\times\frac{e_1}{f_1}\times\frac{a}{b}\times\frac{c}{d}\times\frac{1}{72}=\frac{k}{z}$$

式中，$u'_{合1}$ 为合成机构传动比。加工直齿时，合成机构中用离合器 M_1（图 4-5b）。此时，合成机构相当于一个联轴器，即 $u'_{合1}=1$。

（4）导出换置公式　整理上式可得出分齿交换齿轮架（换置机构）传动比 u_x 的计算公式

$$u_x=\frac{a}{b}\times\frac{c}{d}=\frac{f_1}{e_1}\times\frac{24k}{z}$$

上式中的 $\frac{e_1}{f_1}$ 交换齿轮称为“结构性交换齿轮”，用于工件齿数 z 在较大范围内变化时调整 u_x 的数值，保证其分子、分母相差倍数不致过大，使交换齿轮架的结构紧凑。根据 $\frac{z}{k}$ 值，$\frac{e_1}{f_1}$ 可以有如下三种选择：

$5\leqslant\frac{z}{k}\leqslant20$ 时，取 $e_1=48$，$f_1=24$；

$21\leqslant\frac{z}{k}\leqslant142$ 时，取 $e_1=36$，$f_1=36$；

$\frac{z}{k}\geqslant143$ 时，取 $e_1=24$，$f_1=48$。

3. 轴向进给运动传动链

（1）找两端件　工作台—刀架

（2）确定计算位移　1 转—f（mm）
（工作台）（刀架轴向移动）

（3）列运动平衡式

$$1\times\frac{72}{1}\times\frac{2}{25}\times\frac{39}{39}\times\frac{a_1}{b_1}\times\frac{23}{69}\times u_{XVII-XVIII}\times\frac{2}{25}\times3\pi=f$$

（4）导出换置公式 由上式可推导出换置机构（进给箱）传动比 u_f 的计算公式

$$u_f=\frac{a_1}{b_1}\times u_{XVII-XVIII}=0.6908f$$

式中 f——轴向进给量，单位为 mm/r；根据工件材料、加工精度及表面粗糙度等条件选定；

$\frac{a_1}{b_1}$——轴向进给交换齿轮（有四种）；

$u_{XVII-XVIII}$——进给箱轴XVII—XVIII之间的可变传动比（有三种）。

故，故 u_f 值从 0.4 ~4mm/r 共 12 级供选用。

由于工作台的转动方向取决于滚刀螺旋角的方向，故在XIV轴与XVI轴之间设有正反向机构，运动可由XIV轴直接传至XVI轴，也可经由XV轴传至XVI轴，其传动比值相同，但XVI轴转向相反。

（三）加工斜齿圆柱齿轮的调整计算

1. 主运动传动链

主运动传动链调整计算和加工直齿圆柱齿轮时相同。

2. 展成运动传动链

展成运动传动链的传动路线以及两端件之间的计算位移都和加工直齿圆柱齿轮时相同。但此时，合成机构的作用不同，在 X 轴上安装套筒 G 和离合器 M_2（图 4-5a），其在展成运动传动链中的传动比 $u_{合1}=-1$，代入运动平衡式中后得出的换置式为

$$u_x=\frac{a}{b}\times\frac{c}{d}=-\frac{f}{e}\times\frac{24k}{z}$$

上式中负号说明展成运动传动链中轴 X 与轴IX的转向相反，而在实际加工时，是要求两轴的转向相同（换置公式中符号应为正）。因此，必须按机床说明书规定在调整展成运动交换齿轮 u_x 时，配加一个惰轮，以消除“—”号的影响。为叙述方便，以下有关斜齿圆柱齿轮展成运动传动链的计算，均已考虑配加惰轮，故都取消“—”号。

3. 轴向进给运动传动链

轴向进给传动链及其调整计算和加工直齿圆柱齿轮相同。

4. 附加运动传动链

附加运动传动链是联系刀架直线移动 A_{21} 和工作台附加旋转运动 B_{22} 之间的传动链。

（1）找两端件 刀架—工作台（工件）

（2）确定计算位移 刀架移动一个螺旋线导程 P_h 时，工件应附加转过 ±1 转。

P_h（mm）—±1 转

（刀架轴向移动）（工作台即工件）

（3）列运动平衡式

$$\frac{P_h}{3\pi}\times\frac{25}{2}\times\frac{2}{25}\times\frac{a_2}{b_2}\times\frac{c_2}{d_2}\times\frac{36}{72}\times u_{合2}\times\frac{e_1}{f_1}\times\frac{a}{b}\times\frac{c}{d}\times\frac{1}{72}=\pm1$$

式中 3π——轴向进给丝杆的导程，单位为 mm；

$u_{合2}$——运动合成机构在附加运动传动链中的传动比，$u_{合2}=2$；

$\frac{a}{b}\times\frac{c}{d}$——展成运动传动链交换齿轮传动比，$\frac{a}{b}\times\frac{c}{d}=\frac{f_1}{e_1}\times\frac{24k}{z}$；

P_h——被加工齿轮螺旋线的导程，单位为mm，

$$P_h=\frac{\pi m_n z}{\sin\beta}$$

m_n——法向模数，单位为mm；

β——被加工齿轮的螺旋角，单位为度。

（4）导出换置公式　整理上式后得

$$u_y=\frac{a_2}{b_2}\times\frac{c_2}{d_2}=\pm 9\frac{\sin\beta}{m_n k}$$

对于附加运动传动链的运动平衡式和换置公式，作如下分析。

1）附加运动传动链是形成螺旋线齿线的内联系传动链，其传动比数值的精确度，影响工件轮齿的齿向精度，所以交换齿轮传动比应配算准确。但是，换置公式中包含有无理数$\sin\beta$，这就给精确配算交换齿轮$\frac{a_2}{b_2}\times\frac{c_2}{d_2}$带来困难，因为交换齿轮个数有限，且与展成运动传动链共用一套交换齿轮。为保证展成交换齿轮传动比绝对准确，一般先选定展成交换齿轮，剩下的交换齿轮供附加运动传动链中交换齿轮选择，所以该交换齿轮往往无法配算得非常准确，只能近似配算，但误差不能太大。选配的附加运动交换齿轮的传动比与按换置公式计算所得的传动比之间的误差，对于8级精度的斜齿轮，要精确到小数点后第四位数字（即小数点后第五位数字才允许有误差），对于7级精度的斜齿轮，要精确到小数点后第五位数字，才能保证不超过精度标准中规定的齿向公差。

2）运动平衡式中，不仅包含了u_y而且还包含有u_x，这样的设置方案，可使附加运动传动链换置公式中不包含工件齿数z这个参数，就是说附加运动交换齿轮配算与工件的齿数无关。它的好处在于：一对互相啮合的斜齿轮（平行轴传动），由于其模数相同，螺旋角绝对值也相同，当用一把滚刀加工这一对斜齿轮时，即使一对齿轮的齿数不同，仍可用相同的附加运动交换齿轮。而且只需计算和调整交换齿轮一次。附加运动的方向，则通过惰轮的取舍来保证，所产生的螺旋角误差，对于一对斜齿轮是相同的，因此仍可使其获得良好的啮合。

三、滚刀安装角及调整

滚齿时，为了切出准确的直线或螺旋线齿形，应使滚刀和工件处于准确的“啮合”位置，即滚刀在切削点处的螺旋线方向应与被加工齿轮齿槽方向一致，为此，需将滚刀轴线与工件顶面安装成一定的角度，称为安装角，用δ表示，见表4-1（按工件在前面，滚刀在后面的位置画的）。

加工直齿圆柱齿轮时，滚刀的安装角δ为

$$\delta=\pm\omega$$

在滚齿机上加工直齿圆柱齿轮时，滚刀的轴线是倾斜的，安装角等于滚刀的螺纹升角ω（对立式滚齿机而言）。滚刀扳动方向则决定于滚刀的螺旋线方向。

加工螺旋角为β的斜齿圆柱齿轮时，滚刀的安装角δ为

$$\delta=\beta\pm\omega$$

表 4-1 滚刀的安装角及扳动方向

ω—滚刀螺纹升角 δ—滚刀安装角 β—工件的螺旋角	右旋滚刀 	左旋滚刀 
直齿轮 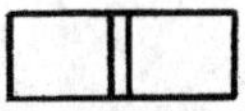	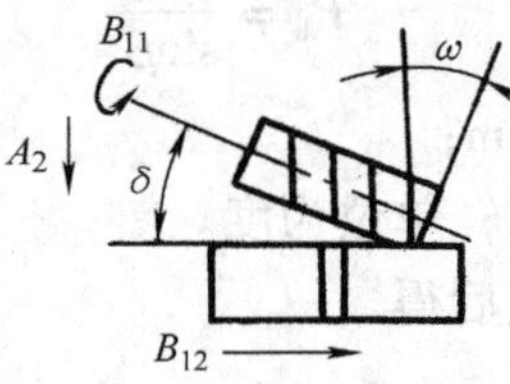	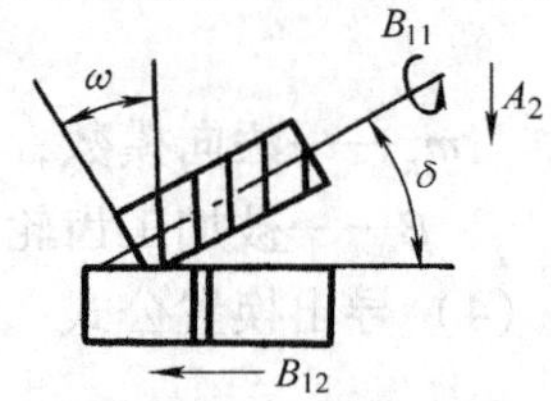
斜齿轮 右旋 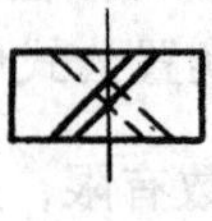	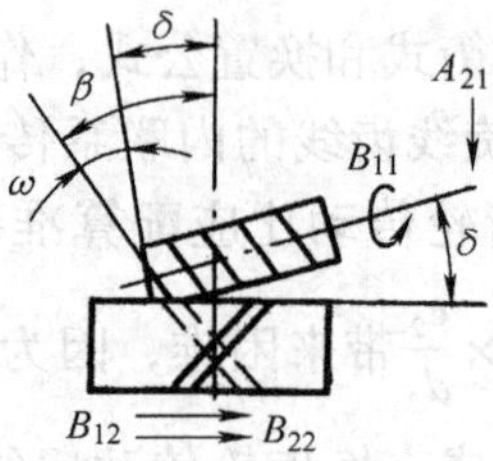	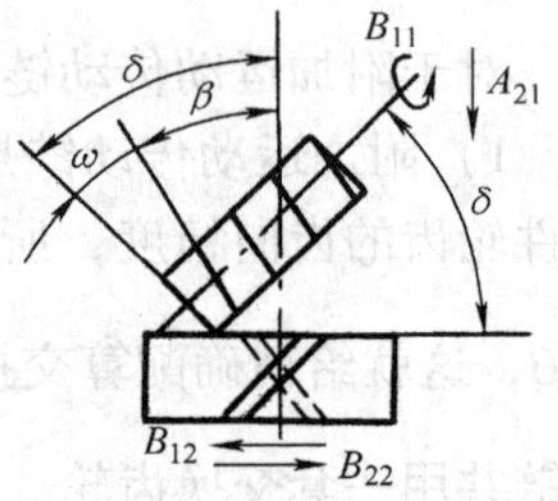
斜齿轮 左旋 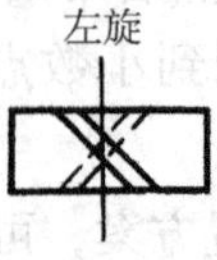	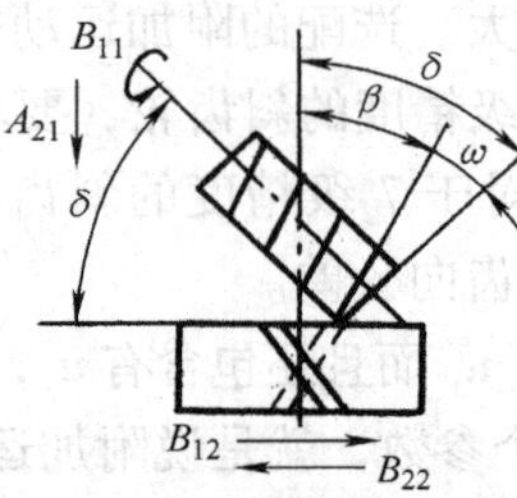	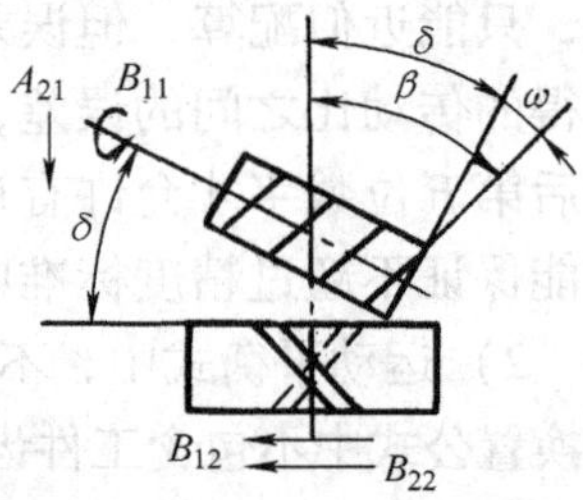

当 β 与 ω 异向时，取“+”号；同向时，取“-”号，滚刀的扳动方向决定于工件的螺旋方向。

加工斜齿圆柱齿轮时，应尽量用与工件螺旋方向相同的滚刀，使滚刀的安装角较小些，有利于提高机床运动平稳性及加工精度。

第三节 其他类型齿轮加工机床

一、插齿机

常用的圆柱齿轮加工机床除滚齿机外，还有插齿机。插齿机主要用于加工内、外啮合的圆柱齿轮，尤其适用于加工在滚齿机上不能加工的多联齿轮，内齿轮和齿条，但插齿机不能加工蜗轮。

（一）插齿原理

插齿机也是按展成法原理来加工圆柱齿轮的，插齿刀实质上是一个端面磨有前角，齿顶及齿侧均磨有后角的齿轮，如图 4-9a 所示，其模数和压力角与被加工齿轮相同。插齿时，插齿刀沿工件轴向作直线往复运动以完成切削运动，在刀具与工件轮坯作“无间隙啮合运动”的过程中，在轮坯上逐渐地切出全部齿廓。在加工过程中，刀具每往复一次，仅切出工件齿槽的一小部分，齿廓曲线渐开线是在插齿刀切削刃多次相继切削中，由切削刃各瞬时位置的包络线所形成的，如图 4-9b 所示。

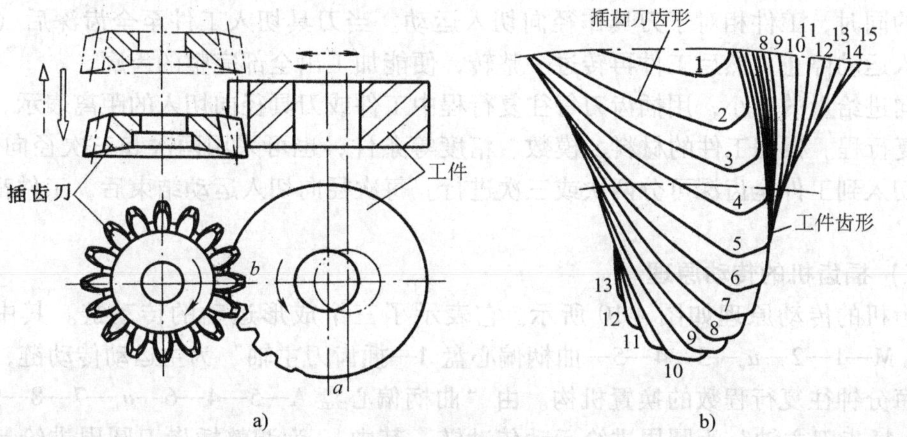

图 4-9 插齿原理

(二) 插齿机的运动

由图 4-9 可知，加工直齿圆柱齿轮时，插齿机应具有以下运动。

1. 主运动

插齿机的主运动是插齿刀沿其轴线所作的直线往复运动。在一般立式插齿机上，刀具垂直向下时为工作行程，向上为空行程。若切削速度 v（单位为 m/min）及行程长度 L（单位为 mm）已确定，则可按下式计算出插齿刀每分钟往复行程数（双行程/min）

$$n_{刀} = \frac{1000v}{2L}$$

2. 展成运动

加工过程中，插齿刀和工件轮坯应保持一对圆柱齿轮的啮合运动关系。即在插齿刀转过一个齿时，工件也转过一个齿；或者说，插齿刀转过 $1/z_{刀}$ 转（$z_{刀}$ 为插齿刀齿数）时，工件转过 $1/z_{工}$ 转（$z_{工}$ 为工件的齿数）。插齿刀和工件的旋转运动组成了一个形成渐开线齿廓的复合运动——展成运动。

3. 圆周进给运动

插齿刀转动的快慢决定了工件轮坯转动的快慢，同时也决定了插齿刀每一次切削的切削负荷，加工精度和生产率，所以称插齿刀的转动为圆周进给运动。圆周进给量的大小用插齿刀每次往复行程中刀具在分度圆周上所转过的弧长表示，其单位为 mm/往复行程。

4. 让刀运动

插齿刀向上运动（空行程）时，为了避免擦伤工件齿面和减少刀具磨损，刀具和工件之间应该让开，使其产生一定的间隙，而在插齿刀向下开始工作行程之前，应迅速恢复到原位，以便刀具进行下一次切削，这种让开和恢复原位的运动称为让刀运动。插齿机的让刀运动可由安装工件的工作台移动来实现，也可由刀具主轴摆动得到。由于刀具主轴的惯量较小，所以新型插齿机，普遍采用刀具主轴摆动来实现让刀运动。

5. 径向切入运动

开始插齿时，如插齿刀立即径向切入工件至全齿深，将会因切削负荷过大而损坏刀具和工件。为了避免这种情况，工件应逐渐地向插齿刀（或插齿刀向工件）作径向切入运动，如图 4-9a 所示。开始加工时，工件外圆上的 a 点与插齿刀外圆相切，在插齿刀和工件作展成运动的同时，工件相对于刀具作径向切入运动。当刀具切入工件至全齿深后（至 b 点），径向切入运动停止，然后工件再转过一整转，便能加工出全部完整的齿廓。

径向进给量的大小，用插齿刀每往复行程中工件或刀具径向切入的距离表示，其单位为 mm/往复行程。根据工件的材料、模数、精度等条件，也可采用两次和三次径向切入方法，即刀具切入到工件全齿深可分两次或三次进行。每次径向切入运动结束后，工件都需要转过一整转。

（三）插齿机的传动原理

插齿机的传动原理如图 4-10 所示。它表示了三个成形运动的传动链。其中，传动链“电动机 M—1—2—u_v—3—4—5—曲柄偏心盘 A—插齿刀主轴”为主运动传动链，u_v 为调整插齿刀每分钟往复行程数的换置机构。由“曲柄偏心盘 A—5—4—6—u_f—7—8—9—蜗杆蜗轮副 B—插齿刀主轴”为圆周进给运动传动链，其中 u_f 为调整插齿刀圆周进给量大小的换置机构。由“插齿刀主轴（插齿刀转动）—蜗杆蜗轮副 B—9—8—10—u_x—11—12—蜗杆蜗轮副 C—工作台”为展成运动传动链，其中 u_x 为调整插齿刀与工件轮坯之间传动比的换置机构，用以适应插齿刀和工件齿数的变化。让刀运动及径向切入运动不直接参与工件表面的形成过程，因此没有在图 4-10 中表示。

在插齿机上加工斜齿圆柱齿轮时，必须采用斜齿插齿刀（图 4-11），其螺旋角与工件螺旋角相等而螺旋方向相反。为了使插齿刀切削刃在运动时实现形成斜齿的螺旋运动，将刀具主轴安装在螺旋导轨中，当刀具主轴往复运动时，刀具主轴上的螺旋导轨与固定的螺旋导轨

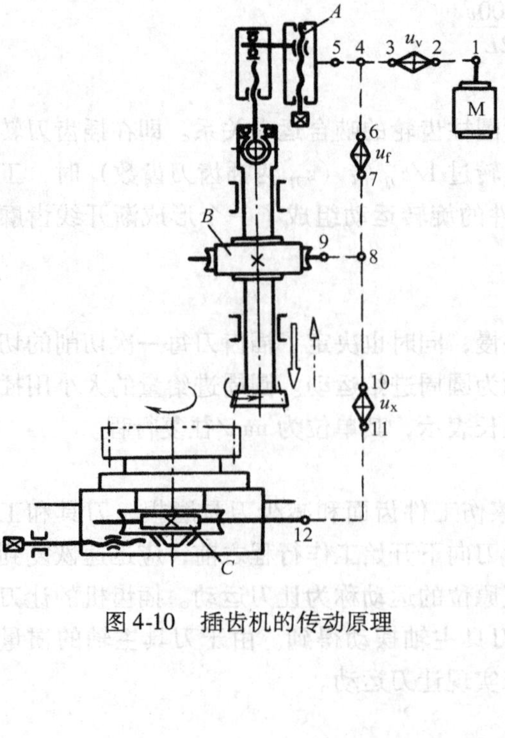

图 4-10 插齿机的传动原理

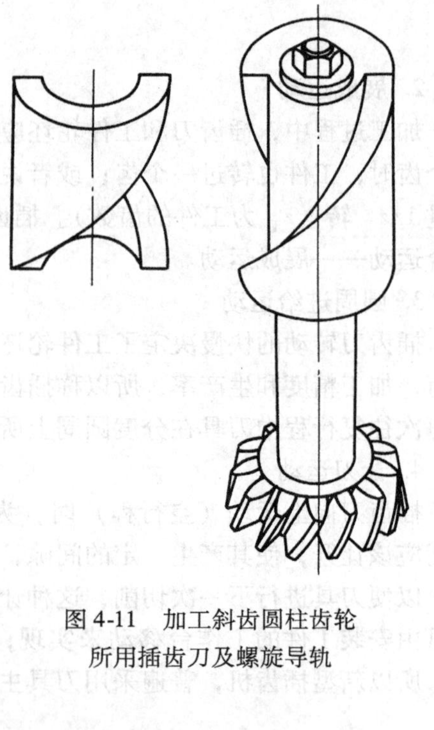

图 4-11 加工斜齿圆柱齿轮所用插齿刀及螺旋导轨

面相对滑动，使刀具主轴产生相应的附加回转运动。螺旋导轨的导程应等于插齿刀及工件的导程。加工螺旋角不同的工件时，需更换插齿刀及螺旋导轨。由于螺旋导轨的制造难度较大，一般需要向制造厂特殊订货，因此这种方法仅适用于大批大量生产中。

二、圆柱齿轮磨齿机

磨齿机是用磨削方法对淬硬齿轮的齿面进行精加工的精密机床。通过磨齿可以纠正磨削前预加工中的各项误差。齿轮精度可达 6 级或更高。

按齿廓的形成方法，磨齿有成形法和展成法两种，大多数的磨齿机均以展成法来磨削齿轮。下面介绍几种常用的磨齿机的工作原理及其特点。

（一）按成形法工作的磨齿机

这类磨齿机又称成形砂轮型磨齿机。它所用砂轮的截面形状被修整成工件轮齿间的齿廓形状。图 4-12a 所示是磨削内啮合齿轮用的砂轮截面形状；图 4-12b 所示是磨削外啮合齿轮用的砂轮截面形状。

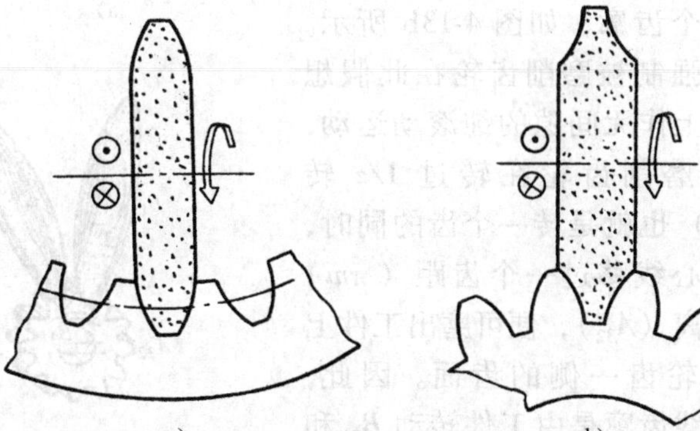

a)　　b)

图 4-12　成形砂轮磨齿的工作原理

成形法磨齿时，砂轮高速旋转并沿工件轴线方向作往复运动。一个齿磨完后，工件需分度一次，再磨第二个齿。砂轮对工件的切入进给运动，由安装工件的工作台作径向进给运动得到。这种磨齿方法使机床的运动比较简单。

成形砂轮型磨齿机的优点是加工时砂轮和工件接触面积大，生产率较高。缺点是砂轮修整时容易产生误差，并且在磨削过程中，由于砂轮各部分的磨损不均匀，直接影响加工精度和表面质量。这种类型的磨齿机一般用于大量生产中磨削精度要求不太高的齿轮。此外，展成法由于结构上的限制，难以用来磨削内齿轮，因此，内齿轮的磨齿一般均采用成形法进行加工。

（二）按展成法工作的磨齿机

1. 蜗杆砂轮型磨齿机

蜗杆砂轮型磨齿机是用直径很大的修整成蜗杆形的砂轮磨削齿轮，其工作原理与滚齿机相同，如图 4-13a 所示。蜗杆形砂轮相当于滚刀，其旋转运动 B_{11}（即主运动）与工件的旋转运动 B_{12} 组成一个复合成形运动，形成渐开线齿廓（即展成运动传动链）。加工直齿圆柱齿轮时，轴向进给运动 A_2 由工件（即工作台）完成。加工斜齿圆柱齿轮时，工件齿槽与砂轮螺旋线方向应一致，同时还应具有相应的附加回转运动 B_{22}（图 4-13a 中未标注）。这类机床在加工过程中是连续磨削不需分度，且蜗杆砂轮具有很高的转速，故其生产率在各类磨齿机中是最高的；对于模数较小的齿轮，也可直接从轮坯上磨出轮齿。其缺点是砂轮修整困难，不易达到高的精度。磨削不同模数的齿轮时需要更换砂轮；由于砂轮转速很高，使联系砂轮与工件的内联系传动链中的各个传动环节转速也很高，如采用机械方式传动，易产生噪声，磨损较快，为此，目前常采用两个同步电动机分别传动砂轮和工件，靠电气系统保证它们之间的严格传动比关系，不但简化了传动链，也提高了传动精度。这种机床适用于中小模数齿轮的成批和大量生产。

2. 锥形砂轮型磨齿机

锥形砂轮型磨齿机是利用齿条和齿轮啮合原理来磨削齿轮的，它所使用的砂轮截面形状是按照齿条的齿廓修整的。当砂轮按切削速度高速旋转（B_1），并沿工件齿线方向作直线往复运动（A_2）时，砂轮两侧面的母线就形成了假想齿条的一个齿廓，如图4-13b所示。如果强制被磨削齿轮在此假想齿条上作无间隙的纯滚动运动，即被磨削齿轮在转过 $1/z$ 转（B_{31}）也就是转一个齿的同时，其轴心线移过一个齿距（πm）的距离（A_{32}），便可磨出工件上一个轮齿一侧的齿面。因此，渐开线齿廓是由工件转动 B_{31} 和移动 A_{32} 所组成的复合运动形成，而直线形齿线则由砂轮旋转 B_1 和直线移动 A_2 用相切法形成。

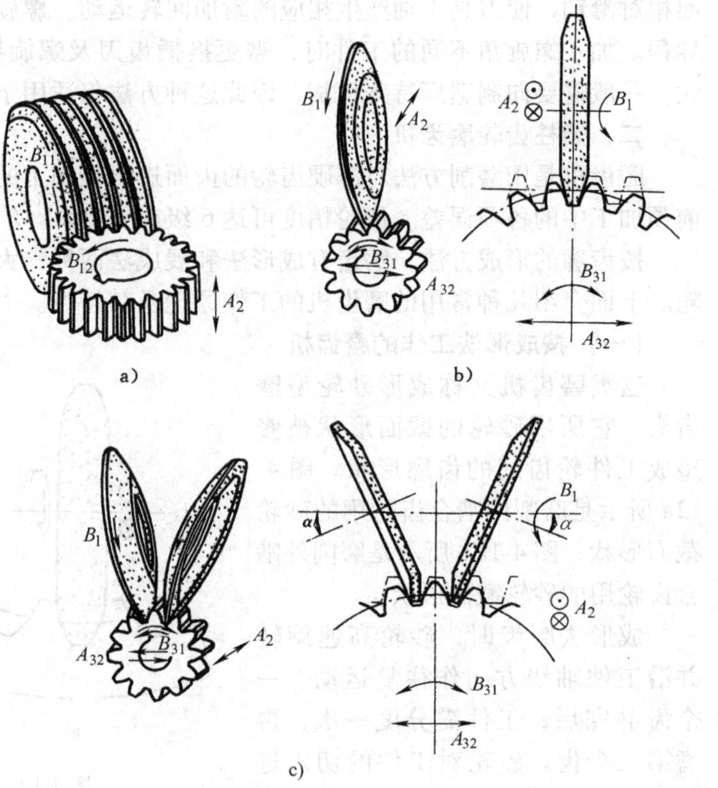

图4-13　展成法磨齿机的工作原理

在这类机床上磨削齿轮时，是按单齿分度法磨削的，每一个齿槽的两侧面均需分别进行磨削。工件向左滚动时，磨削左侧的齿面，向右滚动时，磨削右侧的齿面。工件往复滚动一次，磨完一个齿槽的两侧齿面后，工件退离砂轮，并进行分度。分度时，工件在不作直线移动的情况下绕其轴线转过一个齿。可见，工件上全部轮齿齿面需经多次分度和磨削后才能完成。

由上述可知，锥形砂轮型磨齿机的成形运动有：砂轮旋转 B_1 和直线移动 A_2，这是形成齿线所需的两个简单运动；工件转动 B_{31} 和直线移动 A_{32}，是形成渐开线齿廓所需的一个复合运动——展成运动。此外，为磨出全部轮齿，加工过程中还需一个周期的分度运动。同理双碟形砂轮磨齿机也是按单齿分度法磨削的。图4-13c是利用碟形砂轮的两个端平面代替假想齿条的两个齿侧面，应用齿条和齿轮啮合原理来加工齿轮，同时磨削齿槽的左右齿面。

三、锥齿轮加工机床

锥齿轮大端的齿廓，理论上应是球面渐开线，为了便于制造，实际上采用近似的背锥上的渐开线。锥齿轮的齿长形状常用的有直线和圆弧，也有长幅外摆线和延伸渐开线。

制造锥齿轮的主要方法有两种：成形法和展成法。用成形法加工时，由于锥齿轮沿齿线方向不同位置的基圆直径是变化的，也就是说沿齿线方向不同位置的法向渐开线齿廓形状是变化的，而成形刀具的齿廓形状是不变的，因此难于达到要求的精度。成形法仅用于粗加工或精度要求不高的场合。在锥齿轮加工机床中普遍采用展成法。

用展成法形成各种锥齿轮渐开线齿廓的基本原理都是相同的，即都是由一对锥齿轮的啮合传动原理演变而来。将一对锥齿轮啮合传动中的一个锥齿轮转化为刀具，另一个转化为工件，并强制它们按一对锥齿轮的啮合运动关系作相对运动，便能切出渐开线齿廓。

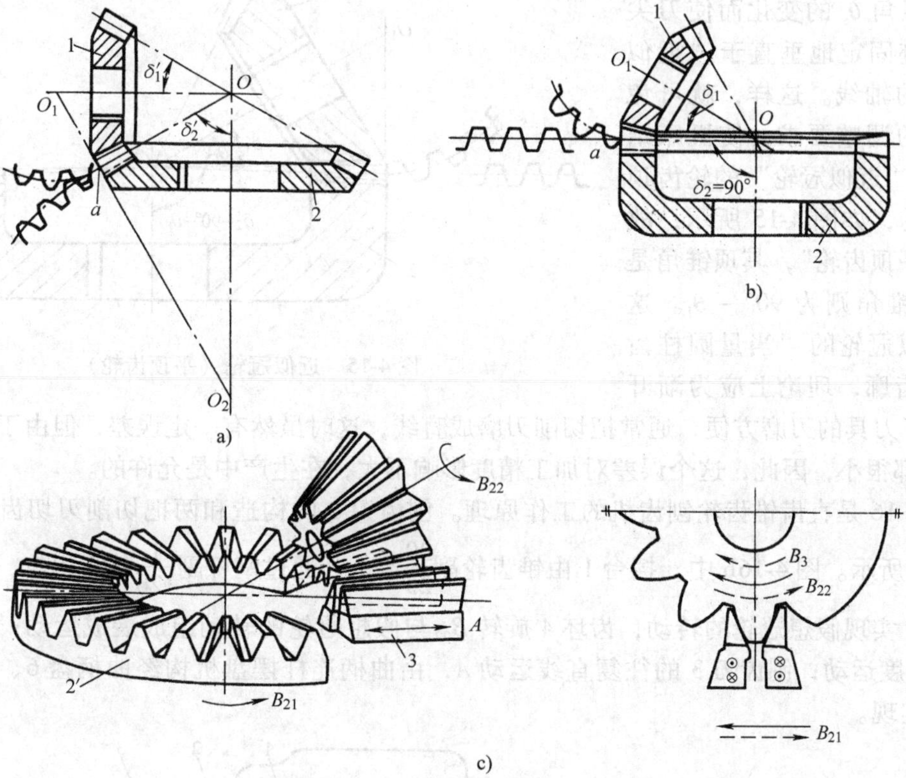

图 4-14　锥齿轮的展成原理

1、2、2′—齿轮　3—刨齿刀

图 4-14a 是一对普通直齿锥齿轮的啮合情形，其大端的端面齿廓理论上应为球面渐开线，实际上近似地等于以背锥母线长度$\overline{O_1a}$、$\overline{O_2a}$为半径齿数为 z_{01}、z_{02} 的圆柱齿轮的齿廓，此处 $z_{01}=\dfrac{z_1}{\cos\delta_1'}$；$z_{02}=\dfrac{z_2}{\cos\delta_2'}$称为当量齿数。由于锥齿轮的轮齿是从大端向小端逐渐收缩的，每个截面上的齿廓都不相同，因此不能象插齿刀那样，把一个锥齿轮做成刀具来加工工件（锥齿轮坯）。为此，可将这对锥齿轮中齿轮 2 的节锥角 δ_2'增大至 90°，这时齿轮 2 的节锥变成环形平面，这样的锥齿轮称作冠轮或平面齿轮，如图 4-14b 所示。冠轮背锥母线$\overline{O_2a}$的长度为无限大，其当量齿轮的齿数 z_{02} 也是无限大，即成为齿条，因此任意截面上的齿廓都是直线。如果用两把刨刀 3 的切削刃代替冠轮一个齿槽的两个直线齿廓，并使刨刀沿冠轮半径方向作切削运动 A，便形成了假想冠轮 2′，如图 4-14c 所示。强制此假想冠轮和工件（锥齿轮坯）按啮合传动关系作展成运动（$B_{21}+B_{22}$），就可以加工出直齿锥齿轮的一个齿。由于假想冠轮上只有一个齿槽，所以加工完一个齿后，工件必须进行分度运动 B_3，才能加工另一个齿。按这种方法加工锥齿轮的机床称为直齿锥齿轮刨齿机。

按照假想冠轮原理设计的机床，刨齿刀 3 的刀尖，必须沿假想冠轮的顶锥运动（实际是沿被加工锥齿轮的根锥运动）。由于冠轮的顶锥角为 $90°+\theta_f$（θ_f 为被加工锥齿轮的齿根角），如锥齿轮工件几何参数不同，θ_f 也不相同，刨刀 3 的刀尖运动轨迹必须能够调整，以适应不同齿根角 θ_f 的需要。这样，就增加了机床结构的复杂性。为此，可将假想冠轮改变为假想“近似冠轮”，即不考虑工件齿根角 θ_f 的变化而使刀尖运动轨迹固定地垂直于“近似冠轮”的轴线。这样，就可免除上述的调整要求，使机床结构简化。“近似冠轮”的轮齿顶面是平的，如图 4-15 所示，故又称“平顶齿轮”，其顶锥角是 90°，节锥角则为 90° − θ_f。这样，近似冠轮的“当量圆柱齿轮”的齿廓，理论上应为渐开线。为了刀具的刃磨方便，通常把切削刃磨成直线，这时虽然有一定误差，但由于工件的齿根角 θ_f 都很小，因此，这个误差对加工精度影响不大，在生产中是允许的。

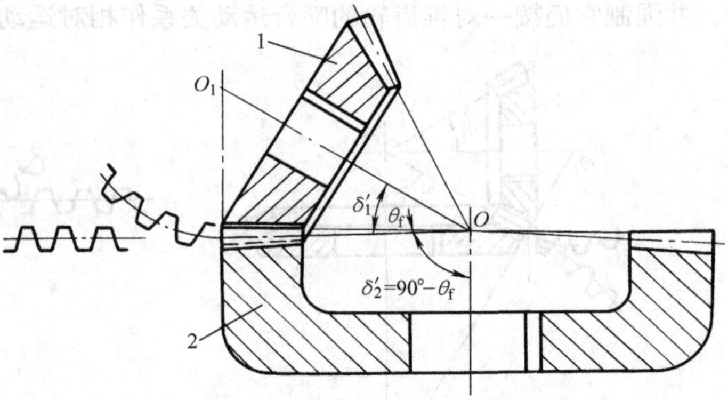

图 4-15 近似冠轮（平顶齿轮）

图 4-16 是直齿锥齿轮刨齿机的工作原理。刨齿刀 3 的构造和两把切削刃切齿的情况如图 4-16a 所示。图 4-16b 中，摇台 1 由锥齿轮副$\frac{20}{25}$传入，通过蜗杆副$\frac{1}{120}$传至蜗轮，从而使摇台摆动，实现假想冠轮的转动；齿坯 4 旋转 B_{22} 与假想冠轮的转动组成展成运动；同时齿坯 4 还有分度运动；刨齿刀 3 的往复直线运动 A，由曲柄连杆摆盘机构经曲柄盘 6、连杆 5 和摇盘 2 实现。

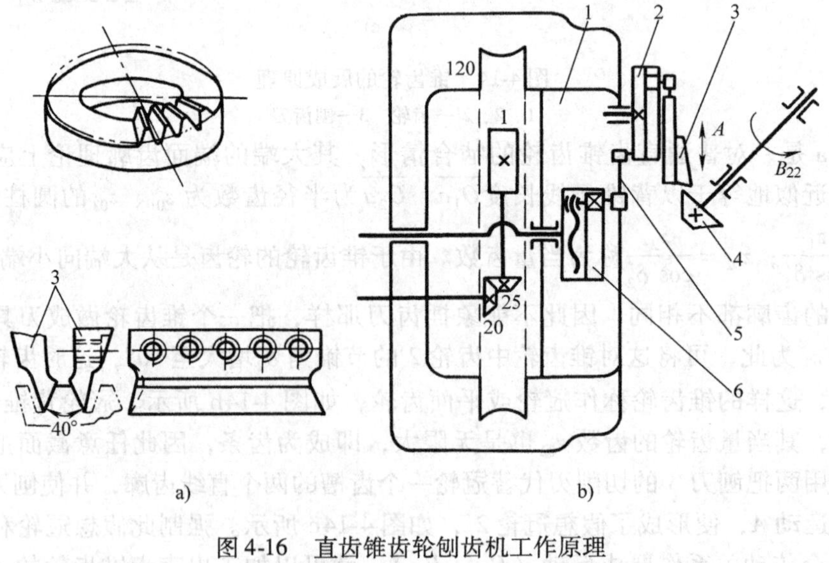

图 4-16 直齿锥齿轮刨齿机工作原理

1—摇台 2—摇盘 3—刨齿刀 4—齿坯 5—连杆 6—曲柄盘

弧齿锥齿轮的加工原理和上述原理基本相同，不过这时冠轮齿线形状为圆弧，需采用作旋转运动的切齿刀盘来进行加工，如图 4-17a 所示。图 4-17b 所示刀盘上交错地装有内、外切齿刀 6 和 5，当它旋转时，切削刃的运动轨迹就构成假想冠轮 2 的一个轮齿两侧齿面。刀具摇台 1 绕其自身轴线的缓慢回转，相当于假想冠轮的旋转运动 B_{21}。如果把工件看作为与假想冠轮啮合的齿轮作旋转运动 B_{22}，且 B_{22} 和 B_{21} 保持冠轮与锥齿轮啮合传动的运动关系，则在两者作对滚运动过程中，就加工出弧齿锥齿轮一个齿槽的两侧渐开线齿廓。由于假想冠轮上只有一个轮齿，因而刀具摇台与工件需上下来回摆动，以便切完一个齿槽后，刀具摇台往回摆轮，使假想冠轮上的齿——切齿刀盘返回至起始位置，待工件完成分度运动后，再继续下一个切齿循环，加工另一个齿槽。按上述方法加工弧齿锥齿轮的机床，称为弧齿锥齿轮铣齿机。

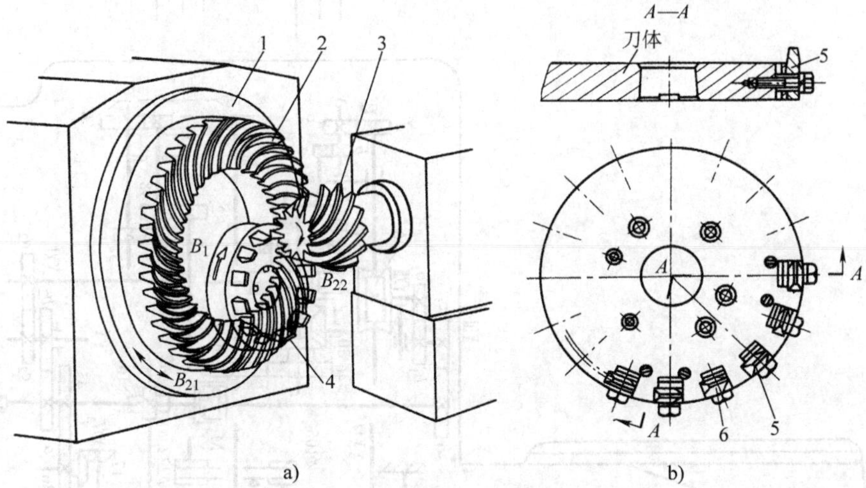

图 4-17　弧齿锥齿轮的加工原理

1—刀具摇台　2—假想冠轮　3—工件　4—切齿刀盘　5—外切刀　6—内切刀

习题与思考题

4-1　分析比较应用展成法与成形法加工圆柱齿轮各有何特点。

4-2　在滚齿机上加工直齿和斜齿圆柱齿轮、大质数直齿圆柱齿轮、用切向法加工蜗轮时，分别需要调整哪几条传动链？画出传动原理图，并说明各传动链的两端件及计算位移是什么？

4-3　滚齿机上加工直齿和斜齿圆柱齿轮时，如何确定滚刀刀架板转角度与方向？若板转角度有误差或方向有误，将会产生什么后果？

4-4　滚齿机上加工斜齿圆柱齿轮时，工件的展成运动（B_{12}）和附加运动（B_{22}）的方向如何确定？以 Y3150E 型滚齿机为例，说明在使用中如何检查这两种运动方向是否正确。

4-5　在滚齿机上加工一对斜齿轮时，当一个齿轮加工完成后，再加工另一个齿轮前应当进行哪些交换齿轮计算和机床调整工作？

4-6　在其他条件不变，而只改变下列某一条件的情况下，滚齿机上哪些传动链的换向机构应变向：

（1）由滚切右旋齿改变为滚切左旋齿；

（2）由逆铣滚齿改为顺铣滚齿（改变轴向进给方向）；

（3）由使用右旋滚刀改变为左旋滚刀；

（4）由加工直齿齿轮改变为加工斜齿齿轮。

4-7　在 Y3150E 滚齿机上加工直齿圆柱齿轮和斜齿圆柱齿轮，在初次滚切完毕后，是否可以采用快速电动机驱动刀架返回，再滚切第二次？齿形会有何影响？

4-8　在 Y3150E 型滚齿机上，采用单头右旋滚刀，滚刀螺纹升角 $\omega = 2°19'$，滚刀直径为 55mm，切削速度 $v = 22\text{m/min}$，轴向进给量取 $f = 1\text{mm/r}$，加工斜齿圆柱齿轮，螺旋方向右旋，螺旋角 $\beta = 12°17'9''$，模数 $m_n = 2\text{mm}$，8 级精度。要求：

（1）画图表示滚刀安装角 δ、刀架扳动方向，滚刀和工件的运动方向；

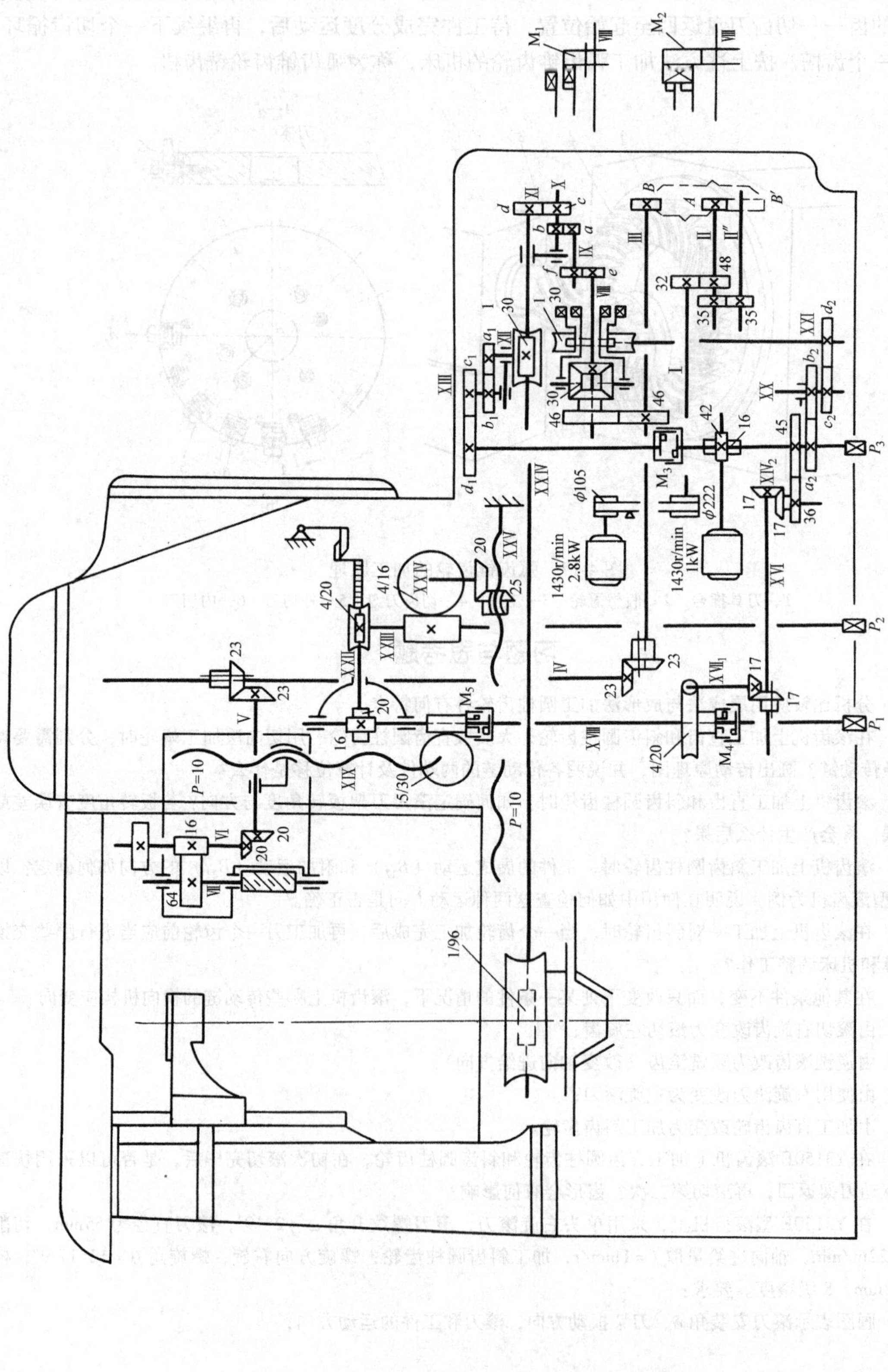

图 4-18 Y38 型滚齿机传动系统图

（2）列出加工时各传动链的运动平衡式，确定其交换齿轮齿数。

4-9　根据 Y38 型滚齿机传动系统图（图 4-18），回答下列问题：

（1）写出该机床的传动路线表达式；

（2）推导展成运动传动链及附加运动传动链换置机构 u_x、u_y 的换置公式。

4-10　在 Y38 型滚齿机上加工齿数 $z=43$ 的质数直齿圆柱齿轮，采用右旋单头滚刀，进给量 $f=1\text{mm/r}$，试选配展成运动交换齿轮和附加运动交换齿轮。

注：Y38 型滚齿机随机备有的交换齿轮齿数有：20（两件）、23、24、25（两件）、30、33、34、35、37、40、41、43、45、47、48、50、53、55、57、58、59、60、61、62、65、67、70、71、73、75、79、80、83、85、90、92、95、97、98、100。

4-11　对比滚齿机和插齿机的加工方法，说明它们各自的特点及主要应用范围。

4-12　在插齿机上加工直齿圆柱齿轮，主要有哪些运动组成？其中哪些运动不参与工件表面的形成过程？

4-13　磨齿有哪些方法？各有什么特点？

4-14　锥齿轮加工机床的工作原理有采用假想冠轮和假想近似冠轮之分，它们在机床上是如何体现的？怎样把工件的全部轮齿切出？采用这种不同的假想冠轮对机床结构和加工质量各有什么影响？

第五章　其他类型机床

第一节　钻　床

钻床是一种孔加工机床，它一般用于加工直径不大、精度要求不高的孔。其主要加工方法是用钻头在实心材料上钻孔，此外还可在原有孔的基础上扩孔、铰孔、锪平面、攻螺纹等加工。在钻床上加工时，工件固定不动，主运动是刀具（主轴）的旋转，刀具（主轴）沿轴向的移动即为进给运动。钻床的加工方法及其所需运动如图 5-1 所示。

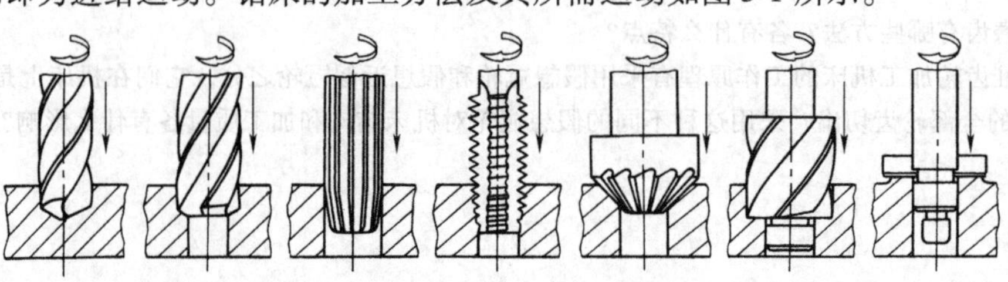

a)　b)　c)　d)　e)　f)　g)

图 5-1　钻床的加工方法

a）钻孔　b）扩孔　c）铰孔　d）攻螺纹　e)、f）锪埋头孔　g）锪端面

钻床的主要类型有立式钻床、摇臂钻床、台式钻床、深孔钻床等。

一、立式钻床

图 5-2 所示是立式钻床的结构。其特点为主轴轴线垂直布置，且位置固定。主轴箱 3 中装有主运动和进给运动的变速传动机构、主轴部件以及操纵机构等。主轴箱 3 固定不动，用移动工件的方法使刀具旋转中心线与被加工孔的中心线重合，进给运动由主轴 2 随主轴套筒在主轴箱 3 中作直线移动来实现。利用装在主轴箱 3 上的进给操纵机构 5，可以使主轴 2 实现手动快速升降、手动进给以及接通或断开机动进给。被加工工件可直接或通过夹具安装在工作台 1 上。工作台 1 和主轴箱 3 都装在方形立柱 4 的垂直导轨上，可上下调整位置，以适应加工不同高度的工件。

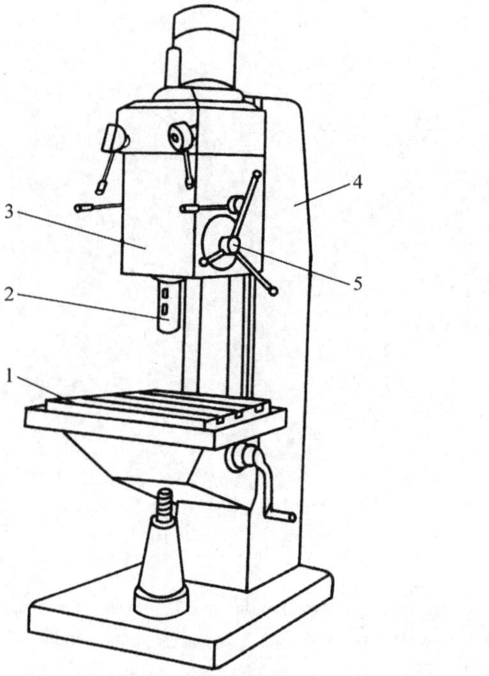

图 5-2　立式钻床

1—工作台　2—主轴　3—主轴箱　4—立柱　5—进给操纵机构

二、摇臂钻床

对于一些大而重的工件，因移动费力，找正困难，不便于在立式钻床上进行加工。这时希望工件固定不动而移动主轴，使主轴中心对准被加工孔的中心，这样便产生了摇臂钻床，如图 5-3 所示为摇臂钻床的结构。它的主轴箱 4 装在摇臂 3 上，可沿摇臂 3 的导轨水平移动，而摇臂 3 又可绕立柱 2 的轴线转动，因而可以方便地调整主轴 5 的坐标位置，使主轴旋转轴线与被加工孔的中心线重合。此外，摇臂 3 还可以沿立柱 2 升降，以便于加工不同高度的工件。为保证机床在加工时有足够的刚度，并使主轴在钻孔时保持准确的位置，摇臂钻床还具有立柱、摇臂及主轴箱的夹紧机构，当主轴位置调整完毕后，可以迅速地将它们夹紧。底座 1 上的工作台 6 可用于安装尺寸不大的工件，如果工件尺寸很大，可将其直接安装在底座 1 上，甚至就放在地面上进行加工。摇臂钻床适用于单件和中、小批量生产中加工大、中型零件。

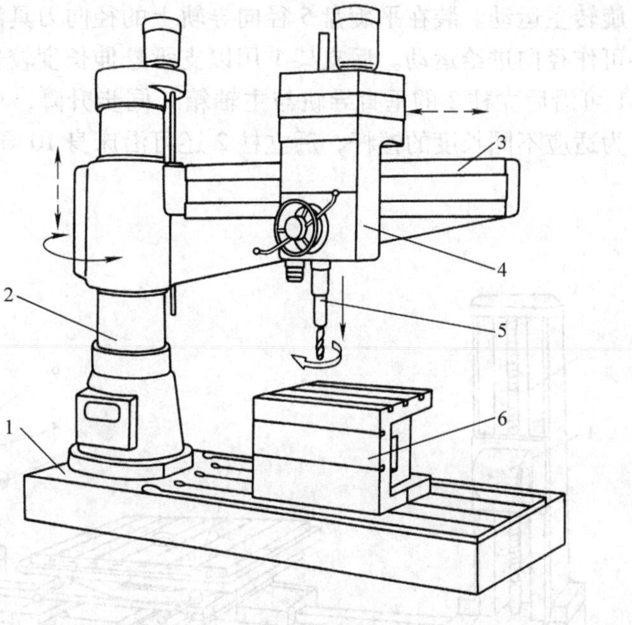

图 5-3 摇臂钻床

1—底座 2—立柱 3—摇臂 4—主轴箱 5—主轴 6—工作台

三、台式钻床

台式钻床实质上是加工小孔的立式钻床，简称台钻，其钻孔直径一般在 16mm 以下。主要用于小型零件上各种小孔的加工。台钻的自动化程度较低，通常采用手动进给，但其结构简单，小巧灵活，使用方便。

上述各类钻床在配以专用的钻模后，也能加工具有位置精度要求的孔系。

第二节 镗 床

镗床的主要功用是用镗刀镗削工件上已铸出或已钻出的孔。除镗孔外，大部分镗床还可以进行铣削、钻孔、扩孔、铰孔等工作。镗床的主要类型有卧式铣镗床、坐标镗床和精镗床等。

一、卧式铣镗床

图 5-4 所示为卧式铣镗床的结构。由下滑座 11、上滑座 12 和工作台 3 组成的工作台部件装在床身导轨上，工作台 3 通过下滑座 11 和上滑座 12 可在纵向和横向实现进给运动和调位运动。工作台 3 还可在上滑座 12 的环形导轨上绕垂直轴线转位，以便在工件一次安装中对其互相平行或成一定角度的孔或平面进行加工。主轴箱 8 可沿前立柱 7 的垂直导轨上下移动，以实现垂直进给运动或调整主轴轴线在垂直方向的位置。此外，机床上还具有坐标测量装置，以实现主轴箱 8 和工作台 3 的准确定位。加工时，根据加工情况不同，刀具可以装在

镗轴4前端的锥孔中，或装在平旋盘5的径向刀具溜板6上。镗轴4除完成旋转主运动外，还可沿其轴线移动作轴向进给运动（由后尾筒9内的轴向进给机构完成）。平旋盘5只能作旋转主运动。装在平旋盘5径向导轨上的径向刀具溜板6，除了随平旋盘5一起旋转外，还可作径向进给运动。后支架1用以支承悬伸长度较长的镗杆的悬伸端，以增加刚性。后支架1可沿后立柱2的垂直导轨与主轴箱8同步升降，以保证其支承孔与镗轴4在同一轴线上。为适应不同长度的镗杆，后立柱2还可沿床身10导轨调整纵向位置。

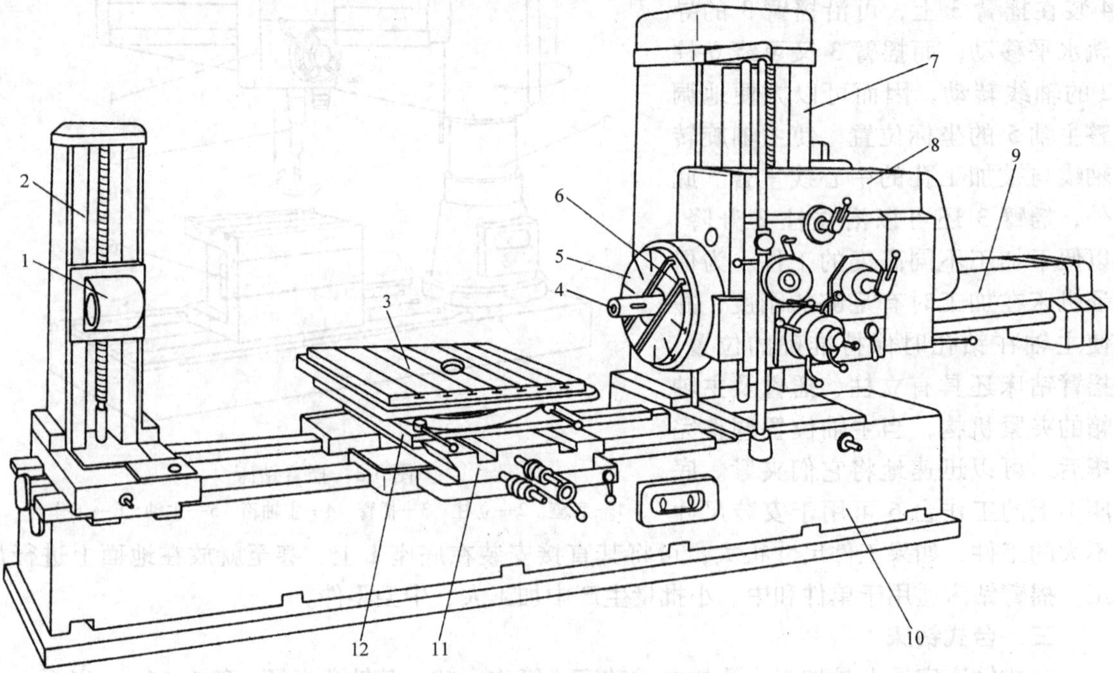

图5-4 卧式铣镗床

1—后支架 2—后立柱 3—工作台 4—镗轴 5—平旋盘 6—径向刀具溜板 7—前立柱 8—立轴箱 9—后尾筒 10—床身 11—下滑座 12—上滑座

综上所述，卧式铣镗床的主运动有：镗轴和平旋盘的旋转运动。进给运动有：镗轴的轴向进给运动；平旋盘刀具溜板的径向进给运动；主轴箱的垂直进给运动；工作台的纵向和横向进给运动。辅助运动有：工作台的转位；后立柱的纵向调位；后支架的垂直方向调位；以及主轴箱沿垂直方向和工作台沿纵、横方向的调位运动。

图5-5所示为卧式铣镗床的几种典型加工方法：图5-5a所示为用装在镗轴上的悬伸刀杆镗孔，图5-5b所示为利用长刀杆镗削同一轴线上的两孔，图5-5c所示为用装在平旋盘上的悬伸刀杆镗削大直径的孔，图5-5d所示为用装在镗轴上的端铣刀铣平面，图5-5e和f所示为用装在平旋盘刀具溜板上的车刀车内沟槽和端面。

二、坐标镗床

坐标镗床主要用于精密孔及位置精度要求很高的孔系的加工。例如，钻模、镗模和量具等工件上的精密孔和孔系加工。坐标镗床的主要特点是具有工作台、主轴箱等移动部件的精密坐标位置测量装置，能实现工件和刀具的精确定位。坐标镗床除镗孔外，还可进行钻、扩和铰孔、锪端面及铣平面和沟槽等加工。此外，因其具有很高的定位精度，故还可用于精密

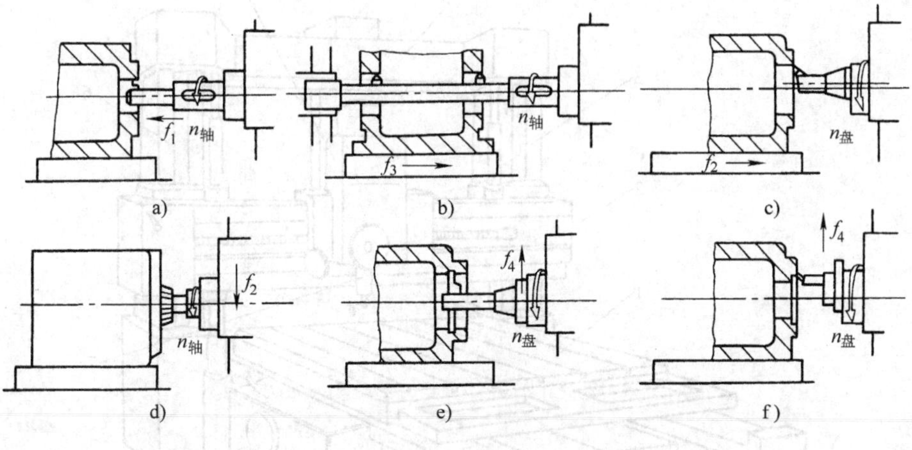

图 5-5　卧式铣镗床的典型加工方法

刻线，精密划线，孔距及直线尺寸的精密测量等。坐标镗床过去主要用在工具车间进行单件主产，近年来也逐渐用于生产车间成批地加工具有精密孔系的零件。例如，在飞机、汽车、内燃机和机床等行业中加工各种箱体类零件的孔系。

（一）主要类型

坐标镗床按其布局形式可分为立式单柱、立式双柱和卧式等主要类型。

1. 立式单柱坐标镗床

立式单柱坐标镗床如图 5-6 所示，主轴箱 3 装在立柱 4 的垂直导轨上，可上下调整位置，以便加工不同高度的工件。主轴 2 由精密轴承支承在主轴套筒中，主运动是主轴 2 的旋转运动。当进行镗孔、钻孔、铰孔等工序时，主轴连同主轴套筒，可由机动或手动实现垂直进给运动。镗孔坐标位置由工作台 1 沿床鞍 5 的导轨纵向移动和床鞍 5 沿床身 6 的导轨横向移动来确定。当进行铣削时，则由工作台 1 在纵向或横向移动来完成进给运动。

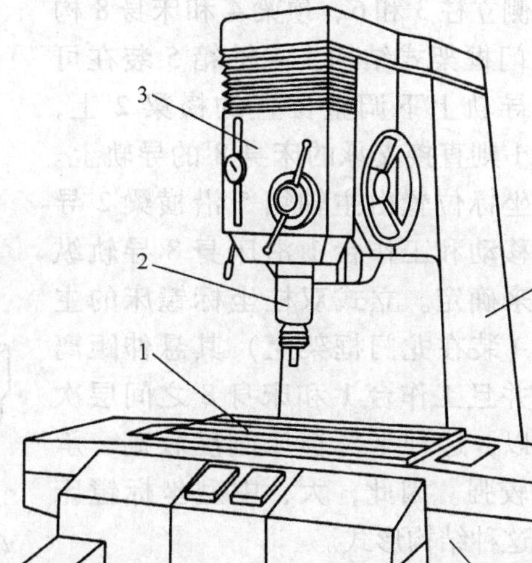

图 5-6　立式单柱坐标镗床

1—工作台　2—主轴　3—主轴箱
4—立柱　5—床鞍　6—床身

立式单柱坐标镗床的工作台三面敞开，结构比较简单，操作比较方便。但由于工作台和床身之间的层次较多，主轴箱又悬臂安装，削弱了刚度，在机床尺寸较大时，主轴中心线离立柱较远，影响主轴的加工精度。因此，立式单柱一般为中小型坐标镗床采用的结构形式。

2. 立式双柱坐标镗床

立式双柱坐标镗床如图 5-7 所示，它具

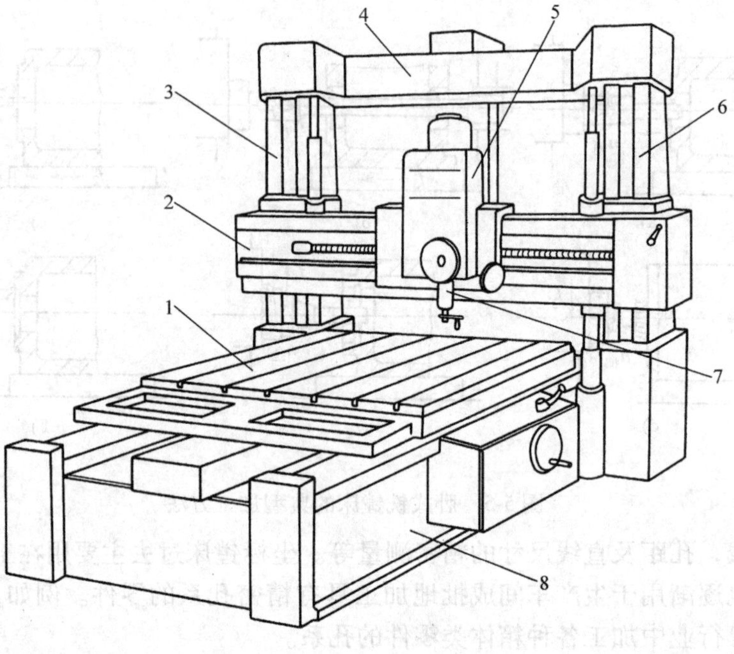

图 5-7 立式双柱坐标镗床

1—工作台 2—横梁 3、6—立柱 4—顶梁 5—主轴箱 7—主轴 8—床身

有由两侧立柱 3 和 6、顶梁 4 和床身 8 构成的龙门框架式结构。主轴箱 5 装在可沿立柱导轨上下调整位置的横梁 2 上，工作台 1 则直接支承的床身 8 的导轨上。镗孔的坐标位置由主轴箱 5 沿横梁 2 导轨横向移动和工作台 1 沿床身 8 导轨纵向移动来确定。立式双柱坐标镗床的主轴箱 5（装在龙门框架上）其悬伸距离较小，并且工作台 1 和床身 8 之间层次少。所以，这种坐标镗床刚度较高，承载能力较强。因此，大、中型坐标镗床常采用这种结构形式。

3. 卧式坐标镗床

卧式坐标镗床如图 5-8 所示，其主轴 3 水平布置，与工作台台面平行。安装工件的工作台由下滑座 7、上滑座 1 以及可作精密分度的回转工作台 2 等三层组成。镗孔的坐标位置由下滑座 1 沿床身 6 的导轨纵向移动和主轴箱 5 沿立柱 4 的导轨垂直移动来确定。镗孔时的进给运动，可由主轴 3 轴向移动完成，也可由上滑座 1 横向移动完成。

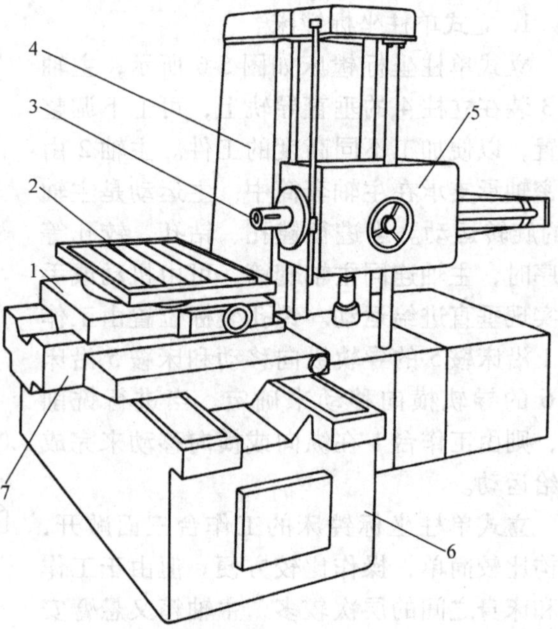

图 5-8 卧式坐标镗床

1—上滑座 2—回转工作台 3—主轴 4—立柱 5—主轴箱 6—床身 7—下滑座

（二）坐标测量装置

坐标镗床之所以可用于加工精密孔和位置精度要求很高的孔系，除了机床的主要零部件制造精度较高和结构上采取措施提高精度和刚度以外，另一主要原因是机床上具有坐标位置的精密测量装置。坐标测量装置的种类很多，目前常用的有以下几种。

1. 带校正尺的精密丝杠坐标测量装置

这种坐标测量装置以传递运动的精密丝杠作为测量位移的基准元件，利用装在丝杠上的刻度盘和游标装置读出位移量。为提高测量精度，常采用校正尺来补偿丝杠的制造误差。这种坐标测量装置结构简单，成本较低，但由于作为测量基准的精密丝杠同时又是传动元件，它的磨损将直接影响机床移动部件的坐标定位精度，因此只有一些中小型坐标镗床上采用这种坐标测量装置。

2. 光屏—金属刻线尺光学坐标测量装置

这种坐标测量装置主要由精密刻线尺（标准金属刻线尺）、光学放大装置和读数器三部分组成。精密刻线尺是测量位移的基准元件，上面刻有一条条间隔为 1mm 的线纹，线距精度在 1000mm 范围内为 0.001mm ~ 0.003mm；光学放大装置的作用是将刻线尺上的线纹间距放大，投射在光屏读数器上；光屏读数器的作用是使刻线尺的线纹成像，并利用各种测微装置，精确地读出移动部件的位移量。图 5-9 所示为 T4145 型立式单柱坐标镗床工作台纵向位移的光学测量装置，标准金属刻线尺 3 固定在工作台底面上的矩形槽中，与工作台一起移动，其刻线面向下。光学放大装置和光屏读数头装在床鞍上。由光源 8 经聚光镜 7 射出的平行光束，通过滤色镜 6、反光镜 5 和前组物镜 4 投射到刻线尺 3 的刻线面上，其线纹被照亮后通过前组物镜 4、反光镜 9、后组物镜 10 及反光镜 13、12 和 11，成像于光屏读数头的光屏 1 上，通过目镜 2 可以清晰地观察到放大后的线纹像。物镜的总放大倍率为 40 倍，因此，

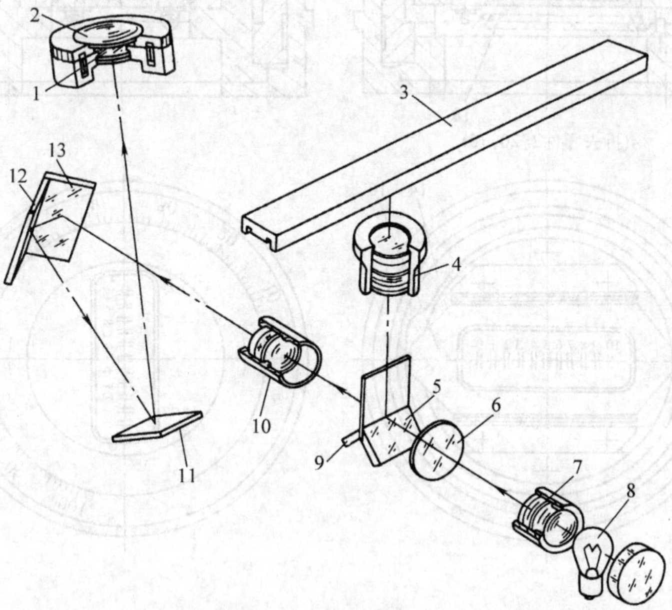

图 5-9　T4145 型坐标镗床工作台纵向位移光学测量装置
1—光屏　2—目镜　3—刻线尺　4—前组物镜　5、9、11、12、13—反光镜
6—滤色镜　7—聚光镜　8—光源　10—后组物镜

间距为 1mm 的标准刻线尺线纹，投射在光屏上的间距为 40mm。

光屏读数头如图 5-10 所示。光屏 1 上刻有 0~10 共 11 组等距离的双刻线，两相邻双刻线之间的距离为 4mm，这相当于标准刻线尺 3 上的距离为 $4\text{mm}\times\frac{1}{40}=0.1\text{mm}$。光屏 1 镶嵌在框架 16 中，在弹簧 18 的作用下，框架 16 通过钢球 19 始终顶紧在阿基米德螺旋线内凸轮 14 的工作表面上。转动刻度盘 15 带动内凸轮 14 转动时，可推动框架 16 连同光屏 1 一起沿垂直于双刻线的方向作微量移动。刻度盘 15 的端面上刻有 100 格圆周等分线，每转过一格时，内凸轮 14 推动光屏 1 移动 0.04mm，这相当于标准刻线尺（即工作台）的位移量为 $0.04\text{mm}\times\frac{1}{40}=0.001\text{mm}$。进行坐标测量时，工作台位移量的毫米整数值由装在工作台上的粗读数标尺读取，毫米以下的小数部分则由光屏读数头读取。

这种坐标测量装置的测量元件和传动元件是分开的，坐标位置的测量精度与传动元件的精度和磨损无关。此外，由于标准刻线尺和光学装置的制造精度较高，并具有足够的放大倍率，所以其测量精度高。目前坐标镗床上采用这种测量装置的较多。随着新技术的出现和发展，应用于坐标镗床的测量装置的类型越来越多，如光栅，感应同步器、激光干涉仪等，这些新型测量装置的突出特点是可以将机床部件的位移量通过光、电、磁等直接转换为电信号，因而易于实现数字显示和定位自动控制。

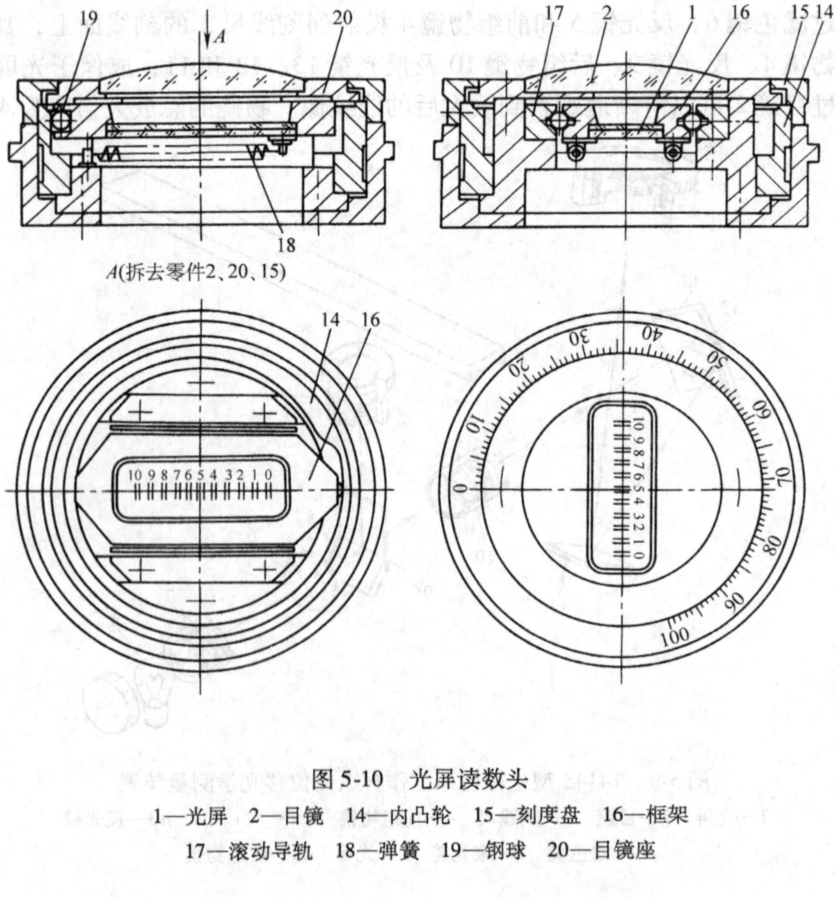

图 5-10 光屏读数头

1—光屏 2—目镜 14—内凸轮 15—刻度盘 16—框架

17—滚动导轨 18—弹簧 19—钢球 20—目镜座

第三节　铣　床

铣床是用多齿刀具进行铣削加工的机床，它可以加工平面（水平面、垂直面等）、沟槽（键槽、T 型槽、燕尾槽等）、分齿零件（齿轮、链轮、棘轮、花键轴等）、螺旋形表面（螺纹和螺旋槽）及各种曲面等，如图 5-11 所示。因此，铣床是机械制造行业中应用十分广泛的一种机床。由于铣刀是多齿刀具，切削过程又是断续切削，所以加工精度较低、表面质量较差，一般多用于粗加工或半精加工。

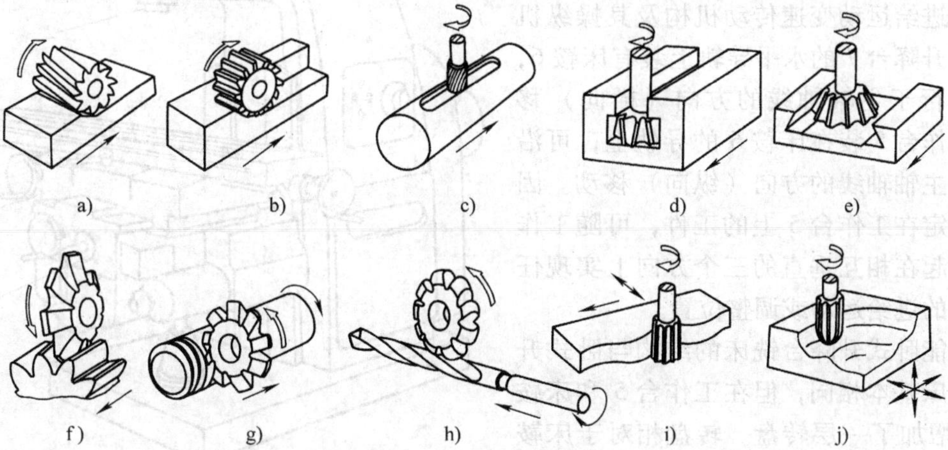

图 5-11　铣床加工的典型表面

铣床的主要类型有：升降台式铣床、龙门铣床、工具铣床、圆台铣床、仿形铣床和各种专门化铣床等。

一、升降台式铣床

升降台式铣床是铣床类机床中应用最普遍的一种类型。升降台式铣床的结构特征，是主轴带动铣刀旋转实现主运动，其轴线位置通常固定不动；工作台可在相互垂直的三个方向上调整位置，并可带动工件在其中任一方向上实现进给运动。升降台式铣床根据主轴的结构可分为卧式和立式两种。

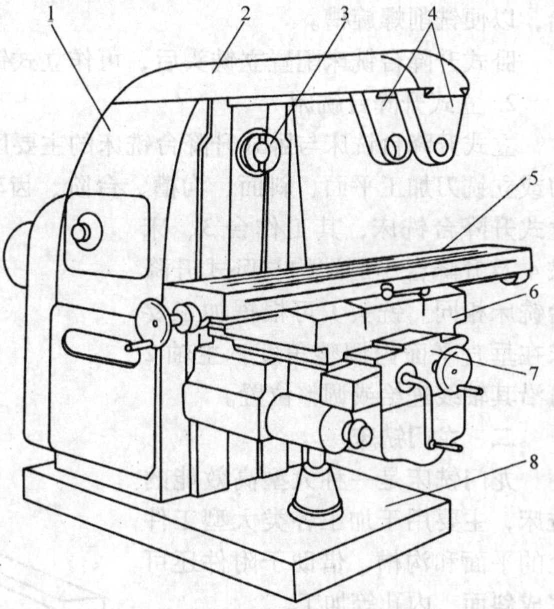

图 5-12　卧式升降台铣床

1—床身　2—悬梁　3—主轴　4—刀杆支架　5—工作台　6—床鞍　7—升降台　8—底座

1. 卧式升降台铣床

卧式升降台铣床如图 5-12 所示，其主轴 3 水平布置。床身 1 固定在底座 8 上，用于安装和支承机床各部件，床身 1 内装有主轴部件、主运动变速传动机构及其操纵机构等。床身

1 顶部的燕尾型导轨上装有悬梁 2，可沿主轴轴线方向调整其前后位置，悬梁 2 上的刀杆支架 4 用于支承刀杆的悬伸端。升降台 7 装在床身 1 的垂直导轨上，可以上下（垂直）移动，升降台 7 内装有进给电动机，进给运动变速传动机构及其操纵机构等。升降台 7 的水平导轨上装有床鞍 6，可沿平行于主轴轴线的方向（横向）移动。工作台 5 装在床鞍 6 的导轨上，可沿垂直于主轴轴线的方向（纵向）移动。因此，固定在工作台 5 上的工件，可随工作台 5 一起在相互垂直的三个方向上实现任一方向的进给运动或调整位置。

万能卧式升降台铣床的结构与卧式升降台铣床基本相同，但在工作台 5 和床鞍 6 之间增加了一层转盘。转盘相对于床鞍 6 在水平面内可绕垂直轴线在 ±45°范围内转动，使工作台 5 能沿调整后的方向进给，以便铣削螺旋槽。

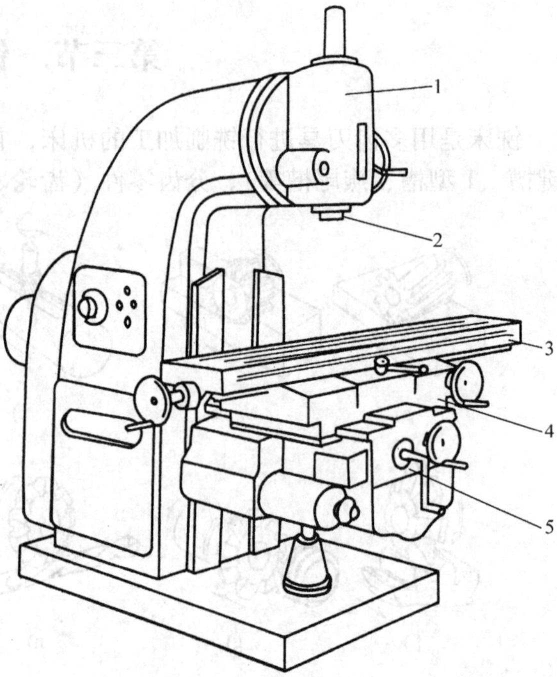

图 5-13 立式升降台铣床

1—铣头 2—主轴 3—工作台 4—床鞍 5—升降台

卧式升降台铣床配置立铣头后，可作立式铣床使用。

2. 立式升降台铣床

立式升降台铣床与卧式升降台铣床的主要区别在于，它的主轴是垂直布置的，可用端铣刀或立铣刀加工平面、斜面、沟槽、台阶、齿轮、凸轮等表面。图 5-13 所示为常见的一种立式升降台铣床，其工作台 3、床鞍 4 及升降台 5 的结构与卧式升降台铣床相同。铣头 1 可根据加工要求在垂直平面内调整角度，主轴 2 可沿其轴线进给或调整位置。

二、龙门铣床

龙门铣床是一种大型高效能的铣床，主要用于加工各类大型工件上的平面和沟槽，借助于附件还可完成斜面、内孔等加工。

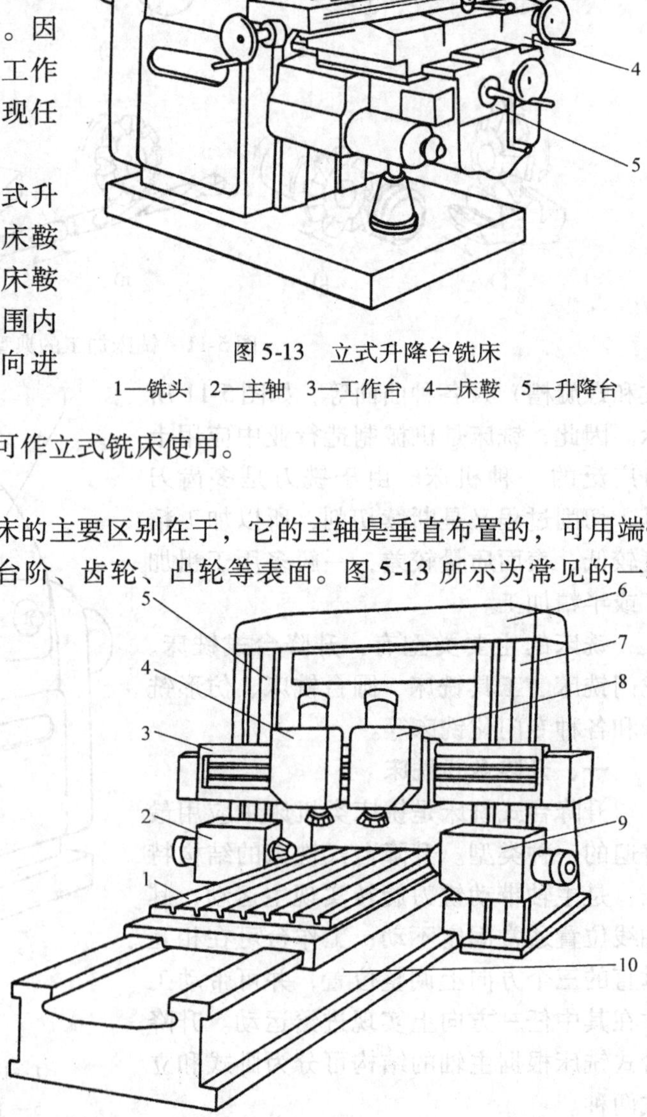

图 5-14 龙门铣床

1—工作台 2、9—水平铣头 3—横梁 4、8—垂直铣头 5、7—立柱 6—顶梁 10—床身

图 5-14 所示为具有四个铣头的中型龙门铣床。每个铣头都是一个独立部件，其中包括单独的驱动电动机、主轴部件、变速传动机构及其操纵机构等。横梁 3 上的两个垂直铣头 4 和 8，可沿横梁 3 的水平

方向（横向）调整位置。横梁3本身及立柱5、7上的两个水平铣头2和9可沿立柱导轨调整其垂直方向的位置。各铣刀的背吃刀量均由主轴套筒带动铣刀主轴沿轴向移动来实现。加工时，工作台1带动工件作纵向进给运动。龙门铣床可用多把铣刀同时加工几个表面，所以生产率较高。它在成批和大量生产中得到广泛应用。

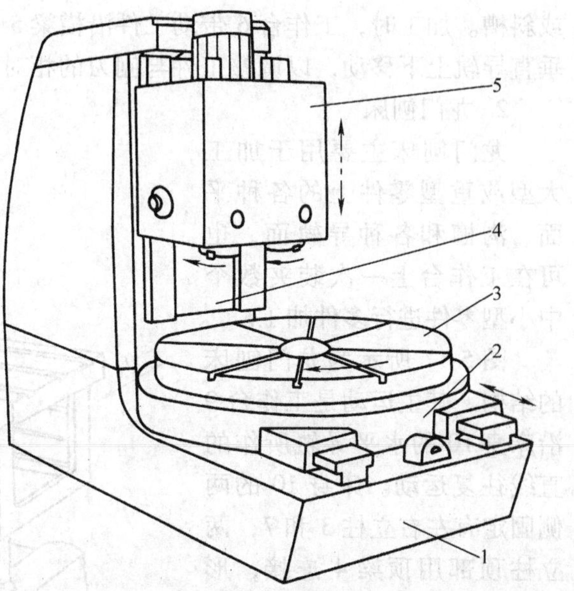

图5-15　圆台铣床
1—床身　2—滑座　3—圆工作台
4—立柱　5—主轴箱

三、圆台铣床

圆台铣床可分为单轴和双轴两种型式，图5-15所示为双轴圆台铣床。主轴箱5的两个主轴上分别安装粗铣和半精铣的端铣刀，用于粗铣和半精铣平面。滑座2可沿床身1的导轨横向移动，以调整工作台3与主轴间的横向位置。主轴箱5可沿立柱4的导轨升降；主轴也可在主轴箱5中调整其轴向位置，以使刀具与工件的相对位置准确。加工时，可在工作台3上装夹多个工件，工作台3作连续转动，由两把铣刀分别完成粗、精加工，装卸工件的辅助时间与切削时间重合，生产率较高。这种铣床的尺寸规格介于升降台铣床与龙门铣床之间，适于成批大量生产中加工中小型零件的平面。

第四节　刨床和拉床

刨床和拉床的主运动都是直线运动，所以也称为直线运动机床。

一、刨床

刨床类机床主要用于加工各种平面和沟槽。其主运动是刀具或工件所作的直线往复运动。它只在一个运动方向上进行切削，称为工作行程，返程时不切削，称为空行程。进给运动是刀具或工件沿垂直于主运动方向所作的间歇运动。由于刨刀相当于车刀，故刀具结构简单、刃磨方便，在单件小批生产中加工形状复杂的表面比较经济。但由于其主运动反向时需克服较大的惯性力，限制了切削速度和空行程速度的提高，同时还存在空行程所造成的时间损失，因此在大多数情况下其生产率较低。这类机床一般适用于单件小批生产，特别在维修和工具车间，是常用的设备。

刨床类机床主要有牛头刨床、龙门刨床和插床三种类型。

1. 牛头刨床

牛头刨床主要用于加工小型零件，其结构如图5-16所示。主运动为滑枕3带动刀具在水平方向所作的直线往复运动。滑枕3装在床身4顶部的水平导轨中，由床身4内部的曲柄摇杆机构传动实现主运动。刀架1可沿刀架座2的导轨上下移动，以调整刨削深度，也可在加工垂直平面和斜面时作进给运动。调整刀架座2，可使刀架左右回转60°，以便加工斜面或斜槽。加工时，工作台 6 带动工件沿横梁 5 作间歇的横向进给运动。横梁 5 可沿床身 4 的垂直导轨上下移动，以调整工件与刨刀的相对位置。

2. 龙门刨床

龙门刨床主要用于加工大型或重型零件上的各种平面、沟槽和各种导轨面，也可在工作台上一次装夹数个中小型零件进行多件加工。

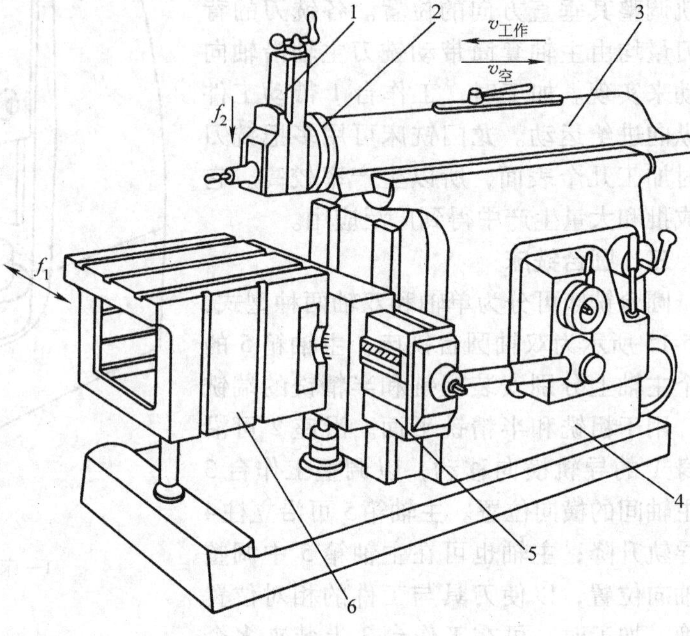

图 5-16 牛头刨床

1—刀架 2—刀架座 3—滑枕 4—床身 5—横梁 6—工作台

图 5-17 所示为龙门刨床的结构。其主运动是工作台 9 沿床身 10 的水平导轨所作的直线往复运动。床身 10 的两侧固定有左右立柱 3 和 7，两立柱顶部用顶梁 4 连接，形成结构刚性较好的龙门框架。横梁 2 上装有两个垂直刀架 5 和 6，可在横梁导轨上沿水平方向作进给运动。横梁 2 可沿左右立柱的导轨上下移动，以调整垂直刀架的位置，加工时由夹紧机构夹紧在两个立柱上。左右立柱上分别装有左右侧刀架 1 和 8，可分别沿立柱导轨作垂直进给运动，以加工侧面。

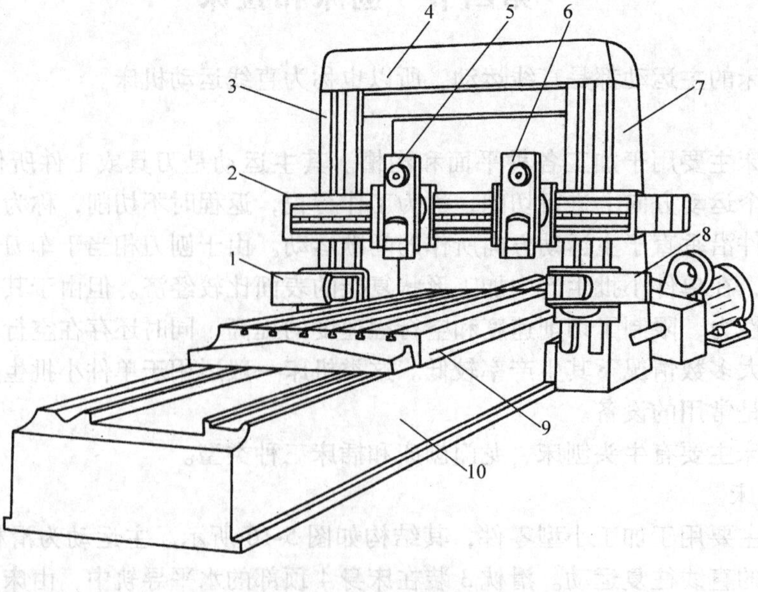

图 5-17 龙门刨床

1、8—左、右侧刀架 2—横梁 3、7—立柱 4—顶梁 5、6—垂直刀架 9—工作台 10—床身由于刨削时，返程不切削，为避免刀具碰伤工件表面，龙门刨床刀架夹持刀具的部分都设有返程自动让刀装置，通常均为电磁式。

3. 插床

插床实质上是立式刨床，其主运动是滑枕带动插刀所作的直线往复运动。图 5-18 所示为插床的结构。滑枕 2 向下移动为工作行程，向上为空行程。滑枕导轨座 3 可以绕销轴 4 在小范围内调整角度，以便加工倾斜的内外表面。床鞍 6 和溜板 7 可分别带动工件实现横向和纵向进给运动，圆工作台 1 可绕垂直轴线旋转，实现圆周进给运动或分度运动。圆工作台 1 在各个方向上的间歇进给运动是在滑枕 2 空行程结束后的短时间内进行的。圆工作台 1 的分度运动由分度装置 5 实现。

插床主要用于加工工件的内表面，如内孔中的键槽及多边形孔等，有时也用于加工成形内外表面。

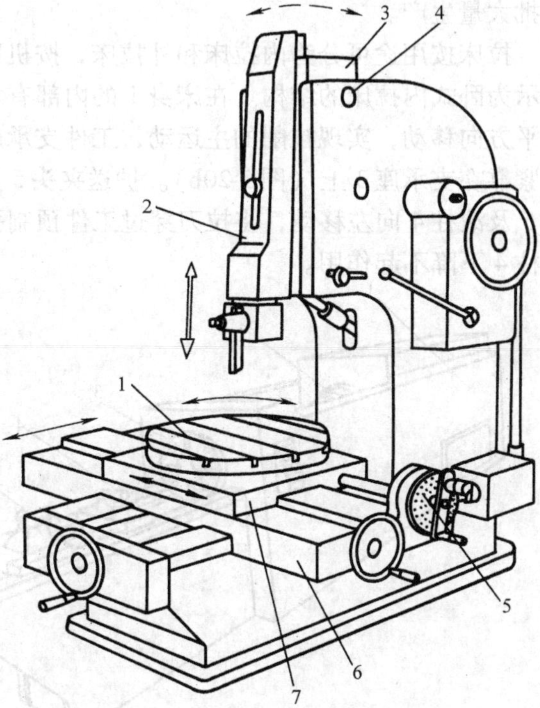

图 5-18　插床

1—圆工作台　2—滑枕　3—滑枕导轨座　4—销轴　5—分度装置　6—床鞍　7—溜板

二、拉床

拉床是用拉刀进行加工的机床，可加工各种形状的通孔、平面及成形表面等。图 5-19 所示为适于拉削的一些典型表面形状。拉床的运动比较简单，它只有主运动而没有进给运动，被加工表面在一次拉削中成形。考虑到拉刀承受的切削力很大，同时为了获得平稳的切削运动，所以拉床的主运动通常采用液压驱动。

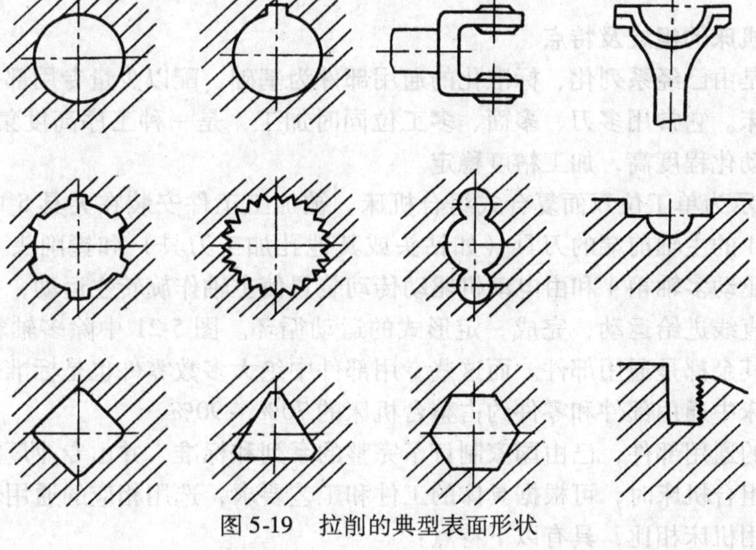

图 5-19　拉削的典型表面形状

由上述可知，由于拉削余量小，切削运动平稳，因而其加工精度和表面质量均较高、生产率也高。但拉刀结构复杂，并且拉削的每一种表面都需要专门的拉刀，所以拉床仅适用于大批大量生产。

拉床按用途可分为内拉床和外拉床，按机床结构可分为卧式、立式、链条式等。图 5-20 所示为卧式内拉床的结构。在床身 1 的内部有水平安装的液压缸 2，通过活塞杆带动拉刀沿水平方向移动，实现拉削的主运动，工件支承座 3 是工件的安装基准。拉削时，工件以基端面紧靠在支承座 3 上（图 5-20b）。护送夹头 5 及滚柱 4 用以支承拉刀，开始拉削前，护送夹头 5 及滚柱 4 向左移动，将拉刀穿过工件预制孔，并将拉刀左端柄部插入拉刀夹头。加工时滚柱 4 下降不起作用。

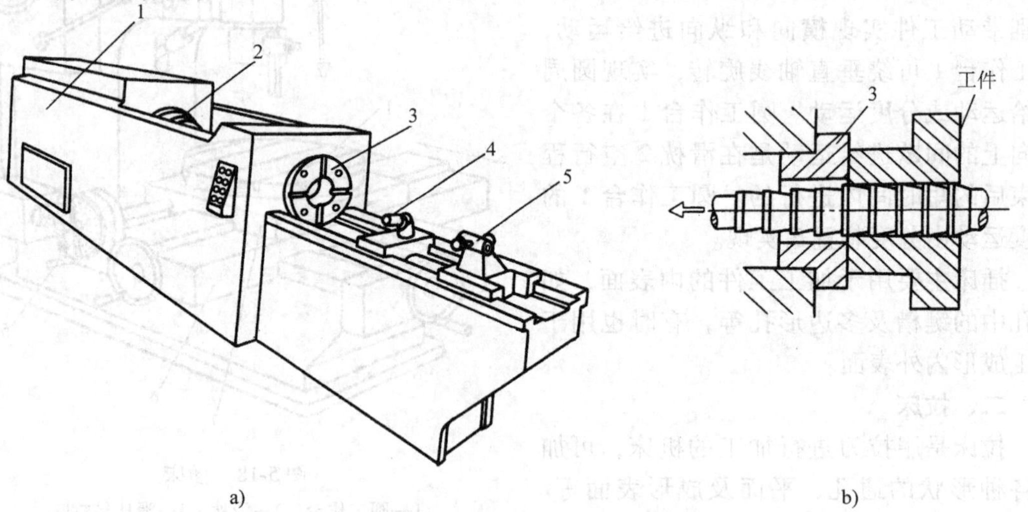

图 5-20 卧式内拉床、工件安装

1—床身 2—液压缸 3—支承座 4—滚柱 5—护送夹头

第五节 组合机床

一、组合机床的组成及特点

组合机床是由已经系列化、标准化的通用部件为基础，配以少量专用部件组合而成的一种高效专用机床。它常用多刀、多面、多工位同时加工，是一种工序高度集中的加工方法，其生产率和自动化程度高，加工精度稳定。

图 5-21 所示为单工位双面复合式组合机床。被加工工件安装在夹具 5 中，加工时固定不动；多轴箱 4 的主轴前端的刀具（如钻头或其他孔加工刀具）和镗削头 6 上的镗刀，分别由动力箱 3 驱动多轴箱 4 和由电动机驱动传动装置使主轴作旋转主运动，并由各自的动力滑台 7 带动作直线进给运动，完成一定形式的运动循环。图 5-21 中除多轴箱 4 和夹具 5 是专用部件外，其余都是通用部件。而这些专用部件中绝大多数零件也是标准件和通用件。通常一台组合机床中通用部件和零件约占整台机床的 70% ~90% 。

组合机床的通用部件，已由国家制订了完整的系列和标准，并由专业厂家预先设计制造好。设计制造组合机床时，可根据具体的工件和工艺要求，选用相应的通用部件。因而组合机床与一般专用机床相比，具有以下特点：

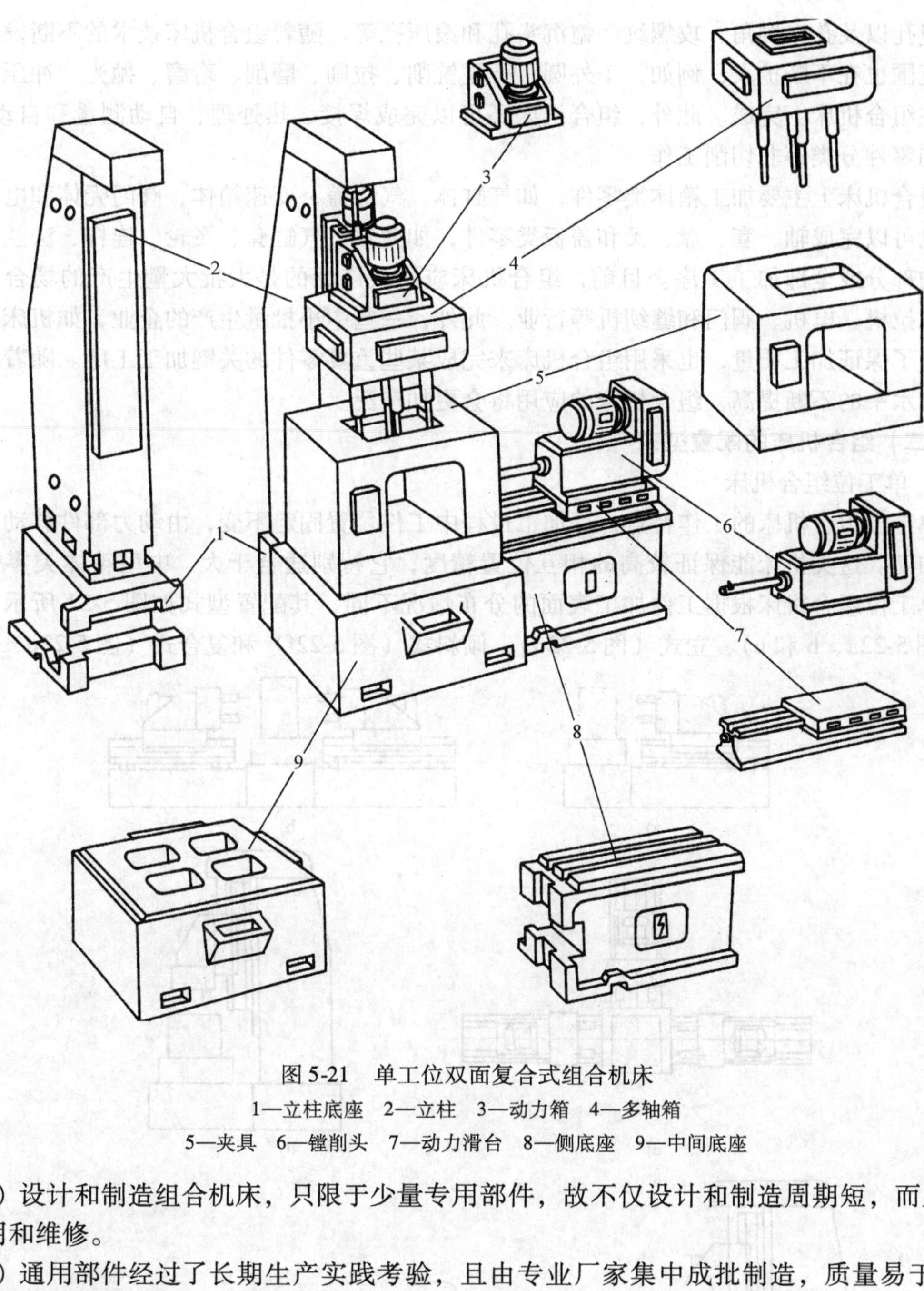

图 5-21　单工位双面复合式组合机床

1—立柱底座　2—立柱　3—动力箱　4—多轴箱

5—夹具　6—镗削头　7—动力滑台　8—侧底座　9—中间底座

1）设计和制造组合机床，只限于少量专用部件，故不仅设计和制造周期短，而且也便于使用和维修。

2）通用部件经过了长期生产实践考验，且由专业厂家集中成批制造，质量易于保证，因而机床加工精度稳定，工作可靠，制造成本也较低。

3）当加工对象改变时，通用零件、部件可以重复使用，组成新的机床。故有利于企业产品的更新换代。

二、组合机床的工艺范围及配置型式

（一）组合机床的工艺范围

在组合机床上可以完成的工序很多，但就目前使用的大多数组合机床来说，则主要用于箱体类零件的平面加工和孔加工。前者包括铣平面、车平面和锪平面等，后者包括钻、扩、铰、镗孔以及孔口倒角、攻螺纹、锪沉头孔和滚压孔等。随着组合机床技术的不断发展，其工艺范围也在不断扩大，例如，车外圆、行星铣削、拉削、磨削、珩磨、抛光、冲压等工序也可在组合机床上完成。此外，组合机床还可以完成焊接、热处理、自动测量和自动装配、清洗和零件分类等非切削工作。

组合机床上主要加工箱体类零件，如气缸体、气缸盖、变速箱体、阀门壳体和电动机座等。也可以完成轴、套、盘、叉和盖板类零件，如曲轴、气缸套、飞轮、连杆、法兰盘、拨叉等的部分或全部加工工序。目前，组合机床应用最广泛的是大批大量生产的场合，如汽车、拖拉机、电机、阀门和缝纫机等行业。此外，一些中小批量生产的企业，如机床制造厂等，为了保证加工质量，也采用组合机床来完成某些重要零件的关键加工工序。随着组合机床技术水平的不断提高，组合机床的应用将会更加广泛。

（二）组合机床的配置型式

1. 单工位组合机床

单工位组合机床的工作特点，是加工过程中工件位置固定不变，由动力部件移动来完成各种加工。这类机床能保证较高的相互位置精度，它特别适合于大、中型箱体类零件的加工。单工位组合机床根据工件加工表面的分布情况不同，其配置型式如图 5-22 所示，有卧式（图 5-22a、b 和 c）、立式（图 5-22d）、倾斜式（图 5-22f）和复合式（图 5-22e、f）等。

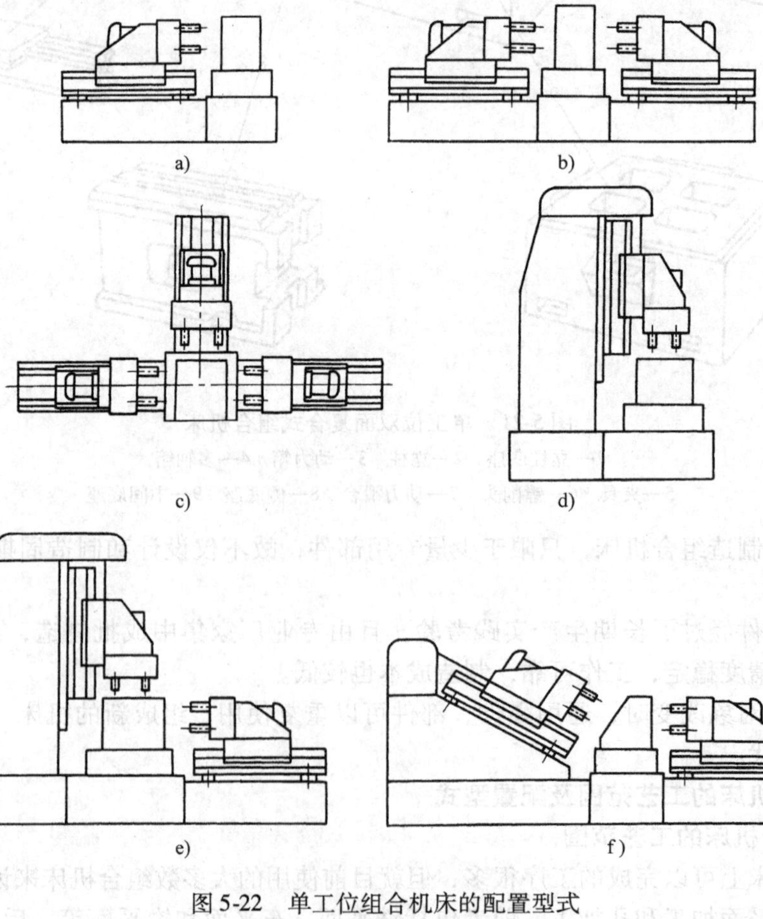

a)　b)　c)　d)　e)　f)

图 5-22　单工位组合机床的配置型式

2. 多工位组合机床

多工位组合机床的工作特点，是工件在加工过程中，按预定的工作循环作周期移动或转动，以便顺次地在各个工位上，对同一加工部位进行多工步加工，或者对不同部位顺序进行加工，从而完成一个或数个面的比较复杂的加工工序。这类机床的生产效率比单工位组合机床高，但由于存在转位或移位所引起的定位误差，所以加工精度不如单工位机床，且结构复杂，造价较高，多用于大批量生产中比较复杂的中小型零件的加工。常见的多工位组合机床的配置型式如图 5-23 所示。图 5-23a 为移动工作台式组合机床，其工作台带动夹具和工件可先后在 2～3 个工位上，从单面或双面对工件进行加工。这种机床适用于加工孔间距较小的工件。图 5-23b 为鼓轮式组合机床，其夹具和工件装在可绕水平轴线周期转位的鼓轮上，从相对的两个方向对工件同时加工。与回转工作台式组合机床相比，它的结构较简单，重量较轻，但部件通用化程度和加工精度都较低。图 5-23c 为回转工作台式组合机床，在这类机床

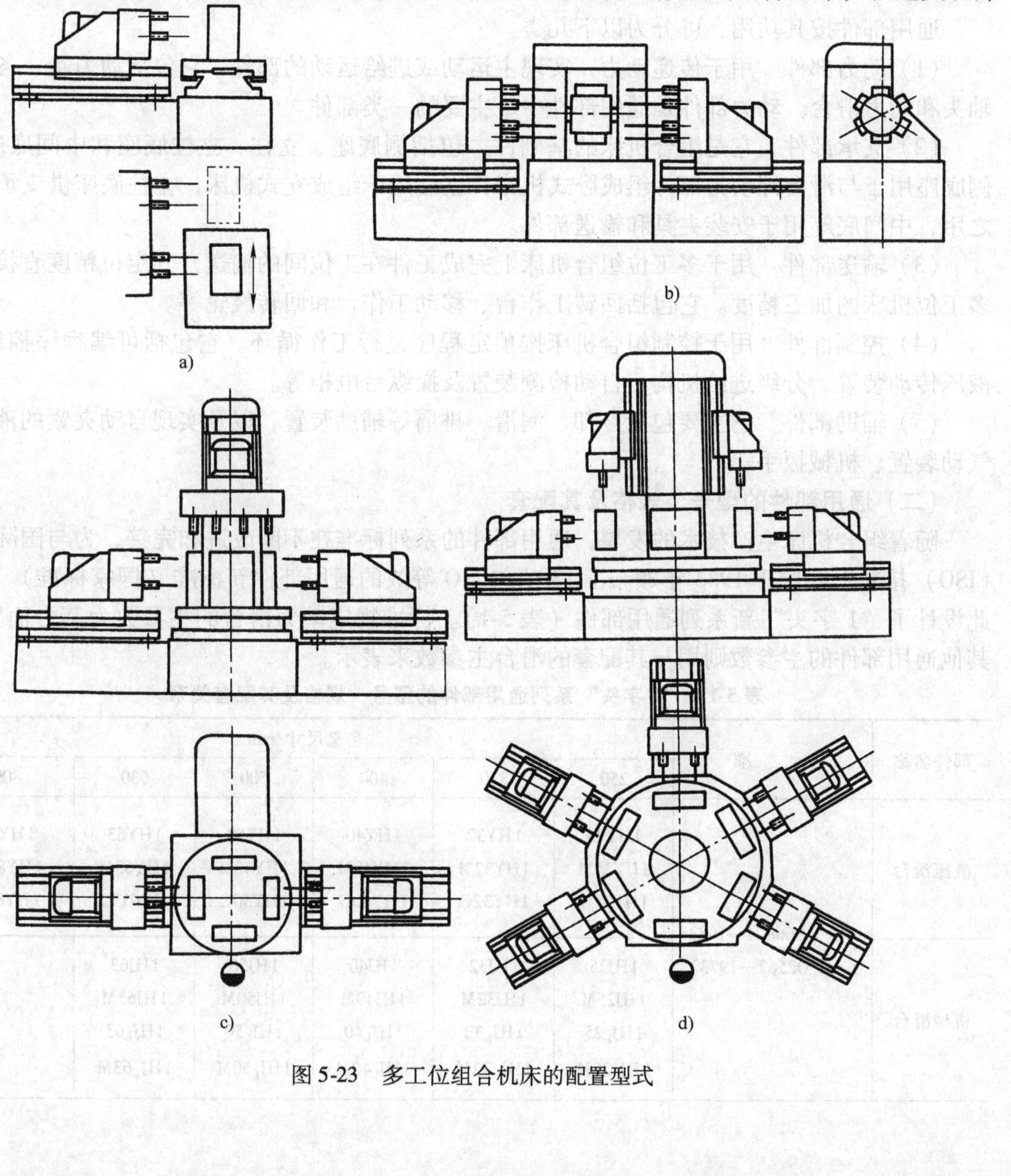

图 5-23 多工位组合机床的配置型式

上的回转工作台绕垂直轴线周期转位，使得工件在三个工位上完成不同的加工工序，另一工位为装卸工位。图5-23d为中央立柱式组合机床，这类机床的动力部件安装在工作台四周和中央立柱上，夹具和工件装在回转工作台上，工作台绕中央立柱转位，依次进行加工。这类机床的工位数很多，工序集中程度高，但结构复杂。

三、组合机床的通用部件及其配套

（一）通用部件的分类

通用部件是具有特定功能、按标准化、系列化、通用化原则设计制造的组合机床基础部件。它有统一的主要技术参数和联系尺寸标准，在设计制造各种组合机床时，可以互相通用。组合机床的通用化程度是衡量其技术水平的重要标志。

通用部件按其尺寸大小不同，可分为大型和小型两类。它们通常指动力滑台台面宽度$B \geqslant 200$mm和$B<200$mm的动力部件及其配套部件。

通用部件按其功用，可分为以下几类。

（1）动力部件　用于传递动力，实现主运动或进给运动的部件。它包括动力箱、各种单轴头和动力滑台。动力部件是通用部件中最主要的一类部件。

（2）支承部件　它是组合机床的基础件，包括侧底座、立柱、立柱底座和中间底座等。侧底座用于与滑台等动力部件组成卧式机床，立柱用于组成立式机床，立柱底座供支承立柱之用，中间底座用于安装夹具和输送部件。

（3）输送部件　用于多工位组合机床上完成工件在工位间的输送，其定位精度直接影响多工位机床的加工精度。它包括回转工作台、移动工作台和回转鼓轮等。

（4）控制部件　用于控制组合机床按预定程序进行工作循环。它包括可编程序控制器、液压传动装置、分级进给机构、自动检测装置及操纵台电柜等。

（5）辅助部件　它主要包括冷却、润滑、排屑等辅助装置，以及实现自动夹紧的液压或气动装置、机械扳手等。

（二）通用部件的型号、规格及其配套

随着组合机床生产技术的发展，通用部件的系列标准在不断改进和完善，为与国际标准（ISO）接轨，我国于1983年颁布了13项与ISO等效的通用部件新标准（国家标准）。并据此设计了“1字头”新系列通用部件（表5-1）。标准规定动力滑台的主参数为其台面宽度，其他通用部件的主参数则用与其配套的滑台主参数来表示。

表5-1　“1字头”系列通用部件的型号、规格及其配套关系

部件名称	标　准	名义尺寸/mm					
		250	320	400	500	630	800
液压滑台	GB/T 3668.4—1983 （≈ISO2562—1973）	1HY25 1HY25M 1HY25G	1HY32 1HY32M 1HY32G	1HY40 1HY40M 1HY40G	1HY50 1HY50M 1HY50G	1HY63 1HY63M 1HY63G	1HY80 1HY80M 1HY80G
机械滑台		1HJ25 1HJ25M $1HJ_b25$ $1HJ_b25M$	1HJ32 1HJ32M $1HJ_b32$ $1HJ_b32M$	1HJ40 1HJ40M $1HJ_b40$ $1HJ_b40M$	1HJ50 1HJ50M $1HJ_b50$ $1HJ_b50M$	1HJ63 1HJ63M $1HJ_b63$ $1HJ_b63M$	

（续）

部件名称	标　　准	名义尺寸/mm					
		250	320	400	500	630	800
动力箱	GB/T 3668.5—1983 （≈ISO2727—1973）	1TD25	1TD32	1TD40	1TD50	1TD63	1TD80
侧底座	GB/T 3668.6—1983 （≈ISO2769—1973）	1CC251 1CC2521 1CC251M 1CC252M	1CC321 1CC322 1CC321M 1CC322M	1CC401 1CC402 1CC401M 1CC402M	1CC501 1CC502 1CC501M 1CC502M	1CC631 1CC632 1CC631M 1CC632M	1CC801 1CC802 1CC801M 1CC802M
立柱	GB/T 3668.8—1983 （≈ISO 2934—1973）	1CL25 1CL25M $1CL_b25$ $1CL_b25M$	1CL32 1CL32M $1CL_b32$ $1CL_b32M$	1CL40 1CL40M $1CL_b40$ $1CL_b40M$	1CL50 1CL50M $1CL_b50$ $1CL_b50M$	1CL63 1CL63M	
铣削头		1TX25 1TX25G	1TX32 1TX32G	1TX40 1TX40G	1TX50 1TX50G	1TX63 1TX63G	1TX80 1TX80G
钻削头	GB/T 3668.9—1983 （≈ISO 3590—1976）	1TZ25	1TZ32	1TZ40			
镗削头与车端面头		1TA25 1TA25M	1TA32 1TA32M	1TA40 1TA40M	1TA50 1TA50M	1TA63 1TA63M	

注：1. 机械滑台型号中，1HJ××型使用滚珠丝杠传动；$1HJ_b$××型使用铜螺母，普通丝杠传动。
2. 侧底座型号中，1CC××1型高度为560mm；1CC××2型高度为630mm。
3. 立柱型号中，$1CL_b$××型与机械滑台配套使用；1CL××型与液压滑台配套使用。
4. 标准中：ISO为国际标准化组织的标准，“≈”符号表示等效采用。

通用部件型号的表示方法为

△ □ □ △△ △△△ □-□ □

- 结构特性代号（用A、B…表示）
- 型别代号（用罗马数字Ⅰ、Ⅱ…表示）
- 精度等级代号（普通级不标、精密级M、高精密级G）
- 与基本尺寸有关的参数（用1~3位阿拉伯数表示）
- 主参数（取滑台宽度名义尺寸的前两位数）
- 结构变化字母（用a、b、c…表示，基型结构a不写）
- 通用部件字头（用大写汉语拼音字母表示）
- 改进设计顺序号（以阿拉伯数字1、2、3…顺序表示）

通用部件字头为

液压滑台　HY
机械滑台　HJ
铣削头　TX
钻削头　TZ

3 的夹紧和松开，由两个夹紧液压缸 11 通过活塞杆带动两楔块 10 移动来实现。铣削头加工完毕后返回的让刀运动（即主轴带着刀具一起沿轴向后退一定距离，以防止划伤已加工表面和防止刀具后刀面的磨损），由让刀液压缸 2 通过活塞杆带动法兰盘 1 和滑套 3（两者用螺钉固定联接）向后移动来实现。让刀时，法兰盘 1 同时还带动与其固定联接的螺杆 5 及螺母套 8 一起后退（螺母套 8 左端的调整螺母 9 与螺母套 8 的左推力支承之间，事先调整好让刀行程所需的距离）；让刀结束时，螺杆 5 上的挡铁 4 压下微动开关（图上未表示），发出让刀完成的信号。加工开始前，让刀液压缸 2 驱动法兰盘 1 向前复位时，复位完成的信号由螺杆 5 上的挡铁 6 压动另一微动开关来发出。让刀机构还可实现二次进刀运动。例如，在粗加工后，刀具可自动向前移动一定距离以便继续进行精加工。为获得要求的工件尺寸，需对主轴工作时的轴向位置进行调整（对刀调整）。调整时先松开锁紧螺母 7，再转动螺母套 8，由于在让刀液压缸 2 的作用下，螺母套 8 的轴向位置是固定的，从而迫使螺杆 5 作轴向移动，并通过法兰盘 1、滑套 3 带动主轴移动至所需的准确轴向位置。

3. 动力箱

动力箱是主运动的驱动装置，它与多轴箱配套使用并通过多轴箱将动力传递给刀具主轴，实现多轴同时加工。

图 5-29 所示为 1TD 系列齿轮传动的动力箱结构。电动机经一对齿轮 1 传动驱动轴 2 旋转，再由驱动轴 2 经齿轮（图上未表示）将动力传给多轴箱。同一规格的动力箱，按其配套的电动机型号不同，可分为几种不同型式，分别具有不同的输出功率和驱动轴转速。

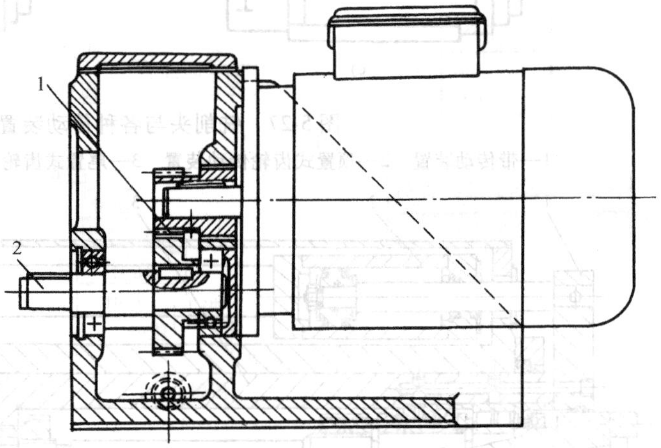

图 5-29 1TD 系列齿轮传动动力箱结构
1—齿轮 2—驱动轴

习题与思考题

5-1 各类机床中，可用来加工外圆表面、内孔、平面和沟槽的各有哪些机床？它们的适用范围有何区别？

5-2 摇臂钻床可实现哪几个方向的运动？

5-3 卧式铣镗床可实现哪些运动？

5-4 单柱、双柱及卧式坐标镗床在布局上各有什么特点？它们各适用于什么场合？

5-5 写出如图 5-11 所示被加工表面的名称及所使用的刀具，分别说明加工这些表面可采用哪种（或哪几种）类型的铣床为宜。

5-6 刨削加工有何特点？拉削加工有何特点？

5-7 单工位组合机床和多工位组合机床各有何特点？它们的适应范围怎样？

第六章 数控机床

第一节 概 述

在机械制造业中，大批大量生产时常采用专用机床、组合机床、专用自动线等并配以相应的工装，这些设备的初期投资费用大、生产准备时间长，并且不适应产品的更新换代。单件小批生产时，由于产品多变而不宜采用专用机床，常采用通用机床和专用工装，这种生产方式劳动强度大，效率低，并且加工精度难以保证。特别是在国防、航空、航天和深潜等部门，其零件的精度要求非常高，几何形状也日趋复杂，且改型频繁，生产周期短，这就要求加工这些零件的机床不但具有高的精度和自动化程度，而且还要具有很好的“柔性”，使其能迅速适应不同零件的加工。数控机床就是在这样的背景下产生和发展起来的一种新型自动化机床，它较好地解决了小批量、品种多变化、形状复杂和精度高的零件的自动化加工问题。

数控机床，也称数字程序控制机床。它是一种以数字量作为指令信息形式，通过电子计算机或专用电子计算装置，对这种信息进行处理而实现自动控制的机床。它综合应用了电子计算机、自动控制、精密测量、伺服驱动和先进机械结构等多方面的新技术成果，是一种柔性好、效率高的自动化机床。数控机床自从20世纪50年代初期问世以来，已取得了飞速发展，特别是近些年来，随着计算机技术，特别是微型计算机技术的发展及其在数控机床上的应用，机床数控技术正从普通数控（NC）向计算机数控（CNC）发展。一个国家数控机床的拥有量（相对值），标志着这个国家机械制造业的现代化程度。

一、数控机床的工作原理及插补原理

1. 数控机床的工作原理

数控机床加工零件时，操作者首先应按照零件图样的要求，用规定的代码和程序格式，编制加工程序，即把人的意图转变为数控机床能接受的指令信息（即指令脉冲）；然后把这种信息记录在信息载体（如穿孔纸带、磁带或磁盘上，输送给数控装置，由数控装置对输入的信息进行处理后，部分指令信息经伺服系统驱动机床的执行件（刀架或工作台）实现进给运动，另一部分指令则直接控制机床其他必要的动作（如主轴的变速、换向和起停；刀具的选刀和换刀；冷却泵的起停等），使刀具与工件能严格地按照加工程序规定的动作顺序、运动轨迹和切削参数进行工作，从而加工出符合图样要求的零件。数控机床加工零件的过程如图6-1所示。

2. 插补原理

在数控机床上加工零件时，由伺服系统接受数控装置送来的指令脉冲，并将其转化为执行件（工作台或刀架）的位移。每一个脉冲可使执行件沿指令要求的方向走过一小段直线距离（0.01~0.001mm），这个距离称为“脉冲当量”。加工时执行件沿每个坐标的运动都是根据脉冲当量一步一步完成的，因此执行件的运动轨迹是一条折线。为了保证执行件以一定的折线轨迹逼近所要加工的零件轮廓（曲线或曲面），必须根据被加工零件的要求准确地

向各坐标分配和发送指令脉冲信号，这个分配指令脉冲信号的方法称为“插补”。用折线轨迹代替光滑曲线，其精度取决于机床脉冲当量的大小，其值愈小，精度愈高。

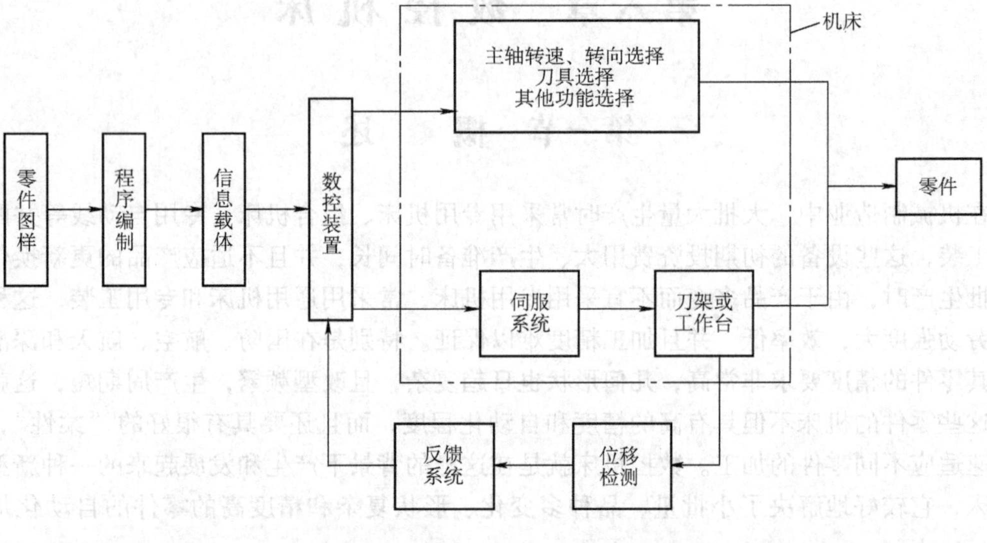

图 6-1　数控机床加工零件的过程

插补运算就是数控装置根据输入的基本数据（直线的起点和终点坐标值，圆弧的起点、圆心、半径和终点坐标值等），计算出一系列中间加工点的坐标值（数据密化），使执行件在两点之间的运动轨迹与被加工零件的廓形相近似。

数控机床中常用的插补运算方法有逐点比较法，数字积分法和时间分割法等。现以逐点比较法为例夹说明插补运算的过程，其运算框图如图 6-2 所示。

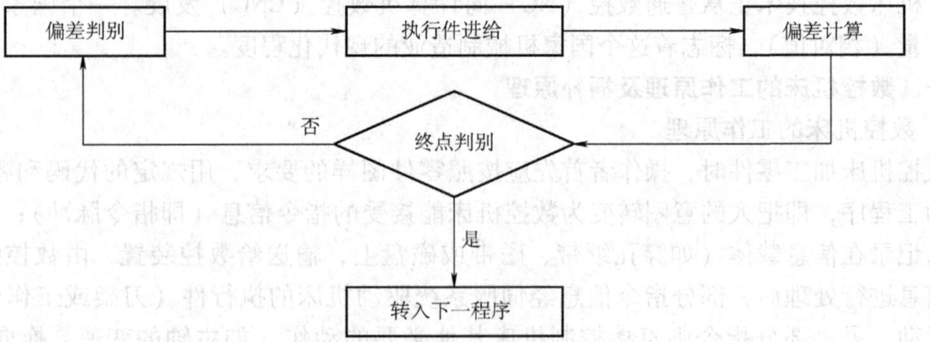

图 6-2　插补运算框图

偏差判别——判断加工点（刀尖）对零件廓形的偏离位置，计算偏差值：

刀架（或工作台）进给——根据偏差值的大小及方向，加工点进给一步（一个脉冲当量）。向规定的廓形靠拢；

偏差计算——计算在新的位置上的偏差值；

终点判别——每走一步均需计算加工点是否到达终点位置。若是，则停止加工，输入下一段指令；若不是，则继续上述循环过程。

现在的问题是如何表达直线和圆弧这两种情况的偏差值，以及这一偏差值的具体计算方法。

（1）直线插补　如图 6-3 所示，设被加工的直线 OA 在第Ⅰ象限，其起点为坐标原点 O，

终点坐标为 $A(X_e, Y_e)$，现加工点为 $P(X_i, Y_i)$，如果加工点 P 落在直线 OA 上，则有

$$\frac{Y_i}{X_i}=\frac{Y_e}{X_e}$$

由此可得直线 OA 的方程式为

$$F=Y_iX_e-Y_eX_i=0$$

式中，F 表示偏差，根据 F 的值就可以判别加工点 P 偏离直线 OA 的情况，也就是当 $F>0$ 时，P 点在直线的上方；当 $F<0$ 时，P 点在直线的下方；当 $F=0$ 时，P 点在直线上。

由图6-3可知，当 P 点在直线上或其上方时（$F\geqslant0$），为减少误差规定向 $+X$ 方向发一个脉冲，使刀具沿 $+X$ 方向走一步（即一个脉冲当量值）。以逼近直线 OA；当 P 点在直线下方时（$F<0$），规定向 $+Y$ 方向发一个脉冲，使刀具沿 $+Y$ 方向走一步，以逼近直线 OA。就这样从直线的起点 O 开始，走一步，算一步，然后判别偏差 F 的大小，继续下一循环。当两个方向所走的步数和终点 A 的坐标值相等时，则发出终点到达信号，停止插补运算，输入或执行下道工序指令。

（2）圆弧插补　如图6-4所示，设逆时针圆弧 $\overset{\frown}{AB}$ 的中心 O 为坐标原点，半径为 R，起点为 $A(X_o, Y_o)$，终点为 $B(X_e, Y_e)$，现加工点为 $P(X_i, Y_i)$。若加工点落在圆弧 $\overset{\frown}{AB}$ 上，则有

$$X_i^2+Y_i^2=R^2$$

即

$$F=X_i^2+Y_i^2-R^2=0$$

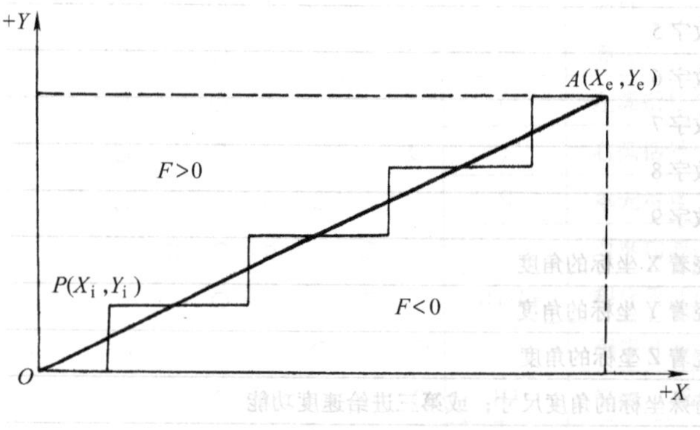

图6-3　直线插补

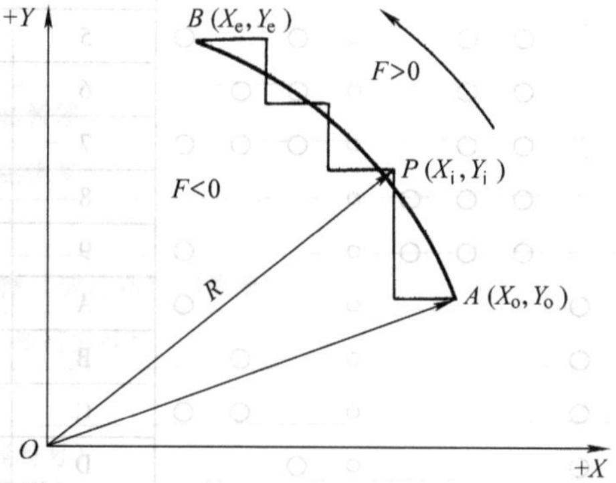

图6-4　圆弧插补

由此可见，圆弧插补的偏差值是根据加工点的半径（$X_i^2+Y_i^2$）与圆弧半径 R^2 之差来确定的。当 $F\geqslant0$ 时，加工点 P 在圆上或圆外，为减少误差规定向 $-X$ 方向发一个脉冲，使刀具向圆弧内进给一步；当 $F<0$ 时，加工点 P 在圆内，规定向 $+Y$ 方向发一个脉冲，使刀具向圆外进给一步。就这样每走一步进行一次计算和偏差判别，直至走到圆弧终点为止。

对于不同象限和不同走向的直线或圆弧，其偏差 F 的计算公式是不相同的，但计算方法相同。

综上所述，也就说明了为什么脉冲当量值愈小，加工精度就愈高的道理。

二、数控机床的组成

根据数控机床的工作原理，它一般由信息载体、数控装置、伺服系统和机床本体等四部

下单一功能的数控机床就不能满足要求了。为此出现了具有刀库和自动换刀装置的各种加工中心机床，如车削中心、镗铣加工中心等。车削中心用于加工各种回转体，并兼有铣、镗、钻等功能；镗铣加工中心用于箱体零件的镗、钻、扩、铰、攻螺纹和铣等工序。加工中心机床具有更强的柔性。

四、数控机床编程的基本概念

1. 数控机床的坐标系

在数控机床上加工零件时，刀具与工件的相对运动必须在确定的坐标系中，才能按照规定的程序进行加工。为了简化程序的编制方法，并使其具有互换性，数控机床的坐标轴和运动方向均已标准化，详见 JB/T 3051—1999《数控机床坐标和运动方向的命名》标准（它与 ISO841—1974 等效）。图 6-8 所示为数控车床、数控铣床和数控龙门刨床的坐标系。

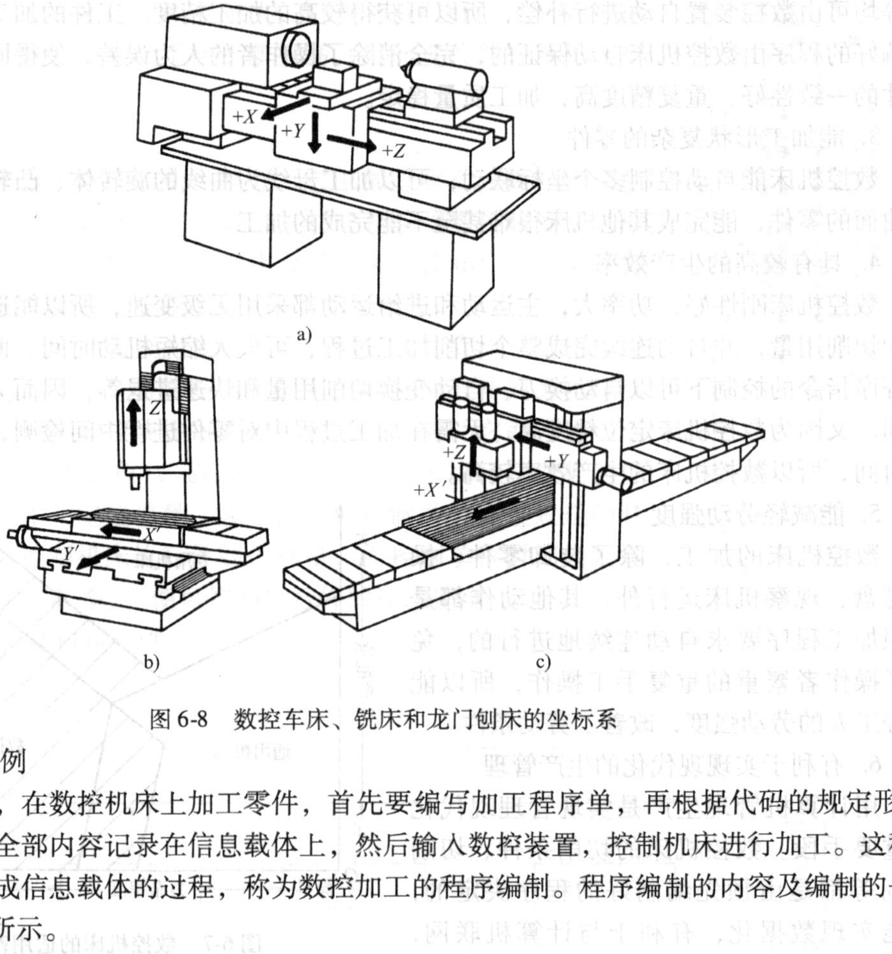

图 6-8 数控车床、铣床和龙门刨床的坐标系

2. 编程实例

如前所述，在数控机床上加工零件，首先要编写加工程序单，再根据代码的规定形式，将程序单中的全部内容记录在信息载体上，然后输入数控装置，控制机床进行加工。这种从零件图样到制成信息载体的过程，称为数控加工的程序编制。程序编制的内容及编制的一般过程如图 6-9 所示。

下面以在数控车床上加工阶梯轴为例（图 6-10），说明程序编制的基本方法。

（1）根据工艺分析确定零件的加工过程　在图 6-10 中，以最后一次走刀为例，车刀移动的轨迹路线为 $A \to B \to C \to D \to E \to A$。

（2）进行坐标计算　并选取主轴转速和刀具进给速度　数控机床的程序编制可采用绝对坐标或增量坐标编程。本例采用增量坐标编程，即坐标系中任意一点的位置，都是以该点的坐标与相邻点的坐标之差的值来表示的。由图 6-10 可计算出各程序段的坐标增量值为

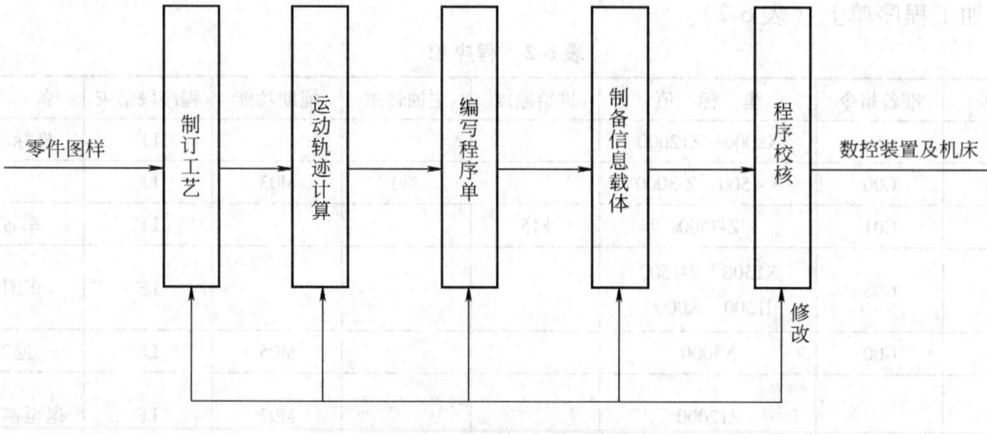

图 6-9 程序编制的一般过程

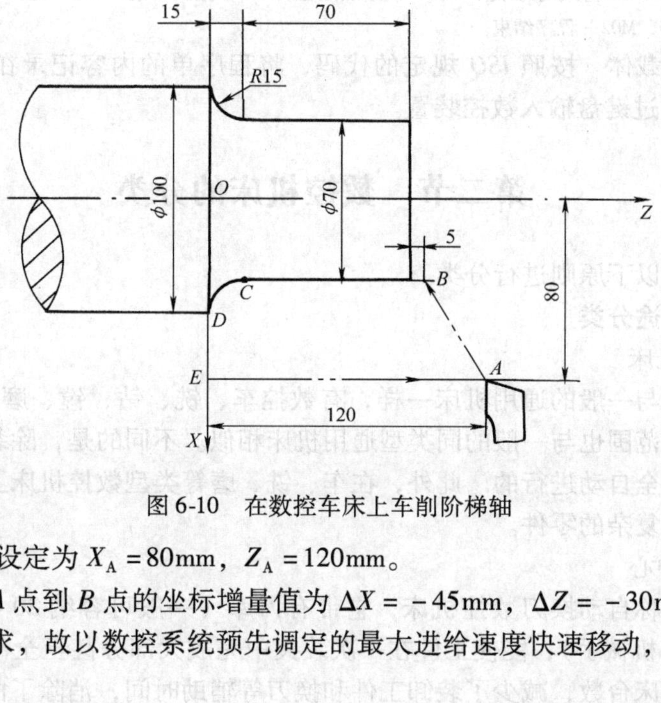

图 6-10 在数控车床上车削阶梯轴

1）A 点，坐标设定为 $X_A=80\text{mm}$，$Z_A=120\text{mm}$。

2）AB 段，从 A 点到 B 点的坐标增量值为 $\Delta X=-45\text{mm}$，$\Delta Z=-30\text{mm}$，由于这段不进行切削，无轨迹要求，故以数控系统预先调定的最大进给速度快速移动，即主轴以 S30 挡转速起动正转。

3）BC 段，其坐标增量值为 $\Delta X=0$，$\Delta Z=-75\text{mm}$；这段进行直线切削，进给速度选用 F15。

4）CD 段，坐标增量值为 $\Delta X=15\text{mm}$，$\Delta Z=-15\text{mm}$；这段为圆弧切削，圆心相对于坐标原点（即圆弧起点）C 的坐标值，X 轴为 $I=15\text{mm}$，Z 轴为 $K=0$。进给速度仍取 F15。

5）DE 段，坐标增量值为 $\Delta X=30\text{mm}$，$\Delta Z=0$；这段也不进行切削，以最大进给速度快速移动，主轴停止转动。

6）EA 段，坐标增量值为 $\Delta X=0$，$\Delta Z=120\text{mm}$；这段为刀架返回起始位置，仍以最大进给速度快速移动。

（3）编制加工程序单 先将上述坐标增量值换算成计数脉冲数（设机床的脉冲当量为 0.01mm/脉冲），然后连同选定的主轴转速、进给速度等参数一起，按照规定的程序格式，填写在加工程序单上（表6-2）。

表6-2 程序单

程序号	准备指令	坐标值	进给速度	主轴转速	辅助功能	程序段结束	备注
No01	G50	X8000 Z12000				LF	坐标设定
No02	G00	X-4500 Z-3000		S30	M03	LF	
No03	G01	Z-7500	F15			LF	车 $\phi70$
No04	G03	X1500 Z-1500 I1500 K0000				LF	车圆弧
No05	G00	X3000			M05	LF	退刀
No06		Z12000			M02	LF	退至换刀点

注：表中指令含义，G50—坐标系设定，G00—快速点定位，G01—直线切削，G03—逆圆弧切削，M03—主轴正转，M05—主轴停转，M02—程序结束。

（4）制备信息载体　按照*ISO*规定的代码，将程序单的内容记录在信息载体（如穿孔带）上，或直接通过键盘输入数控装置。

第二节　数控机床的分类

数控机床可按以下原则进行分类。

一、按工艺用途分类

1. 一般数控机床

这类数控机床与一般的通用机床一样，有数控车、铣、钻、镗、磨和齿轮加工机床等。其加工方法、工艺范围也与一般的同类型通用机床相似。不同的是，除装卸工件外，这类机床的加工过程是完全自动进行的。此外，在车、铣、磨等类型数控机床上，还可以加工精度要求更高、形状更复杂的零件。

2. 数控加工中心

这类机床也常称自动换刀数控机床，它带有刀库（一般可容纳20～120把刀具）和自动换刀装置（换刀机械手），能使工件在一次装夹中完成大部分甚至全部机械加工工序。因而，大大节约了机床台数，减少了装卸工件和换刀等辅助时间，消除了由于多次安装造成的定位误差，它比一般数控机床更能够实现高精度、高效率、高度自动化及低成本的加工。这也是近年来这类机床得以迅速发展的重要原因。

二、按控制运动的方式分类

1. 点位控制数控机床

这类机床只对加工点的位置进行准确控制。由于某些机床只是在刀具或工件到达指定位置（点）后才开始加工，而在运动过程中并不进行切削，即对运动轨迹和速度无要求（图6-11）。所以数控装置只控制机床执行件（工作台）从一个位置（点）准确地移动到另一个位置（点），至于两点之间的运动轨迹和运动速度可根据简单、可靠的原则自行确定，没有严格要求。这类控制系统主要用于数控钻床、数控镗床、数控冲床和测量机等。

2. 直线控制数控机床

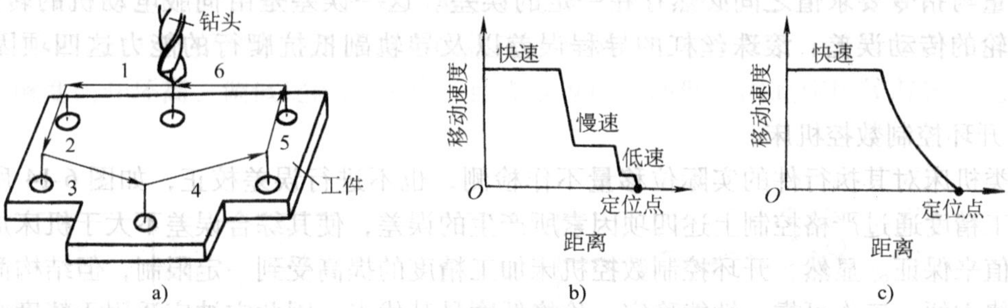

图 6-11 点位控制数控机床的加工方法

这类机床不仅要控制点的准确位置，而且还要保证两点之间的运动轨迹为一条直线，并按指定的进给速度进行切削。一般说来，其数控装置在同一时间只控制一个执行件沿一个坐标轴方向运动，但也可以控制一个执行件沿二个坐标轴方向运动以形成 45°斜线（图 6-12）。

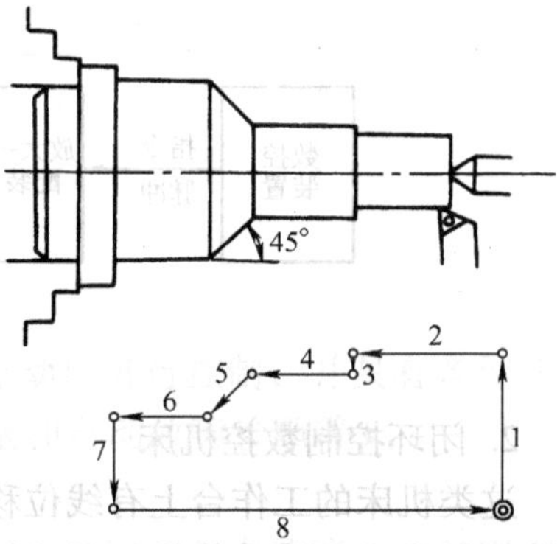

图 6-12 直线控制数控机床的加工方法

将点位控制和直线控制结合在一起，就成为点位—直线控制系统，数控车床、数控镗铣床及某些加工中心等大都采用这种控制系统。

3. 连续控制数控机床

又称轮廓控制数控机床，它能对两个或两个以上坐标轴同时运动的瞬时位置和速度进行严格的控制，从而加工出复杂形状的平面曲线或空间曲面（图 6-13）。这种机床应具有主轴速度选择功能、传动系统误差补偿功能、刀具半径或长度补偿功能、自动换刀功能等，如数控铣床、数控车床、数控磨床及加工中心机床等。

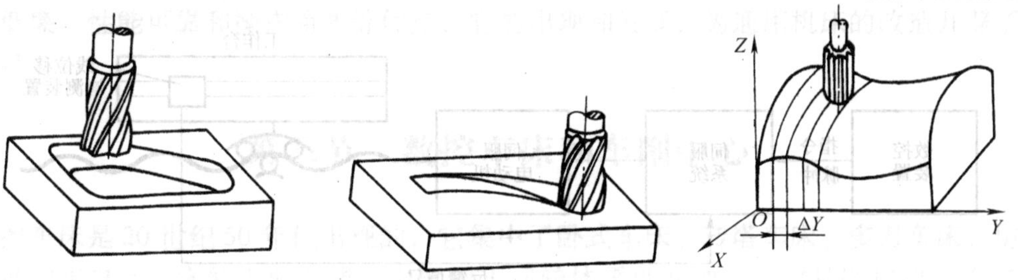

图 6-13 连续控制数控机床的加工方法

a）两坐标联动加工 b）三坐标联动加工

c）$2\frac{1}{2}$坐标加工（三坐标两联动加工）

三、按伺服系统的类型分类

由伺服系统控制的机床执行件（工作台或刀架），接受数控装置的指令运动时，其实

于锥销4已拔出，而联接5与3的螺钉（图上未画出）与孔之间存有间隙，转塔盘5可以稍微转动，经齿轮13和12使圆光栅也稍微转动，发出脉冲信号，使机床停机，这样就不致损坏端面齿盘。恢复也很方便，只要松开螺钉，插入定位销4以使转塔头恢复原位，并将机床停机的脉冲信号抵消就可以了。只有恢复原位后机床才能重新起动，此时，应将锥销4取出。

在转塔轴6的内孔中装有冷却管，它只有一个出口，只能与在加工位置上的刀具的切削液管接通，以便根据加工需要自动喷出切削液（也可不喷）对刀具进行冷却。

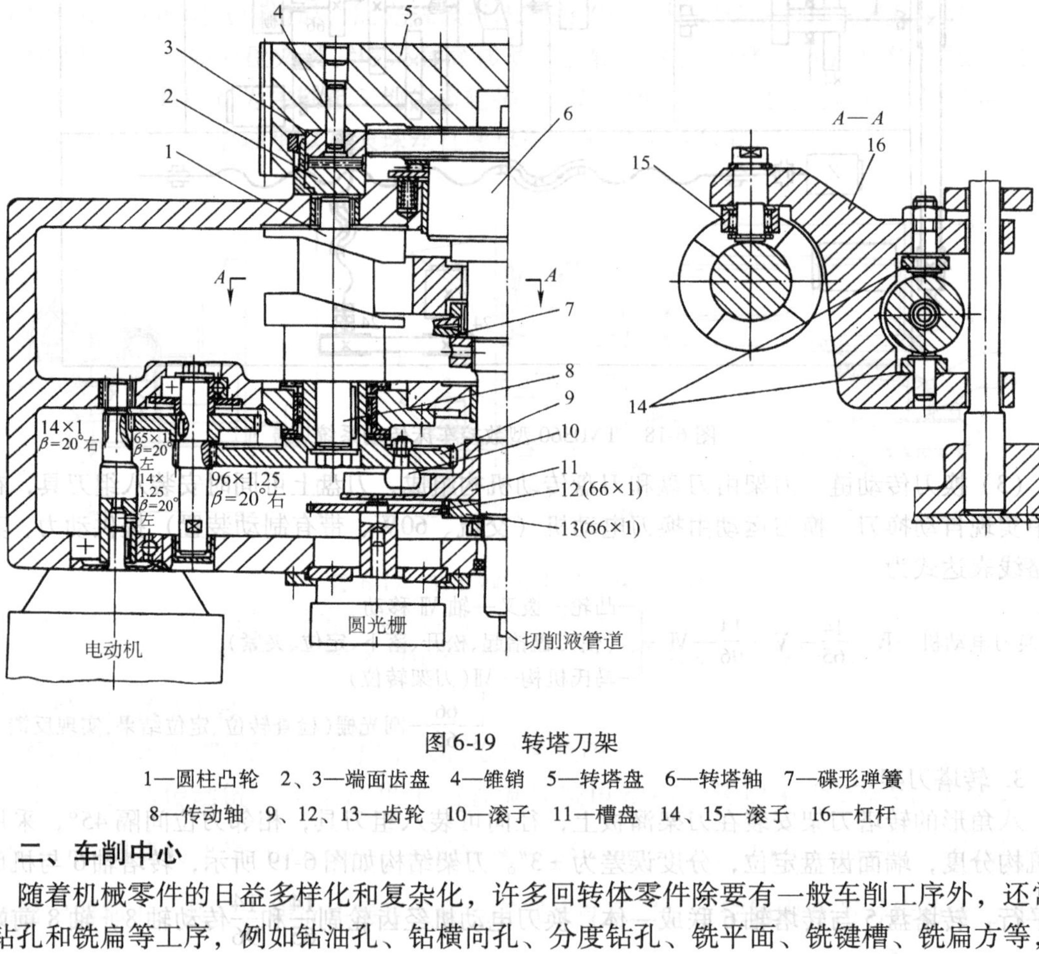

图6-19 转塔刀架

1—圆柱凸轮 2、3—端面齿盘 4—锥销 5—转塔盘 6—转塔轴 7—碟形弹簧 8—传动轴 9、12、13—齿轮 10—滚子 11—槽盘 14、15—滚子 16—杠杆

二、车削中心

随着机械零件的日益多样化和复杂化，许多回转体零件除要有一般车削工序外，还常要有钻孔和铣扁等工序，例如钻油孔、钻横向孔、分度钻孔、铣平面、铣键槽、铣扁方等，并要求最好能在一次装夹下完成。车削中心就是在此要求的基础上发展起来的一种工艺更广泛的数控机床。图6-20所示是车削中心能够完成的除车削外的其他部分工序（该图为俯视）。车削中心与数控车床的主要区别是①车削中心具有自驱动刀具（即具有自己独立的动力源的刀具），刀具主轴电动机装在刀架上，通过传动机构驱动刀具主轴，并可自动无级变速；②车削中心除实现旋转主运动外，还可作分度运动，以便加工零件圆周上按某种角度分布的径向孔或零件端面上分布的轴向孔。因此，车削中心的主轴还另设有一条单独的由伺服电动机直接驱动的传动链，以便对主轴的旋转运动进行伺服控制。按数控机床坐标系的规定，这样的主轴称为C轴。当对C轴进行单独控制时，可实现C轴的分度运动。当对C轴和Z轴进行联合控制时，便可以铣削零件上的螺旋槽。在对C轴实行控制时，应脱开它与原来的

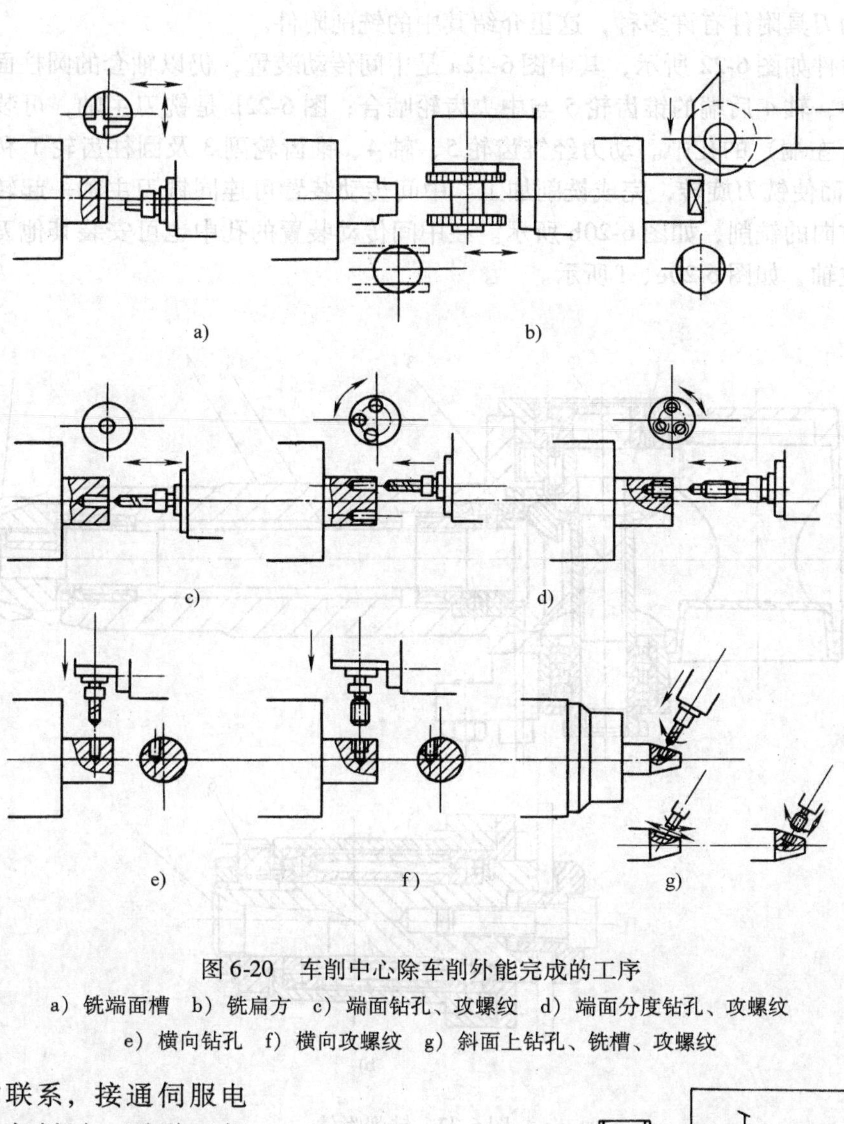

图 6-20　车削中心除车削外能完成的工序

a）铣端面槽　b）铣扁方　c）端面钻孔、攻螺纹　d）端面分度钻孔、攻螺纹

e）横向钻孔　f）横向攻螺纹　g）斜面上钻孔、铣槽、攻螺纹

主电动机的联系，接通伺服电动机；正常车削时，则脱开伺服电动机，接通主电动机。

图 6-21 所示是自驱动刀具的一种传动装置。传动箱 2 安装在转塔刀架体的上方，伺服电动机 3 通过锥齿轮副和同步带轮，传动位于转塔回转中心的空心轴 4 旋转，并带动中央锥齿轮 1 旋转。在各种自驱动刀具附件中，均有一个锥齿轮与中央锥齿轮 1 啮合，从而将伺服电动机的运动传给刀具主轴。

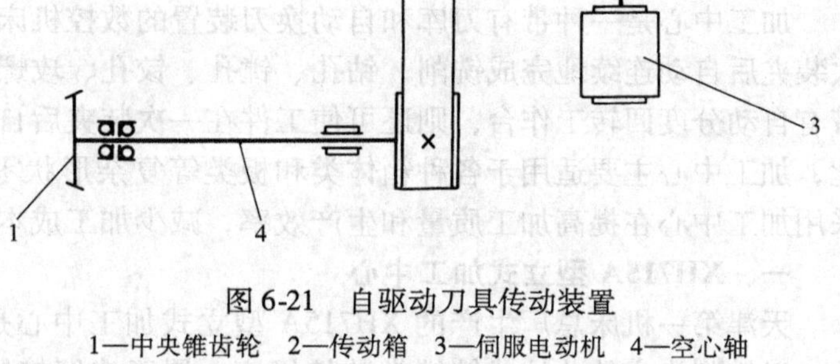

图 6-21　自驱动刀具传动装置

1—中央锥齿轮　2—传动箱　3—伺服电动机　4—空心轴

自驱动刀具附件有许多种，这里介绍其中的铣削附件。

铣削附件如图6-22所示，其中图6-22a是中间传动装置，仍以轴套的圆柱面A装入转塔的刀具孔中，轴4后端的锥齿轮5与中央齿轮啮合；图6-22b是铣刀主轴，可装入中间传动装置前端（左端）的孔中。动力经锥齿轮5、轴4、锥齿轮副3及圆柱齿轮1和6传至铣刀主轴7，从而使铣刀旋转，完成铣削加工。中间传动装置可连同铣刀主轴一起转动方向，以完成不同方向的铣削，如图6-20b所示。在中间传动装置的孔中也可安装其他刀具主轴，如钻孔攻丝主轴，如图6-20e、f所示。

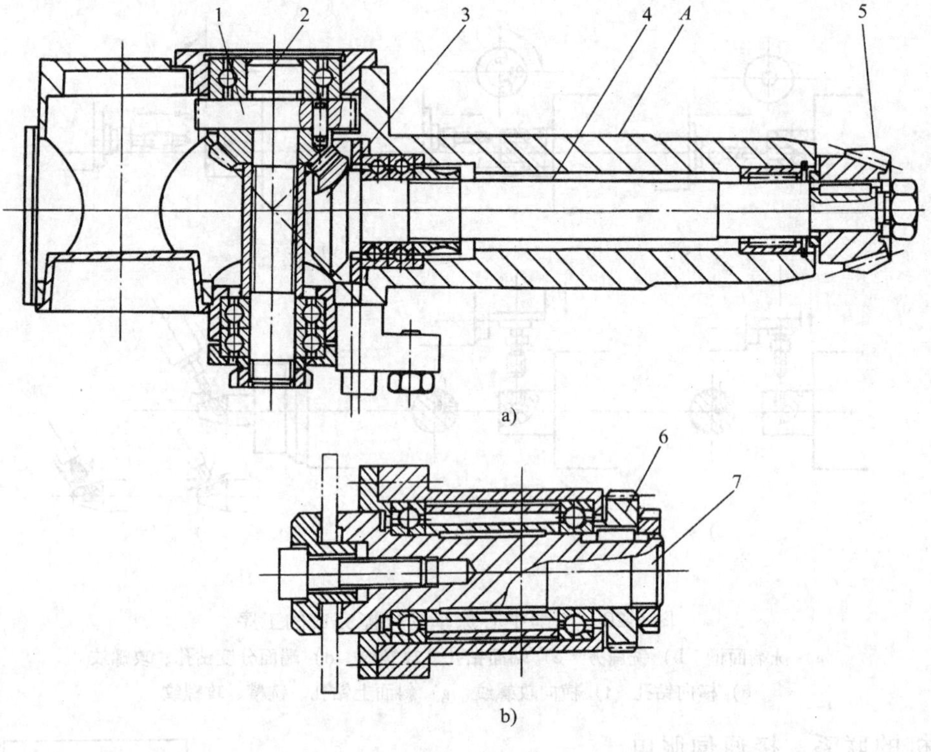

图6-22 铣削附件
1、6—圆柱齿轮 2、4—传动轴 3、5—锥齿轮 7—铣主轴

第四节 加工中心

加工中心是一种带有刀库和自动换刀装置的数控机床，通过自动换刀，它能使工件在一次装夹后自动连续地完成铣削、钻孔、镗孔、铰孔、攻螺纹、切槽等加工。如果加工中心再带有自动分度回转工作台，则还可使工件在一次装夹后自动完成多个平面的多工序加工。因此，加工中心主要适用于各种箱体类和板类等复杂形状零件的加工。与传统的机床相比较，采用加工中心在提高加工质量和生产效率，减少加工成本等方面，其效果都是很明显的。

一、XH715A型立式加工中心

天津第一机床总厂生产的XH715A型立式加工中心是一种带有水平刀库和换刀机械手的，以铣削为主的单柱式铣镗类数控机床，属于连续控制（三坐标）型。该机床具有足够的切削刚性和可靠的精度稳定性，其刀库容量为 20 把刀，可在工件一次装夹后，按程序自动完成铣、镗、钻、铰、攻螺纹及三维曲面等多种工序的加工，主要适用于机械制造、汽车、拖拉机、电子等行业中加工批量生产的板类、盘类及中小型箱体、模具等零件。

1. 机床的布局及其组成

XH715A 型立式加工中心机床的结构如图 6-23 所示，它采用了机、电、气、液一体化布局，工作台移动结构。其数控柜、液压系统、可调主轴恒温冷却装置及润滑装置等都安装在立柱和床身上，减少了占地面积，简化了机床的搬运和安装调试。由图 6-23 可见，滑座 2 安装在床身 1 顶面的导轨上，可作横向（前后）运动（*Y* 轴）；工作台 3 安装在滑座 2 顶面的导轨上，可实现纵向（左右）运动（*X* 轴）；在床身 1 的后部固定有立柱 4，主轴箱 5 在立柱导轨上可作垂直（上下）运动（*Z* 轴）。在立柱 4 左侧前部是圆盘式刀库 7 和换刀机械手 8，刀具的交换和选用是靠 PC 系统记忆，故采用随机换刀方式。在机床后部及其两侧分别是驱动电柜、数控柜、液压系统、主轴箱恒温系统、润滑系统、压缩空气系统和冷却排屑系统。操作面板 6 悬伸在机床的右前方，操作者可通过面板上的按键和各种开关按钮实现对机床的控制，同时，表示机床各种工作状态的信号也可以在操作面板上显示出来，以便于监控。

这种单柱、水平刀库布局的立式加工中心，具有外形整齐，加工空间宽广，刀库容量易于扩展等优点。

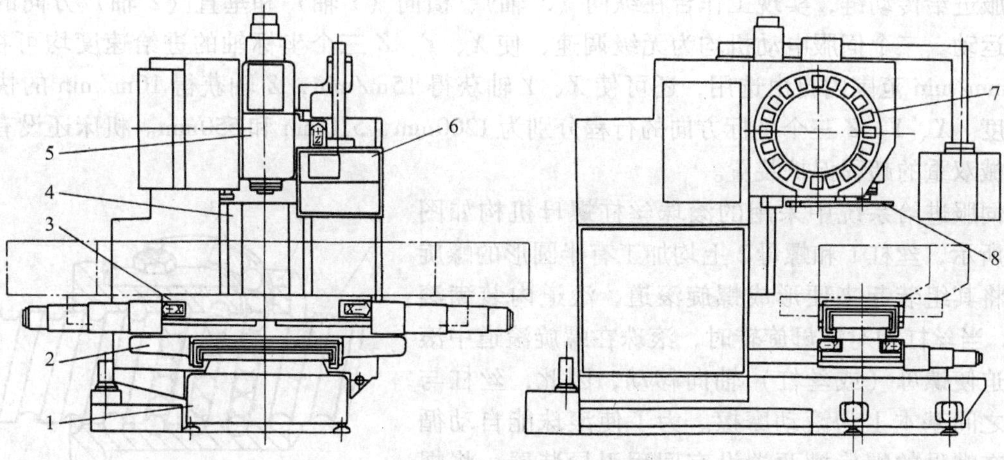

图 6-23 XH715A 型立式加工中心结构图

1—床身 2—滑座 3—工作台 4—立柱 5—主轴箱 6—操作面板 7—刀库 8—换刀机械手

2. 机床的运动及其传动系统

图 6-24 所示为 XH715A 型立式加工中心的传动系统，其主运动是主轴带动刀具的旋转运动，其他运动有 *X* 轴、*Y* 轴、*Z* 轴三个方向的伺服进给运动和换刀时刀库圆盘的旋转运动。各个运动的驱动电动机均可无级调速，所以，加工中心机床的传动系统是很简单的。

（1）主运动传动链　主运动电动机采用西门子交流伺服电动机，连续额定功率为 7.5kW，30min 过载功率可达 11kW。电动机可无级调速，其转速范围为 8～8000r/min。主轴箱采用高精度齿轮传动，运动从交流电动机分别经过两对齿轮带动主轴旋转。一组双联滑移齿轮的变速可使主轴获得高低两种速度范围，当齿轮传动比为 $1.09\left(\frac{28}{42}\times\frac{64}{39}\right)$ 时，主轴在 1635～5000r/min 范围内高速运转；当齿轮传动比为 $0.25\left(\frac{28}{42}\times\frac{28}{75}\right)$ 时，主轴在 20～1135r/min 范围内低速运转。双联滑移齿轮的移动由 PC 系统通过液压拨叉控制。该机床左后侧有一恒温系统，其作用是将恒温的润滑油输入主轴箱内，对主轴箱进行润滑，以保证主轴箱在恒温状态下工作，消除热变形对加工精度的影响。

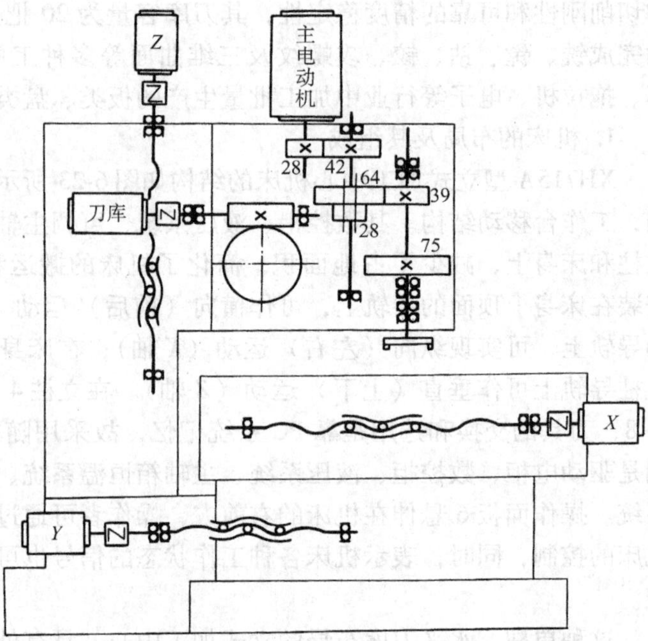

图 6-24 XH715A 型立式加工中心传动系统图

（2）伺服进给传动链 该加工中心有三条除滚珠丝杠长度不同外，其余结构基本相同的工作台伺服进给传动链，实现工作台在纵向（X 轴）、横向（Y 轴）和垂直（Z 轴）方向的伺服进给运动。三个伺服电动机均为无级调速，使 X、Y、Z 三个坐标轴的进给速度均可在 1～4000mm/min 范围内自由选用，还可使 X、Y 轴获得 15m/min，Z 轴获得 10m/min 的快速运动速度。X、Y、Z 三个坐标方向的行程分别为 1200mm、510mm 和 550mm。机床还设有电气和机械双重的超程保护装置。

伺服进给系统中采用的滚珠丝杠螺母机构如图 6-25 所示，丝杠 1 和螺母 2 上均加工有半圆形的螺旋槽，将其组装起来便形成螺旋滚道，滚道内装满滚珠 3。当丝杠相对螺母旋转时，滚珠在螺旋滚道中滚动，迫使螺母（或丝杠）轴向移动，因此，丝杠与螺母之间基本上为滚动摩擦。为了使滚珠能自动循环，在螺母的螺旋槽两端设有回程引导装置，将螺旋槽的两端连接起来，使滚珠能循环滚动。

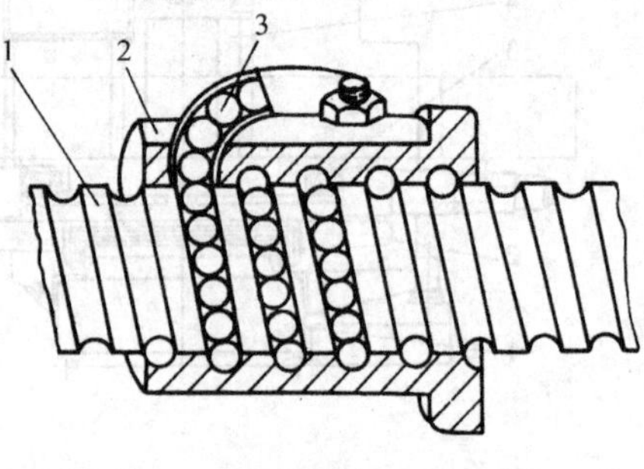

图 6-25 滚珠丝杠螺母
1—丝杠 2—螺母 3—滚珠

伺服电动机和滚珠丝杠之间是用特制的膜片弹性联轴器和锥形锁紧环相联接。如图 6-26 所示，左联轴套 2 与电动机轴 10 和右联轴套 9 与滚珠丝杠 8 各由两套锥形锁紧环摩擦联接，传递转矩用的柔性片 4 分别用螺钉和球面垫圈 3、5 与两边的联轴套 2、9 相连，锥形锁紧环每套两环（图 6-26 放大图），内环为内柱外锥，外环为内锥外柱，轴向移动压圈 1、7（由螺钉 11 控制），即在外环大端处施以大的轴向力，则锥面处即产生极大的摩擦涨力，从而把轴与轴套联成一体。采用这种结构不用开键槽，没有间隙，电动机轴与滚珠丝杠可相转任意角度，两端的位置偏差还可由柔性片 4 的变形来补偿。

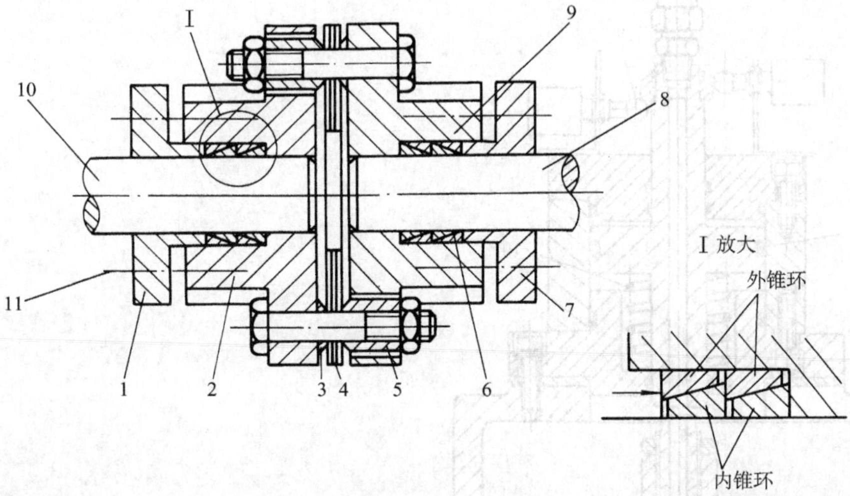

图 6-26 膜片弹性联轴器和锥环

1、7—压圈 2、9—联轴套 3、5—球面垫圈 4—柔性片

6—锥环 8—滚珠丝杠 10—电动机轴 11—螺钉

此外，在 X、Y、Z 三个坐标方向上作进给运动的导轨副，均采用氟化乙烯贴塑导轨，并由间歇润滑泵对这些导轨的运动表面进行润滑，使其具有精度高、耐磨性好，低速时无爬行等特点。

(3) 刀库圆盘旋转传动链 伺服电动机的运动经十字滑块联轴器传至双导程蜗杆并驱动蜗轮，带动刀库圆盘及刀套旋转，旋转的角度由数控指令控制。

3. 主轴部件

主轴部件如图 6-27 所示。主轴前后支承采用了专用主轴轴承组，并采用高性能的 NPU 润滑脂进行润滑，以适应高精度、高刚度、高转速的要求。

由于加工中心机床具有自动换刀功能，所以其主轴孔内设有刀具的自动夹紧机构。它由弹力卡爪 3、拉杆 4、碟形弹簧组 5 和液压缸活塞 7 等组成。标准的刀具夹头 2 是拧紧在刀柄内的。弹力卡爪 3 由两瓣组成，装在拉杆 4 的下端。当需要夹紧刀具时，液压缸的上腔回油，活塞 7 的上端无油压，圆柱弹簧 10 作用使活塞 7 上移至图 6-27 所示位置，拉杆 4 在碟形弹簧组 5 的作用下也向上移动至图 6-27 所示位置。卡爪 3 在随拉杆 4 上移时，其下端的外锥面 A 与套 11 的锥孔相配合，使卡爪 3 收紧，从而夹紧刀杆 2。松开刀具时，液压缸的上腔进油，液压力使活塞 7 向下移动，推动拉杆 4 也向下移动，使弹力卡爪 3 及其外锥面 A 下移，当移至主轴孔径的较大处时，便松开刀具。松刀控制信号由两个行程开关 9 和 8 来完成，主轴松刀到位时由开关 9 发出信号，表示此时可以拔刀；活塞 7 后退到位时由开关 8 发出信号，表示刀具已处于夹紧状态（主轴上无刀时除外）。弹力卡爪 3 与刀杆 2 为面接触，接触应力较小，不易压溃。

刀具夹紧机构用弹簧夹紧、液压放松，可以保证在工作中如果突然停电，刀杆不会自行松脱。此外，还解决了液压缸活塞可不必和主轴一起转动的问题。

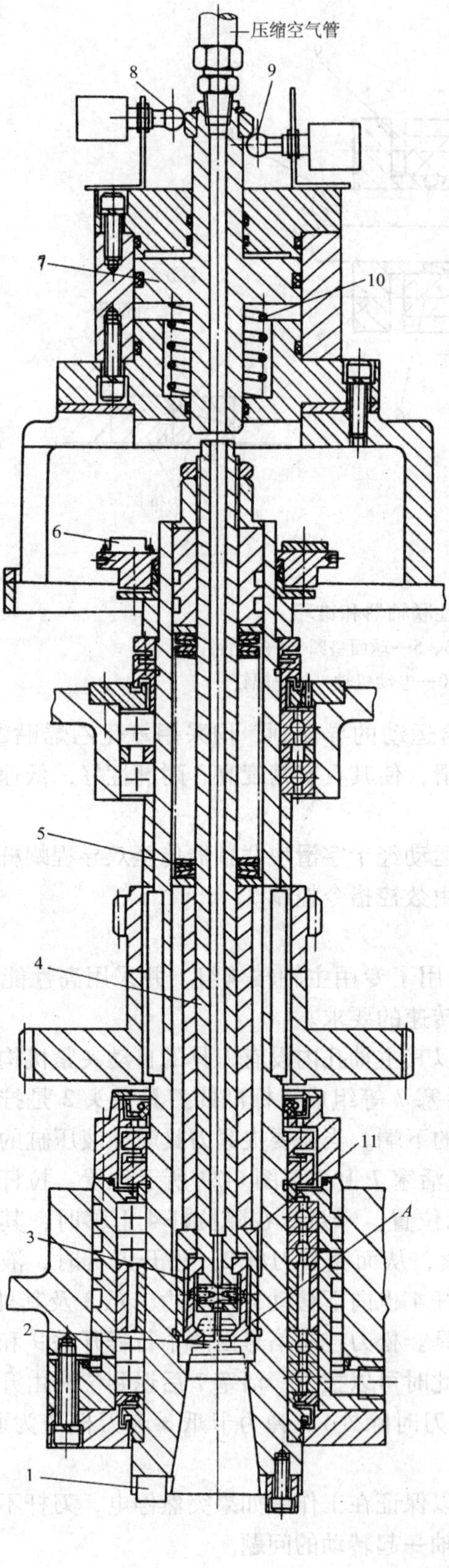

图 6-27 主轴部件

1—端面键 2—刀杆 3—弹力卡爪 4—拉杆 5—碟形弹簧组 6—发磁体 7—液压缸活塞 8、9—行程开关 10—圆柱弹簧 11—套

活塞杆孔的上端装有通气管，可通入压缩空气。换刀时，当机械手把刀具从主轴中拔出后，压缩空气通过活塞杆和拉杆的中间孔吹净主轴锥孔内的粉尘和脏物，以防止装刀时刀柄将主轴锥孔内表面划伤，并保证刀柄与锥孔紧密贴合。

主轴与刀杆，靠锥面定心，由两个端面键1传递转矩。两个端面键固定在主轴前端面上，可嵌入刀杆的两个缺口内。自动换刀时，必须保证主轴上的端面键对准刀杆上的缺口，这就要求主轴在换刀时能准确地停在一定的周向位置上。该机床主轴的准停是采用了三线接近开关，其原理是在开关内部有一个振荡线圈，当在适当的距离内有一个磁体经过时，可改变其电感量，使之振荡频率也改变，并输出一个电压给PC系统使主轴准停。主轴后部的发磁体6即是用于实现主轴准停的。

4. 刀库和换刀机械手

刀库和换刀机械手组成机床的自动换刀装置，它位于主轴箱的左侧面。圆盘式刀库如图6-28所示，由伺服电动机经十字滑块联轴器和蜗杆蜗轮副，带动刀库圆盘1旋转（圆盘1上有20个刀座2），可以使刀库圆盘1上任意一个刀座转到最下方的换刀位置。刀座2在刀库上处于水平位置，但主轴是立式的，因此，应使处于换刀位置的刀座旋转90°，使刀头向下。这个动作是靠液压缸完成的，液压缸的活塞杆（未画出）带动拨叉3上升时，拨叉3向上拉动滚轮6，使刀座2连同刀具一起绕转轴5逆时针旋转至垂直向下的位置。这时，此刀座2中的刀具正好和主轴中的刀具处于等高的位置，可由换刀机械手进行换刀。刀座2的结构如图6-28b所示，刀座锥孔的尾部有两个球头销钉7，后有弹簧，用以夹住刀具，使刀座2旋转90°后刀具不会下落。刀座顶部的滚子4用以在刀座处于水平位置时支承刀座。

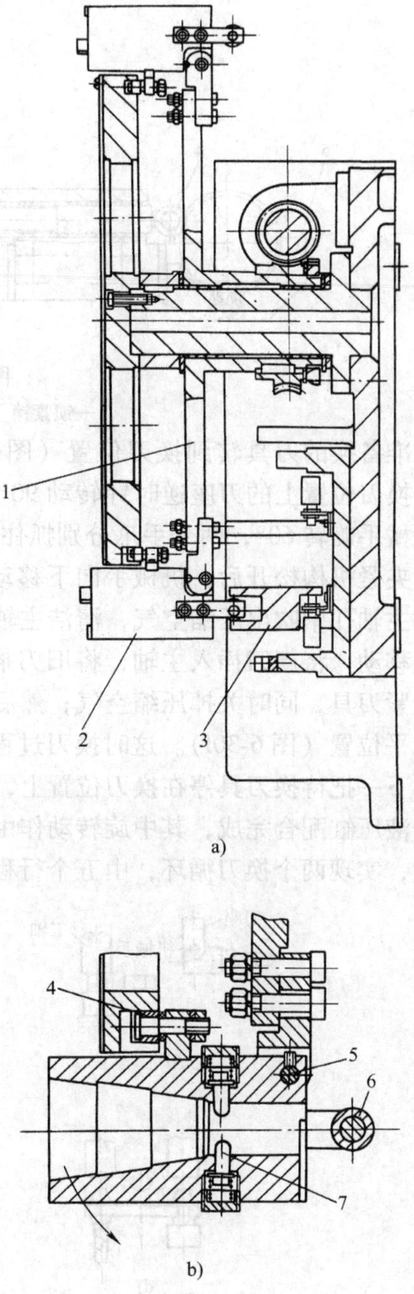

图6-28 刀库

1—圆盘 2—刀座 3—拨叉 4—滚子 5—转轴 6—滚轮 7—销钉

机械手臂和手爪的结构如图6-29所示。手臂的两端各有一个手爪，刀具被带弹簧3的活动销4顶靠在固定爪5中。锁紧销1被弹簧3弹起，使活动销4被锁住，不能后退，这就保证了在机械手运动过程中，手爪中的刀具不会被甩出。当手臂绕垂直轴转过60°时，锁紧销1被挡块（未画出）压下，活动销4就可以活动，使得机械手可以抓住（或放开）主轴或刀座中的刀具，以便换刀。

自动换刀的动作过程如图6-30所示。在机床加工时，刀库预先按程序中的刀具指令，

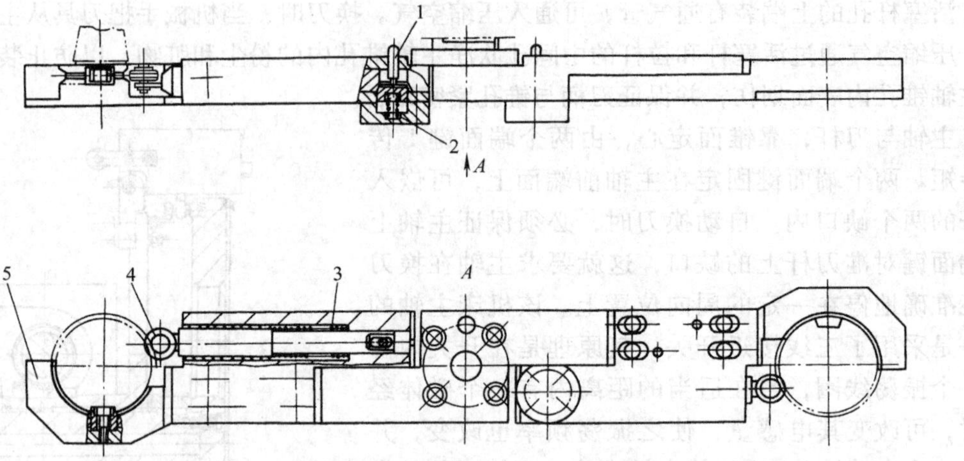

图 6-29　机械手臂和手爪

1—锁紧销　2、3—弹簧　4—活动销　5—固定爪

将准备换的刀具转到换刀位置（图 6-30a）；当完成一个工步后需要换刀时，按换刀指令，将换刀位置上的刀座逆时针转动 90°，使其处于垂直向下的位置，主轴箱上升到换刀位置，机械手旋转 60°，两个手爪分别抓住主轴和刀座中的刀具（图 6-30b）；待主轴孔内的刀具自动夹紧机构松开后，机械手向下移动，将主轴和刀座中的刀具拔出（图 6-30c）；松刀的同时主轴孔中吹出压缩空气，清洁主轴和刀柄，然后机械手旋转 180°（图 6-30d）；机械手向上移动，将新刀插入主轴，将旧刀插入刀座（图 6-30e）；刀具装入后，主轴孔内拉杆上移夹紧刀具，同时关掉压缩空气；然后机械手回转 60°复位，刀座向上（顺时针）旋转 90°至水平位置（图 6-30f）。这时换刀过程完毕，机床开始下一道工序的加工。刀库又一次回转，将下一把待换刀具停在换刀位置上，这样就完成了一次换刀循环。换刀过程的全部动作由三个液压缸配合完成，其中旋转动作由两个串联液压缸及齿轮传动完成，串联液压缸每往复一次，实现两个换刀循环，由五个行程开关配合控制，并由数控系统记忆循环次数。

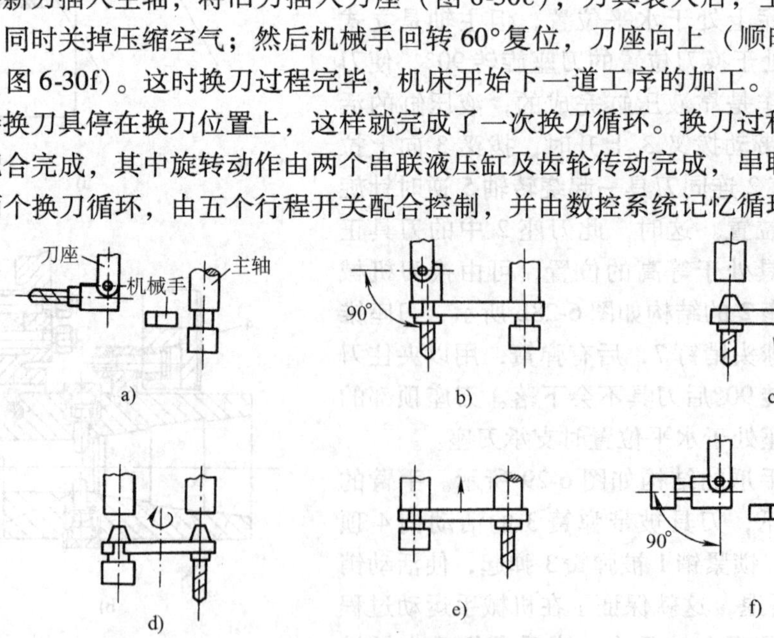

图 6-30　自动换刀过程

二、TH6340A 型卧式加工中心

天津第一机床总厂生产的 TH6340A 型卧式加工中心机床采用立柱双向移动式结构，它既有加工中心机床的精度高和柔性好的特点，又具有组合机床效率高和模块组合的优势；既

可以单机工作，又可以多机组合成柔性制造单元（FMC）或柔性制造系统（FMS）。该机床适合于中小型箱体、盘类和板类零件的镗、铣、钻、扩、铰、攻螺纹及各种曲面等工序的加工。

1. 机床的布局及组成

图 6-31 所示为 TH6340A 型卧式加工中心的结构，其工作台固定不动。工作台上可根据需要配置分度转台以扩大机床的使用范围。由图 6-31 可见，床身 1 上有两个安装平面，前平面用于安装夹具或工作台，后平面较大，用于安装三坐标单元的基座 2。床身 1 后部的垂直安装面用于安装支架 10，支架 10 上安装有电气柜 9。床身 1 与支架 10 一起构成机床的基础。基座 2 通过螺钉和定位销固定在床身 1 上，基座 2 上安装有 *X* 轴直线滚动导轨、滚珠丝杠及伺服驱动电动机。横向滑座 3 装在基座 2 的纵向导轨中，可实现立柱 6 沿 *X* 轴方向的移动。在横向滑座 3 上安装有 *Z* 轴直线滚动导轨、滚珠丝杠及其伺服驱动电动机，横向滑板 4 装在滑座 3 的横向导轨中，可实现立柱 6 沿 *Z* 轴方向的移动。立柱 6 呈“11”型，其底部通过螺钉和定位销固定在横向滑板 4 上，上部安装有刀库 7、*Y* 轴伺服驱动电动机、平衡液压缸等。主轴箱 5 夹在立柱 6 中间，由直线滚动导轨支承，由滚珠丝杠传动其上下移动，实现 *Y* 轴方向的运动。立柱 6 顶部的平衡液压缸，由液压站上的蓄能器提供压力油，以平衡主轴箱 5 的重量。刀库 7 为盘式自动刀具交换装置，安装在立柱 6 正面的上部，无换刀机械手，而是通过刀盘的转动和沿花键轴的伸出、缩回来实现选刀和换刀。刀库容量的标准配置为 8 把刀。

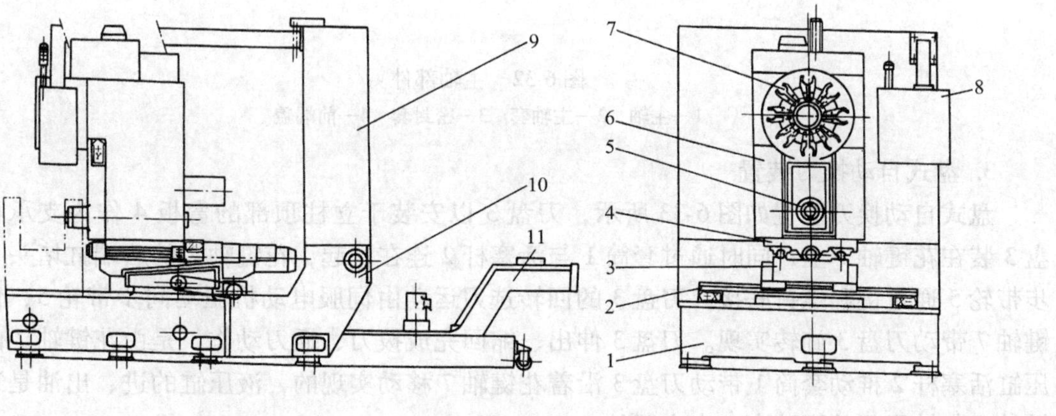

图 6-31 TH6340A 型卧式加工中心结构图

1—床身 2—基座 3—横向滑座 4—横向滑板 5—主轴箱 6—立柱
7—刀库 8—操作面板 9—电气柜 10—支架 11—排屑装置

这种立柱移动式卧式加工中心的工作台可以根据不同的工件而具有不同的形状，可以是长工作台或圆工作台，也可以是交换工作台。由于这种机床的前后床身可以分离，故在加工大型工件时也可不用工作台。

2. 主轴部件

图 6-32 所示为该机床的主轴部件（部分），与其他加工中心机床的主轴部件相比较，它具有如下特点。

1）主轴1前端采用了三重密封装置，由图6-32可见。前轴承处除采用迷宫密封外，还有一不接触密封套3，此外，在主轴1的前端盖4处还设计了气帘密封，即在前端盖4上加工出内环槽和通气孔，通入气体以防止外部的切削液进入主轴前轴承；

2）主轴套2后部的外表面加工有螺旋槽，可实现循环冷却，主轴前法兰盘内还有四个方向可调的冷却喷嘴，这些冷却措施可保证主轴部件得到充分冷却，以降低温升；

3）主轴前后轴承装在主轴套2内，主轴部件（包括主轴、轴承、同步带轮和拉杆部件等）可在精度检验及动平衡完毕后整体装入主轴箱内，其装配和调整工作可单独进行而不必在主轴箱体内进行，使安装和维修方便。

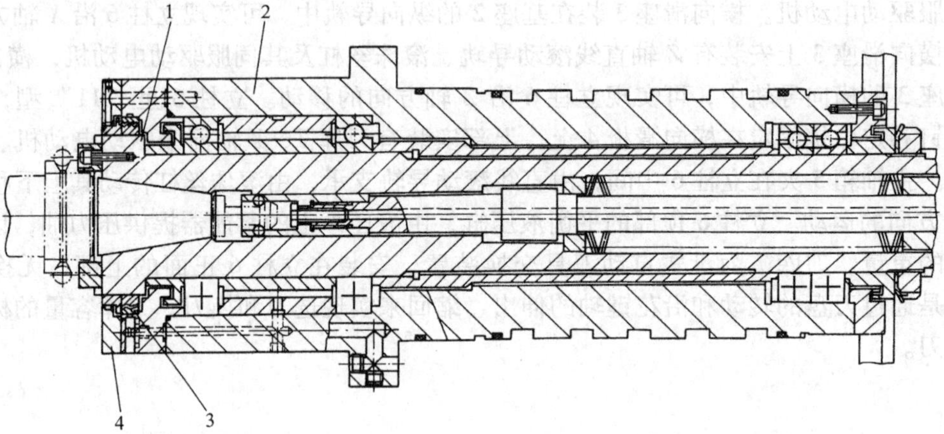

图6-32 主轴部件

1—主轴 2—主轴套 3—密封套 4—前端盖

3. 盘式自动换刀装置

盘式自动换刀装置如图6-33所示，刀盘3以安装于立柱顶部的弯板4作为支承板。刀盘3装在花键轴7上，同时通过套筒1与活塞杆2连在一起，花键轴2的后端缸堵头6与同步带轮5通过键和螺钉联接。刀盘3的回转选刀运动由伺服电动机驱动同步带轮5，传动花键轴7带动刀盘3旋转实现。刀盘3伸出、缩回完成拔刀、插刀动作，是由花键轴7内的液压缸活塞杆2推动套筒1带动刀盘3沿着花键轴7移动实现的，液压缸的进、出油是通过花键轴7与轴承间的配油套8来实现的。

刀盘3周边均匀分布着8对刀夹13（图6-33b），两瓣刀夹可绕各自转轴15回转，弹簧12装于两刀夹座孔中，弹簧力使刀夹13夹住刀柄，刀夹13中无刀时由定位键14承受弹簧力并保证刀夹13对中。刀柄在刀夹13中由定位键14定向，以防止刀柄转动。刀盘3伸出（拔刀）时或在非换刀位置上，刀夹13有机械装置使刀柄可靠地保持在刀夹13中。在换刀位置上的刀夹13，当刀盘3缩回到位时由定位销9顶住锁销11，使两瓣刀夹被解锁，以便于主轴取刀或归刀；当刀盘3伸出时，锁销11在弹簧10的作用下后退卡在两瓣刀夹之间，使刀夹13自锁（图6-33b）。其他非换刀位置上的刀夹以同样的方法自锁。在刀盘3上，每对刀夹13各有一锁销11，但定位销9只有一个，它除了用于解锁外，还用于刀盘周向定位。锁销11的下方有一导向销（图6-33中未表示），用于防止锁销11转动。

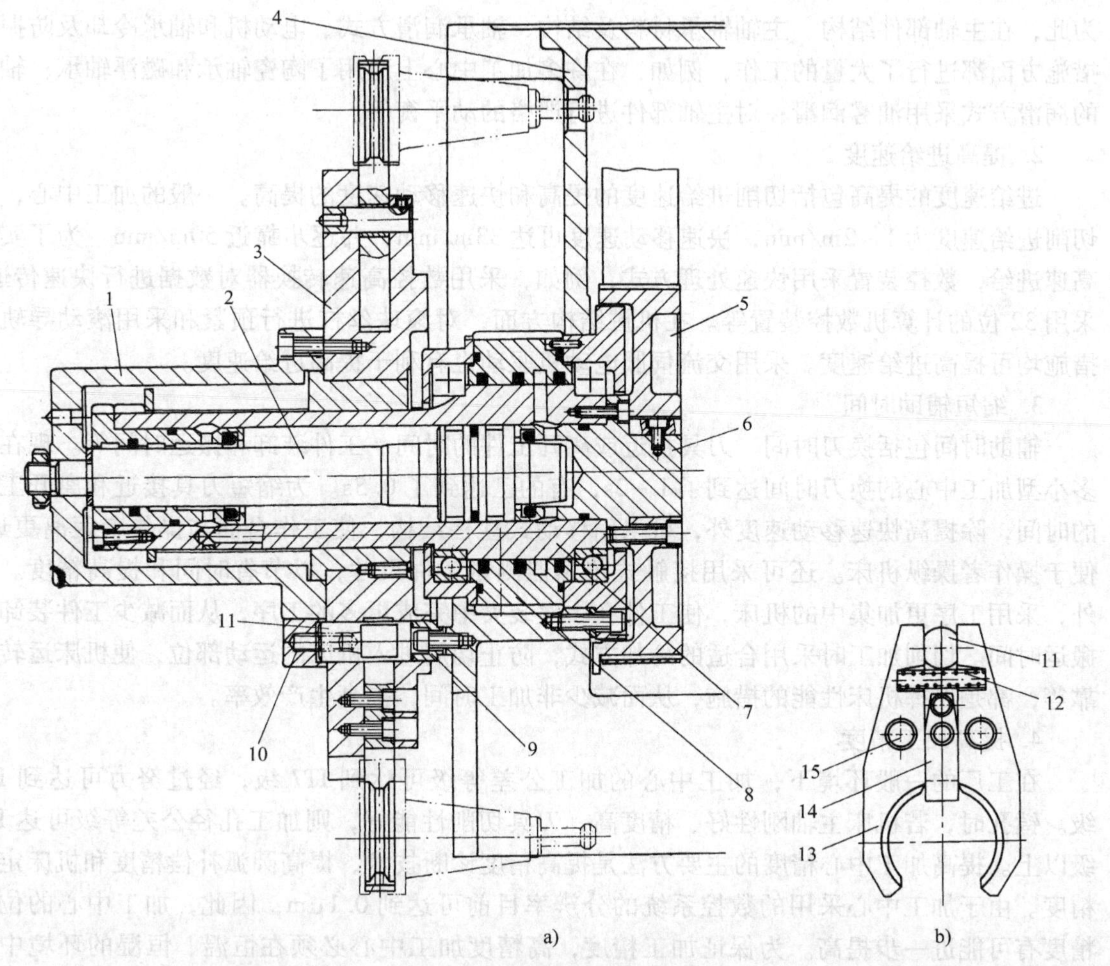

图 6-33　盘式自动换刀装置

1—套筒　2—活塞杆　3—刀盘　4—弯板　5—同步带轮　6—缸堵头　7—花键轴　8—配油套　9—定位销　10、12—弹簧　11—锁销　13—刀夹　14—定位键　15—转轴

第五节　数控机床的发展

数控机床是在普通机床的基础上，为满足单件小批和复杂多变零件的加工而发展起来的一种新型自动化机床。由于数控技术迅速向更高水平发展，数控机床已从过去的单功能自动的单能机向多功能自动的多能机（加工中心机床）发展，从刚性连接的自动生产线向柔性制造单元（FMC）、柔性制造系统（FMS）和计算机集成制造系统（CIMS）发展。

一、加工中心的发展动向

近年来加工中心发展的主要目标是提高主轴转速、提高进给速度、缩短辅助时间、提高加工精度和更加完善的功能。

1. 提高主轴转速

近年来加工中心的主轴转速普遍提高，中小型加工中心的主轴最高转速大部分已提高到5000 ~6000r/min，有的加工中心为了加工某些轻金属零件，其主轴转速已达到40000r/min。

为此，在主轴部件结构、主轴轴承材料及结构、轴承润滑方式、电动机和轴承冷却及防振等措施方面都进行了大量的工作，例如，在许多加工中心上应用了陶瓷轴承和磁浮轴承；轴承的润滑方式采用油雾润滑；对主轴部件进行严格的动平衡等。

2. 提高进给速度

进给速度的提高包括切削进给速度的提高和快速移动速度的提高。一般的加工中心，其切削进给速度为 1 ~ 2m/min，快速移动速度可达 33m/min，并逐步靠近 50m/min。为了实现高速进给，数控装置采用快速处理方式，例如，采用数控高速转换器对数据进行快速传递，采用 32 位的计算机数控装置等。在机械结构方面，对滚珠丝杠进行预紧和采用滚动导轨等措施均可提高进给速度。采用交流伺服电动机驱动也有利于提高进给速度。

3. 缩短辅助时间

辅助时间包括换刀时间、刀具接近或离开工件的时间、工件装卸和搬运时间等。现在许多小型加工中心的换刀时间达到了 1 ~ 2s，有的已达到了 0.5s。为缩短刀具接近和离开工件的时间，除提高快速移动速度外，可采用移动式立柱结构，使工作台面与操作者距离更近，便于操作者操纵机床。还可采用接触式传感器测量工件尺寸，以节省时间和提高精度。此外，采用工序更加集中的机床，使工件在一次装夹中完成更多的工序，从而减少工件装卸和搬运时间。切削加工时采用合适的冷却方式，防止切屑进入机床的运动部位，使机床运转可靠等，都是发挥机床性能的措施，从而减少非加工时间，提高生产效率。

4. 提高加工精度

在工厂的一般环境下，加工中心的加工公差等级可达到 IT7 级，经过努力可达到 IT6 级。镗孔时，若机床主轴刚性好、精度高，刀具切削性能好，则加工孔径公差等级可达 IT4 级以上。提高加工中心精度的主要方法是提高精度诊断技术、提高圆弧补偿精度和机床定位精度。由于加工中心采用的数控系统的分辨率目前可达到 0.1μm，因此，加工中心的位置精度有可能进一步提高。为保证加工精度，高精度加工中心必须在恒温、恒湿的环境中工作。

5. 更加完善的功能

为了增加加工中心的功能，提高自动化程度，加工中心在硬件和软件上采取了多种多样的改进措施。例如，采用人机对话系统，使操作方便、检验及时；增加自动托盘交换装置（APC）等辅助设备及监视装置，构成柔性制造单元（FMC）。新型加工中心还配备多种特殊功能附件，以进一步扩展其功能，如零件自动检测装置、尺寸调整装置和镗刀检验装置，刀具破损监测装置等。刀具破损监测装置利用刀具在断裂瞬间发生的超声波来判断刀具破损，以便及时采取相应的措施。该装置能将由切削引起的金属撕裂声和刀具破损产生的超声波区分开。

二、以数控机床为基础的自动化生产系统

1. 柔性制造单元（FMC）

在数控机床的基础上配备上下料装置或工业机器人及其他一些外围设备（如监控装置、检测装置、单元控制器等）即构成柔性制造单元（FMC）。图 6-34 所示是由数控机床、工业机器人和其他外围设备构成的柔性制造单元。柔性制造单元以数控机床为主体，由它对零件进行加工，工业机器人负责从机床和工件台架上装卸工件。工件台架用于存放待加工的或已加工的工件，并具有自动循环功能，将堆列的工件自动移至所需的位置。监控装置则对数控

机床的工作状态进行监视和控制，发现故障（如过载、刀具损坏等）立即停机。检测装置根据传感器对工件检测的数据与系统的检测信息进行比较，判断是否合格，如不合格，便将数据反馈给机床，以修正加工信息。单元控制器将柔性制造单元中的数控机床、工业机器人和其他有关设备有机地联系在一起，实现对整个制造单元的控制。

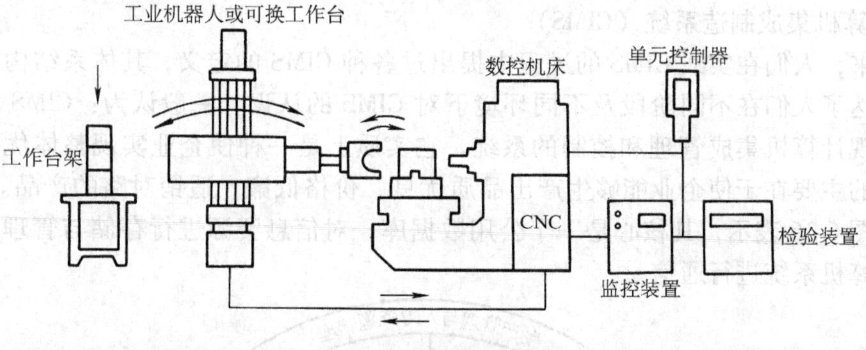

图 6-34 柔性制造单元

柔性制造单元具有相对的独立性，它既可以作为大型制造系统中的基本模块，能完整地完成大系统中的一个规定功能；也可以作为独立运行的生产设备单独承担任务，进行自动加工。

2. 柔性制造系统（FMS）

柔性制造系统（FMS）通常由加工系统、运输存储系统及计算机控制系统三个子系统组成，每个子系统又包含若干个分系统，如图 6-35 所示。

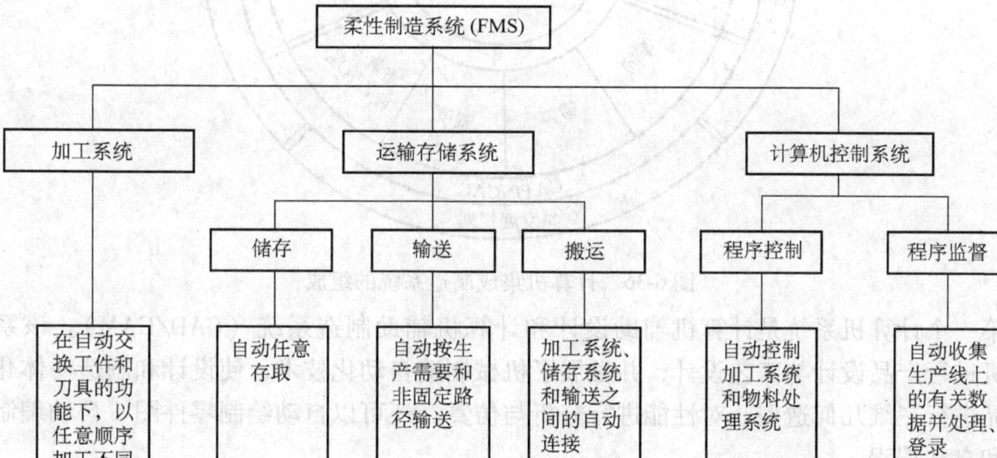

图 6-35 柔性制造系统的组成

（1）加工系统 该系统以数控加工中心为主体，包括检查站、清洗站等工作单元，其主要任务是完成零件加工等工作。

（2）运输存储系统 该系统包括自动仓库、工件暂存库、无人输送小车和工业机器人等，主要用于完成零件、毛坯、刀具及夹具的自动运输和存储任务。

（3）计算机控制系统 它对整个柔性制造系统实现控制与监督。

柔性制造系统是为适应中小批量零件的生产自动化而发展起来的，该系统的应用提高了设备利用率和时间利用率，缩短了辅助时间，提高了生产效率；节省了劳动力和场地，减少了库存和周转，降低了生产成本；提高了加工精度和质量的稳定性。柔性制造系统正向着规模大型化、功能复杂化（即柔性制造车间）和小型化、简单化（即柔性制造单元）两个方向发展。

3. 计算机集成制造系统（CIMS）

多年来，人们在实践 CIMS 的过程中提出过各种 CIMS 的定义，其体系结构模型亦多种多样，表达了人们在不同阶段及不同环境下对 CIMS 的认识。一般认为：CIMS 就是在全厂范围内实现计算机集成管理和控制的系统。它实质上是一种使企业实现整体优化的理想模式，其目的主要在于使企业能够生产出品质优良、价格低廉、适销对路的产品。CIMS 整个系统可用图 6-36 表示，其核心是一个公用数据库，对信息资源进行存储与管理，并与三个有关的计算机系统进行通信。

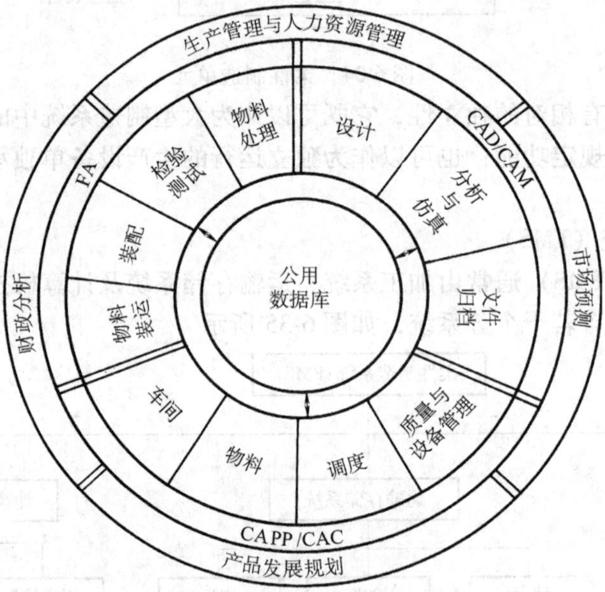

图 6-36 计算机集成制造系统的组成

第一个计算机系统是计算机辅助设计和计算机辅助制造系统（CAD/CAM）。该系统用计算机进行产品设计与工艺设计，并发展了机械制造自动化技术，使设计和制造一体化，能对产品进行三维几何造型，对性能进行分析与仿真，还可以自动绘制零件图、自动编制技术文件和自动编程。

第二个计算机系统是计算机辅助生产计划和计算机生产控制系统（CAP/CAC）。该系统能对加工过程进行计划、调度与控制，FMS 是该系统的主体。它与 CAD/CAM 系统连接时，数控机床可用 DNC（计算机直接数控）方式从 CAD/CAM 系统获得零件加工程序，从而实现从设计到制造的无图样自动生产。

第三个计算机系统是工厂自动化系统（FA）。该系统可以实现产品的自动装配与测试、材料的自动运输与处理等。

在上述三个计算机系统的外围，是利用计算机进行市场预测、编制产品发展规划、分析财政状况和进行生产管理与人员管理。由此可见，CIMS 是以计算机技术为核心，具有集成化、自动化、模块化和柔性化等特点的生产系统，其加工对象主要是多品种小批量的产品。

总之，从单能机和刚性自动线开始，发达国家的生产自动化已走过了数控机床（CNC）、加工中心（MC）和柔性制造系统（FMS），目前正在向计算机集成制造系统（CIMS）发展，并已取得初步成功。而我国就总体来讲，仍处于数控机床和加工中心的发展阶段。随着数控技术向着采用32位芯片、多CPU、模块化结构、通用程序语言、标准化通信协议、多功能和智能化等高档系统发展，数控机床将有更为广阔的应用前景，柔性制造系统和计算机集成制造系统也必将会有更快的发展。

习题与思考题

6-1 叙述用数控机床加工零件的过程。

6-2 什么是插补运算？试述插补运算的必要性。

6-3 当被加工直线分别在第Ⅱ、Ⅲ、Ⅳ象限时，试推导其偏差计算公式，并判断当偏差 $F>0$、$F<0$ 和 $F=0$ 时刀具沿坐标轴的运动方向。

6-4 当被加工圆弧（逆时针）分别在第Ⅱ、Ⅲ、Ⅳ象限时，试推导其偏差计算公式，并判断当偏差 $F>0$、$F<0$ 和 $F=0$ 时刀具沿坐标轴的运动方向。当圆弧为顺时针时又如何？

6-5 什么是脉冲当量？脉冲当量的大小对机床的加工精度有何影响？

6-6 数控机床由哪些部分组成？各有什么作用？

6-7 什么是开环、闭环和半闭环控制系统？其优缺点有哪些？各适用于什么场合？试举例说明。

6-8 数控机床如何分类？

第七章　机床总体设计及传动系统设计

第一节　机床设计的基本要求

机械制造业在整个国民经济中占有重要的地位，而作为工作母机的机床是它的一个重要的组成部分，这是因为机床担负机械制造业总工作量的40%～60%，机床的质量和技术水平直接影响机械产品的质量和可进行经济加工的适用范围。

为了设计和制造技术先进、质量好、效率高、结构简单、使用方便的机床，提出如下的基本要求。

一、工艺范围

机床的工艺范围是指机床适应不同生产要求的能力。它大致包含这些内容：机床可以完成的工序种类，所加工零件的类型、材料和尺寸范围；机床的生产率和加工零件的单件成本；毛坯的种类；适用的生产规模；加工精度和表面粗糙度。

一般来说，机床的工艺范围窄，可使机床的结构简单，容易实现自动化，生产率也可高一些。但是如果工艺范围过窄，会使机床的使用范围受到一定限制，并在一定程度上对加工工艺的革新起阻碍作用。如果工艺范围过宽，将使机床结构复杂，不能充分发挥机床各部件的性能，甚至有时会影响到机床主要性能的提高。所以必须根据使用要求和制造厂的条件合理地确定机床的工艺范围。

用于单件或小批量生产的通用机床，要求在同一台机床上能完成多种多样的工作，以适应不同工序的需要，所以加工的工艺范围应该宽广一些。例如，有较宽的转速范围和较充裕的尺寸参数，也可以增设各种附件以便扩大机床的工艺范围。

数控机床的工艺范围比传统的通用机床更宽大。例如，数控车床可以完成卧式车床、转塔车床、多刀半自动车床和仿形车床等车床的加工工艺。各种加工中心则进一步拓宽了工艺范围。例如，镗铣加工中心可以自动换刀，在一次安装下完成较多的工序；其他还有车削中心等等。加工中心不但工艺范围宽，而且调整方便，加工精度又高，适用于小批生产自动化。

专用机床和专门化机床多应用于大量和大批量生产。例如，组合机床，因其是为某一特定的工艺要求服务的，为了提高生产率，采用工序分散方法，一台机床只负担几道甚至一道工序的加工。因此，合理地缩小机床工艺范围以简化机床结构、提高效率、保证质量、降低成本，是设计这一类机床的基本原则。

二、生产率和自动化程度

高效率机床是我国机床发展的一个重要方向。机床的生产率是指在单位时间内机床加工合格工件的数量，它直接反映机床的生产性能，特别是专用机床和专门化机床的生产性能。要提高机床的生产率，应缩短工作时间，其中包括切削加工时间、辅助时间以及准备和结束时间。为了缩短切削加工时间可以采用先进刀具，提高切削速度、进给速度、加大背吃刀量等方法。为了提高生产率还要注意缩短辅助时间，例如，空行程采用快速移动，采用不停车测量等方法。

提高机床的自动化程度可以减轻工人的劳动强度和更好地保证加工精度及精度的稳定性。机床的自动化程度可以用自动化系数表示，即

$$K_{自}=\frac{t_{自}}{t_{工}} \tag{7-1}$$

式中　$t_{自}$——一个工作循环中自动工作的时间；

$t_{工}$——完成一个工作循环的总时间。

设计机床应根据实际情况确定自动化程度和所采用手段，通用机床用途较广，加工对象变化较大，但也要尽可能实现局部的自动循环。实现自动化所采用的手段与生产批量很有关系。在小批、单件和形状复杂的工件的生产中，数控机床的使用日益增多，其主要特点是有很大的柔性，灵活性大，不需要设计专用的工装，适应能力强、生产率高，是实现机床自动化的一个重要发展方向。数控机床的发展又为柔性制造系统和工厂自动化创造了良好条件。在大批大量生产中，则常采用自动化单机或自动线的方法来提高自动化程度。

三、加工精度和表面粗糙度

所谓机床的加工精度是指被加工零件在形状、尺寸和相互位置方面所能达到的准确程度。主要的影响因素是机床的精度和刚度。

机床的精度包括几何精度、传动精度、运动精度和定位精度等，是在空载条件下检测的精度，称为静态精度。几何精度决定于机床主要部件的几何形状和相互位置。传动精度是指机床工作部件和零件运动的均匀性与协调性，对内联传动链具有重要意义。运动精度是指机床在以工作速度运转时主要零部件的几何位置精度。定位精度是指机床主要部件在运动终点所达到实际位置的精度。

为了保证机床的加工精度，还要求机床有相当的动态精度，动态精度是指机床在重力、夹紧力、切削力、各种激振力和温升作用下，主要零部件的形位精度，反映出机床的动态质量。主要的影响因素有机床的弹性变形、振动和热变形。机床的刚度越大则动态精度越高。

机床的加工工件表面粗糙度与工件和刀具的材料、进给量、刀具的几何形状和切削时的振动有关。机床抵抗受迫振动的能力和抵抗自激振动的能力称为机床的抗振性，机床的振动和机床的结构刚度、阻尼特性、主要零部件的固有频率有关。

四、可靠性

机床的可靠性是指其在额定寿命期内，在特定工作条件下和规定时间内出现故障的概率。由于故障会造成加工件中的部分废品，故可靠性也常用废品率来表示，废品率低则说明可靠性好。所以纳入自动线或局部自动化生产中的机床，对机床可靠性有较高的要求。

五、机床的效率和寿命

机床的效率是指消耗于切削的有效功率与电动机输出功率之比。两者的差值即是损失，主要是摩擦损失，而摩擦损失转化为热量，引起机床的热变形，对机床的工作带来不良后果。功率较大的机床和精加工机床，后果更为严重，更应予以注意。

机床的寿命是指机床保持它应该具有加工精度的使用期限。在寿命期限内，在正常工作条件下，机床不应丧失设计时所规定的精度性能，也称精度保持性。确保和提高机床寿命，主要是提高一些关键性零件的耐磨性，并使主要传动件的疲劳寿命和它相适应。对于小型通用机床，寿命约 8 年；对大型机床和精密级、高精度级机床则要求更长的寿命。

六、系列化、通用化、标准化程度

产品系列化、零部件通用化和标准化简称为“三化”，其目的是便于机床设计、使用与维修；对机床产品的品种、规格、质量、数量和生产效率等有着重要的意义，它是一项重要的技术—经济政策。

机床品种系列化是对每一类型的通用机床确定同一类型的机床应有哪些尺寸规格和型式(基型和变形)，以便以较少品种的机床来满足各生产部门的需要。

机床品种系列化工作包括三部分：制定机床的参数标准；编制机床的系列型谱；进行机床系列设计。

制订机床的参数标准，主要是确定某类型机床的主参数系列和第二主参数。机床的主参数系列通常是一个等比数列，公比为1.26、1.41、1.58等。例如，摇臂钻床最大钻孔直径系列为25mm、40mm、63mm、80mm、100mm、125mm。其中63mm以下的公比为1.58，大于63mm的一段公比为1.26，如表7-1所示。

表7-1　摇臂钻床系列型谱　（单位：mm）

最大钻孔直径	25	40	63	80	100	125
跨距	800/1000	1250/1600	2000	2500	3150	4000
主轴行程	250	315	400	450	500	560
主轴端面至底座工作面的最大距离	1000	1250	1600	2000	2500	2500
主轴圆锥孔	莫氏锥度3号	莫氏锥度4号	莫氏锥度5号	莫氏锥度6号	莫氏锥度6号	米制锥度

确定主参数系列后，由于加工零件的要求不同，生产批量不同，零件外形和机床的使用条件不同，因此，主参数相同的机床需要具有不同型式以适应不同情况，这就是机床系列型谱的编制，它包括确定某类型机床的品种、基型和变型、布局以及应有的技术性能。例如，图7-1为摇臂钻床系列型谱的几种型式。

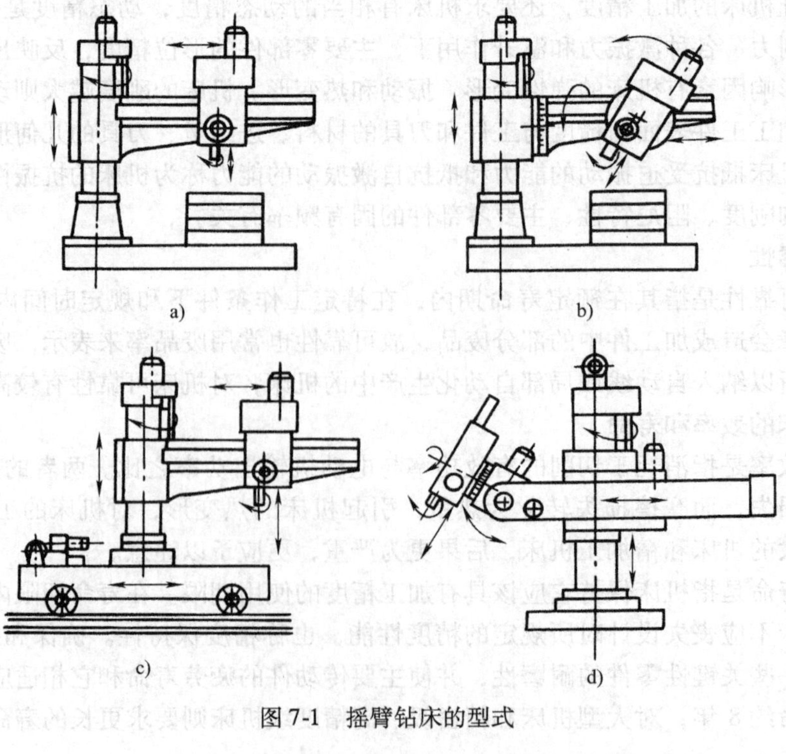

图7-1　摇臂钻床的型式

图 7-1a 是系列设计中的基型，这种基型用途最广，需要量最大，结构上容易和其他品种通用。以此为基础，根据生产需要，可派生出具有不同功能的摇臂钻床。例如，图 7-1b 所示为万能性较强的摇臂钻床，它的摇臂可绕水平轴回转 ±90°，主轴箱可在摇臂上倾斜 ±30°~40°。此外，尚有车式摇臂钻床、吊式摇臂钻床，如图 7-1c、d 所示。

机床的系列设计是根据系列型谱进行的。它的工作内容包括整个系列型谱的技术任务书，系列内各产品的设计、试制、定型工作。这就有可能把系列中起同样作用的一些部件，设计成同样的或相似的结构，使结构典型化，为机床部件通用化、零件标准化创造充分的条件。

部件通用化是把相类似机床的若干部件或零件相互通用起来，这样可以扩大零件的生产批量，充分发挥已有工艺装备的能力，因而可以提高机床的可靠性。

机床零件一般分为专用件、通用件、标准件和外购件四类，标准件已由国家或行业标准化。零件标准化程度高，可以获得明显的经济效益，使成本下降 1/4~1/3。

七、其他

人机关系已成为十分重要的问题。在设计时应给予充分重视。

机床的操纵必须方便、省力、容易掌握，不易出现操纵上的错误和故障。这样既可提高机床的可靠性，又可以减少工人的疲劳、保证工人的安全。

机床的环境特性也是十分重要的。机床的噪声、油雾、粉尘和腐蚀介质都是对人体有害的，因此，防止对环境的污染是一项重要要求。

此外，机床的外形必须合乎时代要求，美观大方的造型、适宜的色彩，均能使操作者有舒适宜人的感觉。

上述基本要求是紧密地与机床的技术和经济效益相联系的。设计机床时，必须从实际出发进行综合考虑，既要有重点又要照顾其他，一般应充分考虑加工精度、表面质量、生产率和可靠性。要分析工件的加工工艺，提出总体设计方案，其中包括：主要参数、机床总体布局、传动系统、电气系统、液压系统、主要部件的结构草图、试验结果及技术经济综合效果分析等。

在拟定方案时要注意尽可能采用先进的工艺、新材料和创新的结构，尽量采用新的先进技术，提高生产率，并且要注意以生产实践和科学实验为依据。

第二节 机床的总体布局

机床的总体布局设计是指按工艺要求决定机床所需的运动，确定机床的组成部件，以及确定各个部件的相对运动和相对位置关系，同时也要确定操纵、控制机构在机床中的配置。

通用机床的布局已形成传统的型式，但随着数控等新技术的应用，传统的布局也在发生变化。专用机床的布局没有固定的布局型式，布局的灵活性大。必须根据被加工工件要求，进行工艺分析，在拟定总体方案中进行总布局设计。

机床总布局必须满足用户提出的各种要求。首先是机床的加工范围、工件精度、生产率和经济性等要求。确保所采用的工艺方法能实现所要求的工件和刀具之间相对位置关系和相对运动关系；其次，要处理好人机之间关系。其影响因素如下。

一、表面成形方法

工件的表面是通过刀具与工件之间的相对运动而获得的，这种工件与刀具之间的相对运动称为“表面成形运动”。不同形状的加工表面往往采用不同的刀具、不同的表面成形方法和不同的表面成形运动来完成，因而导致机床总体布局的差异。例如，圆柱面常用车削和磨削方法形成，平面则用刨削或铣削、平面磨削的方法形成。即使是相同形状的加工表面亦可用不同的刀具、表面成形运动和方法来实现，这是因为工件的技术要求和生产率等不同，从而形成不同的机床布局。例如，圆柱齿轮加工方法可以是齿轮铣刀铣削、插齿、滚齿等。由于生产批量、机床万能性要求不同，同一加工表面也可以采用不同表面成形运动来形成。

由此可见，工件表面成形运动直接决定了机床布局，它是一个决定性因素，所以在确定机床布局时必须全面地、综合地考虑工件表面的形成方法和运动，以期获得较好的经济效果。

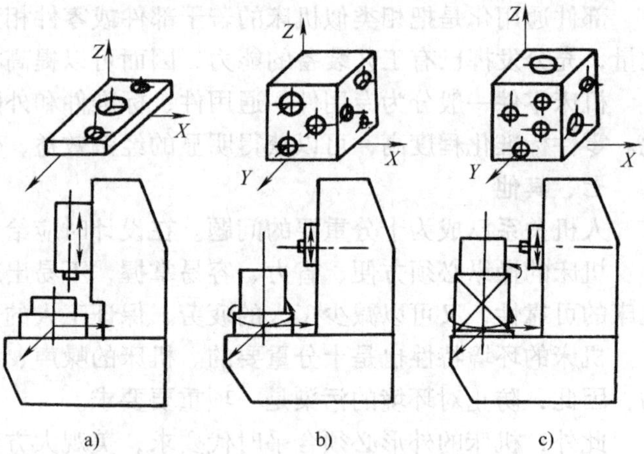

图 7-2 数控镗铣床布局

二、机床运动的分配

工件表面成形方法和运动相同，而机床运动分配不同，机床布局就不同了。在分配运动时必须注意使运动部件的质量尽量小，机床刚度良好，有利于保证加工精度，而且，要使机床占地面积小。图 7-2 所示为数控镗铣床的布局，一般有四个进给运动的部件，要根据加工的需要来配置。图 7-2a 是立式主轴布局，适用对工件的顶面进行加工，在三个直线进给坐标之外，工作台可加一个既可立式也可卧式安装的数控回转台或分度工作台作为附件。如果需要对工件的多个侧面进行加工，则主轴应作卧式布局，在一次装夹时，完成多侧面的铣、镗、钻、铰、攻螺纹等多工序加工，如图 7-2b、c 所示。

三、工件的尺寸、质量和形状

工件的表面成形运动及机床部件的运动分配基本相同，但是工件的尺寸、质量和形状不同，也会引起机床布局的变化。

如图 7-3 所示，车削盘类工件时，工件的尺寸不同、质量不同而使机床布局变化不一。当盘类工件 $d<1250$mm 时，可用卧式车床加工。当工件直径 $d>1500$mm 时，一般用端面车床加工，由于这类车床只加工盘类工件，所以进给箱、溜板箱都简化了，尾座也没有了，床身相应缩短，甚至不要，而把主轴箱和刀架分别固定在平台或基础上，以便加工更大直径的工件。当工件十分笨重，考虑卧式布局给工件的装卸和调整带来困难，况且机床主轴在悬臂状态下承受重载，对机床的刚度和加工精度不利，这时可采用立式布局。当直径 $d<2000$mm 时，可采用单柱立式车床，只有一个垂直刀架，横梁较短。当直径 d 在 2500 ~ 8000mm 之间，可采用双柱立式车床。当直径更大时，往往要用龙门移动式立式车床来加工。

其他类型机床如立式钻床与摇臂钻床在机床布局上的差异；牛头刨床与龙门刨床在布局

上的差异都是由于工件的尺寸、质量和形状所决定的。

四、工件的技术要求

工件的技术要求，包括加工表面的尺寸精度、几何精度和表面粗糙度等。加工技术要求高的工件，在考虑机床布局时就要注意采取各种措施，尽量提高机床的传动精度和刚度，减少振动和热变形等。

为提高机床的传动精度，必须尽量缩短传动链。例如，螺纹加工中，当加工精密丝杠时，为了缩短传动链，就取消了车床的进给箱，主轴到刀架直接用交换齿轮传动到丝杠，并把传动丝杠安装在床身的两导轨之间，以减少刀架的侧转力矩。

尽量采用框架式结构来提高机床刚度。为了减少振动和考虑热变形对加工精度的影响，对机床布局提出新的措施。例如，高速车床采用分离传动。数控车床的主轴箱配置时，应尽量使主轴的热变形发生在刀具切入的垂直方向上，如图 7-4 所示，以降低热变形对加工直径的影响。

五、生产规模和生产率

由于生产规模大小和生产率的要求，必定会对机床布局提出不同要求，如考虑主轴数目、刀架形式、自动化程度、排屑和装卸等问题，从而导致机床布局变化。

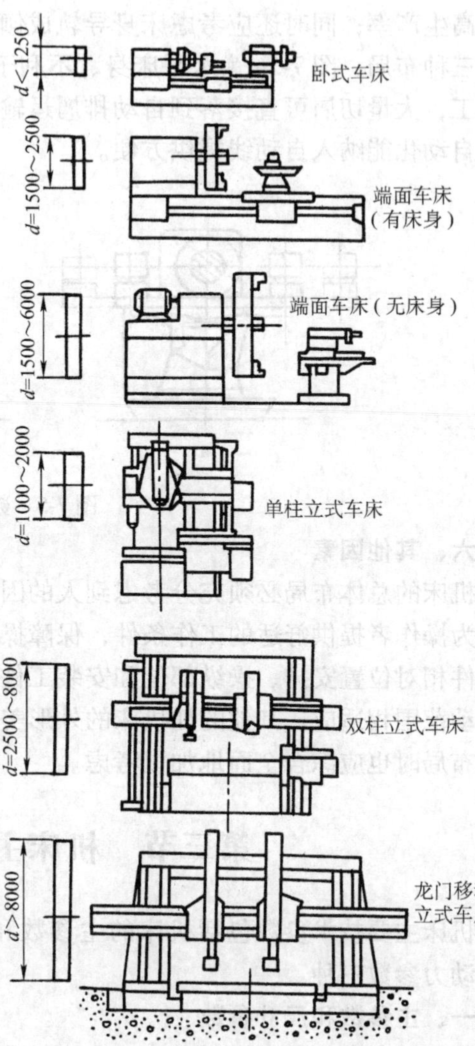

图 7-3 工件尺寸对车床总布局的影响

以车床为例，车削盘类零件，在单件小批生产时，可在卧式车床上加工；在中批生产时，可用转塔车床加工，在加工中不需换刀、对刀和测量，因而缩短了辅助时间，提高了生产率。在大批大量生产时，就要考虑安放自动上下料装置；采用多主轴、多刀架同时加工；控制系统可实现半自动或全自动循环等措施，

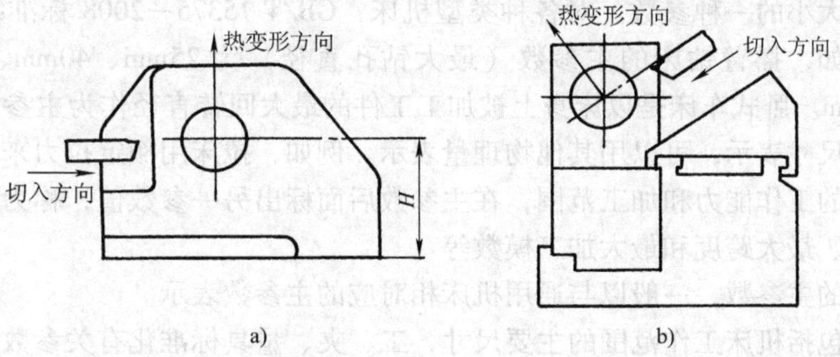

图 7-4 数控车床热变形方向与切入方向垂直

以提高生产率；同时还应考虑床身导轨成倾斜或垂直布置以利排屑。如图 7-5 所示为数控车床的三种布局，图 7-5a 为水平床身、不利于排屑；图 7-5b 为斜床身；图 7-5c 为立床身、反车加工，大量切屑可直接落到自动排屑运输装置。对自动化程度要求较高时，机床布局要为单机自动化能纳入自动线提供方便。

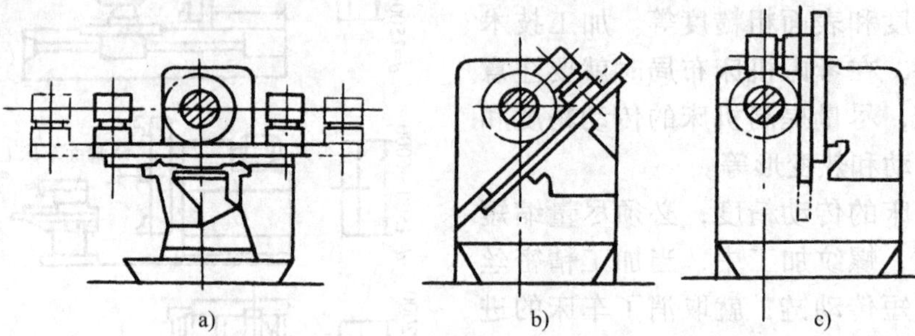

图 7-5 数控车床的布局

六、其他因素

机床的总体布局必须充分考虑到人的因素，处理好人机关系，如注意减轻操作者劳动强度，为操作者提供舒适的工作条件，保障操作者的身心健康，提高工作效率。在设计时考虑到部件相对位置安排、操纵部位和安装工件部位便于观察、操作，并且和人体基本尺寸和四肢活动范围相适应。其他的如机床的外形美观，调整、维修、运输吊装方便等问题，在设计总体布局时也应综合全面地加以考虑。

第三节 机床主要技术参数的确定

机床主要技术参数包括机床的主参数和基本参数，基本参数可包括尺寸参数、运动参数、动力参数三种。

一、主参数和尺寸参数

机床的主参数是最为重要的，它必须满足以下要求。

1）直接反映出机床的加工能力和特性。

2）能决定其他基本参数值的大小。

3）作为机床设计和用户选用机床的主要依据。

对于通用机床（包括专门化机床），主参数通常都以机床的最大加工尺寸来表示，也是代表机床规格大小的一种参数。对各种类型机床，GB/T 15375—2008 标准统一规定了主参数的内容。例如，摇臂钻床的主参数（最大钻孔直径）为 25mm、40mm、63mm、80mm、100mm、125mm。卧式车床是以床身上被加工工件的最大回转直径作为主参数。有的机床不便用最大加工尺寸表示，可以用其他物理量表示。例如，拉床用额定拉力来表示。为了更完整地表示机床的工作能力和加工范围，在主参数后面标出另一参数值，称为第二主参数，如最大工件长度、最大跨度和最大加工模数等。

专用机床的主参数，一般以与通用机床相对应的主参数表示。

尺寸参数包括机床工作范围的主要尺寸，工、夹、量具标准化有关参数和机床结构有关的主要尺寸。因此，机床的主参数和第二主参数也是尺寸参数的一种。与工件主要的有关参数，如卧式车床最大加工工件长度、刀架上最大加工直径等；与工、夹、量具有关的参数，如卧式车床的主轴锥孔；与机床结构有关的参数，如床身宽度等。这些参数与主参数有一定的关系，因此，大多是根据主参数来决定的。但是由于机床的使用情况复杂，影响这些参数的因素很多，如刚度、强度、被加工工件的尺寸等，所以一般采用统计法来决定。具体进行这项工作时，可根据被加工零件的尺寸，参考现有同类型的机床或根据系列设计规定的各项数值来确定。

二、运动参数

运动参数是指机床执行件（如主轴、工作台、刀架）运动的速度，即主轴的最高转速、最低转速、主轴转速数列、进给量最大值和最小值、进给量数列等。

（一）主运动参数

主运动为旋转运动时，机床的主运动参数是主轴转速 n（r/min）

$$n=\frac{1000v}{\pi d} \tag{7-2}$$

式中 v——切削速度，单位为 m/min；

d——工件（或刀具）直径，单位为 mm。

主运动为往复直线运动时，如刨床、插床等，主运动参数是刀具或工件的每分钟往复次数（次/min）。

对于专用机床，因为它是用来完成特定工序的，可以根据特定工序实际使用的切削速度和工件（或刀具）的直径确定主轴转速，而且大多数情况只需一种速度。

对于通用机床，为了适应各种不同加工情况，主轴需要进行变速，因而必须确定主轴的变速范围，最高与最低转速，无级或有级变速。

1. 主运动速度范围

$$\left.\begin{aligned} n_{\min}&=\frac{1000v_{\min}}{\pi d_{\max}}\\ n_{\max}&=\frac{1000v_{\max}}{\pi d_{\min}}\end{aligned}\right\} \tag{7-3}$$

变速范围 R_n

$$R_n=\frac{n_{\max}}{n_{\min}} \tag{7-4}$$

对于通用机床，由于其切削速度、工件（或刀具）直径的变化繁多，在确定切削速度时，应考虑到多种工艺需要。切削速度与刀具材料、工件材料、进给量和背吃刀量有关，其中主要是工件材料和刀具材料。

选择 $v_{\max}$ 和 $v_{\min}$ 时，是根据机床上几种典型加工情况来考虑的。例如，车床最高切削速度是用硬质合金刀具半精车钢件时的速度，最低切削速度是用高速钢刀具车螺纹时的速度，可以此作为选择 $v_{\max}$ 和 $v_{\min}$ 的典型加工情况。

$d_{\min}$ 和 $d_{\max}$ 也不是指机床上可能加工的最小直径和最大直径，而是根据典型加工情况决定。$d_{\min}$ 是指在典型加工实际使用 $v_{\max}$ 时经常加工工件直径 d 值的较小值。同样，$d_{\max}$ 是指在典型加工实际使用 $v_{\min}$ 时经常加工工件直径 d 值的较大值。

例如，ϕ400mm 的中型车床用硬质合金车刀半精车钢料时合理的最高切削速度 $v_{\max}$ 取

200m/min，这时加工轴类工件最小直径 d_{min} 取 50mm（主要考虑工件变形）。精加工丝杠螺纹的合理切削速度，一般取 $v_{min}=1.5$m/min，加工丝杠最大直径 d_{max} 取 400mm。

通常推荐的 d_{max} 和 d_{min} 值，对于车床，如用 D 表示最大回转直径（主参数），$d_{max}=0.5\sim0.6D$，$d_{min}=0.2\sim0.25d_{max}$；摇臂钻床，如用 D 表示最大钻孔直径（主参数），$d_{max}=D$，$d_{min}=0.2\sim0.25d_{max}$。

2. 有级变速的转速数列

通用机床采用有级变速时，机床的主传动系统的转速数列或双行程数列和一部分机床的进给量数列，多数采用等比数列。

设某变速箱共有 Z 级转速，分别为

$$n_1,\ n_2,\ n_3,\ \cdots,\ n_j,\ n_{j+1}\cdots,\ n_z$$

对于有级变速传动，加工某一工件所需的最有利的切削速度为 v，相应的转速为 n，通常情况最有利的转速 n 介于两个相邻转速 n_j 和 n_{j+1} 之间，即

$$n_j < n < n_{j+1}$$

如果采用较高的转速 n_{j+1}，由于提高了切削速度，刀具寿命将要降低。为了不降低刀具寿命，只能选用较低的转速 n_j，这时转速的损失为 $(n-n_j)$，如用相对转速损失表示，则

$$A=\frac{n-n_j}{n}$$

最大的相对转速损失是当所需的最有利的转速 n 趋近于 n_{j+1} 时，即

$$A_{max}=\lim_{n\to n_{j+1}}\frac{n-n_j}{n}=\frac{n_{j+1}-n_j}{n_{j+1}}=1-\frac{n_j}{n_{j+1}} \tag{7-5}$$

从式（7-5）可以看到，最大相对转速损失是取决于两相邻转速之比，在其他条件（加工直径、进给、背吃刀量）不变的情况下，相对转速的损失就反映了生产率的损失。对于通用机床，可以认为每个转速的使用机会均等，同时，应使任意相邻两转速间最大相对转速损失相等，即

$$A_{max}=1-\frac{n_j}{n_{j+1}}=\text{常数}$$

或

$$\frac{n_j}{n_{j+1}}=\text{常数}=\frac{1}{\varphi}$$

从这里可以看出，任意相邻两转速之间的关系为

$$n_{j+1}=n_j\varphi \tag{7-6}$$

即机床的转速是按等比数列（几何级数）分级。其公比为 φ，各级转速为

$$\left.\begin{aligned}&n_1=n_{min}\\&n_2=n_1\varphi\\&n_3=n_2\varphi=n_1\varphi^2\\&\vdots\\&n_z=n_{z-1}\varphi=n_1\varphi^{z-1}=n_{max}\end{aligned}\right\} \tag{7-7}$$

最大相对转速损失为

$$A_{max}=\left(1-\frac{1}{\varphi}\right)\times100\%=\frac{\varphi-1}{\varphi}\times100\% \tag{7-8}$$

$$R_n = \frac{n_{max}}{n_{min}} = \frac{n_1 \varphi^{z-1}}{n_1} = \varphi^{z-1}$$

两边取对数得

$$Z = 1 + \frac{\lg R_n}{\lg \varphi} \tag{7-9}$$

例如，铣床的主轴从 30～1500r/min 共 18 级转速，公比 $\varphi = 1.26$，则最大相对转速损失率

$$A_{max} = \frac{1.26 - 1}{1.26} \times 100\% \approx 20.6\%$$

转速数列采用等比数列排列有下列优点。

1）对于某一个公比 φ，任意两个相邻转速之间的最大相对速度损失 A_{max} 为一个常数，因而转速分布的疏密程度比较均匀合理。

2）这种转速数列可以由几个变速组的不同传动比搭配相乘得到，能用较少的齿轮实现较多级的转速，使传动系统得到简化。例如，铣床的主传动系统的三个变速组用 3＋3＋2，共 8 对齿轮可得到 18 级成等比数列的转速数列。

（二）进给运动参数

机床的进给运动大多数是直线运动，进给量用工件或刀具每转位移表示，即 mm/r，如车床、钻床；也可以用每一往复行程的位移表示，如刨床、插床等。

机床进给量的变换可以采用无级变速和有级变速方法。

采用有级变速方式时，进给量一般为等比数列。螺纹加工机床和卧式车床的进给量数列，按照加工标准螺纹导程数列来选取。因此，进给量数列为分段等差数列。刨床和插床采用棘轮机构实现进给运动，进给量大小靠每次拨动一齿、二齿或几个齿来改变，因此，进给量也是等差数列。而用交换齿轮改变进给量大小的自动车床，其进给量就不是按一定规则排列的。

（三）标准公比和标准数列

规定标准公比 $\varphi > 1$，并且规定相对速度损失的最大值 A_{max} 不大于 50%，则相应 φ 不大于 2，所以 $1 < \varphi \leqslant 2$。

为了简化机床设计和使用，规定了几个标准值，这些数值是选取 2 或 10 的某次方根，公比的特性见表 7-2。

表 7-2　标准公比

φ	1.06	1.12	1.26	1.41	1.58	1.78	2
$\sqrt[E_1]{10}$	$\sqrt[40]{10}$	$\sqrt[20]{10}$	$\sqrt[10]{10}$	$\sqrt[20/3]{10}$	$\sqrt[5]{10}$	$\sqrt[4]{10}$	$\sqrt[20/6]{10}$
$\sqrt[E_2]{2}$	$\sqrt[12]{2}$	$\sqrt[6]{2}$	$\sqrt[3]{2}$	$\sqrt{2}$	$\sqrt[3/2]{2}$	$\sqrt[6/5]{2}$	2
$A = 1 - \frac{1}{\varphi}$	5.7%	11%	21%	29%	37%	44%	50%

1）公比是 2 的某次方根，其数列每隔若干项增加或缩小 2 倍，如 $\varphi = \sqrt[3]{2}$，数列为 10、12.5、16、20、25、32、40 等，每隔 3 项增大 2 倍。这样，便于采用双速电动机，因为双速电动机的两个转速比值是 2，例如 3000/1500 或 1500/750 等，同时也便于记忆和写出等比数列。

2）公比是 10 的某次方根，其数列每隔若干项增大或缩小 10 倍。这特性符合常用十进制习惯，如 $\varphi=\sqrt[5]{10}$，数列为 10、16、25、40、63、100、160、250、400、630 等，每隔 5 项增大 10 倍，使数列整齐好记。

从使用性能考虑，选取公比 φ 最好小一些，以便减少相对速度损失，但 φ 小一些，级数 Z 增多，会使机床的结构复杂化。公比选取的一般原则如下：①用于大批大量生产的自动化与半自动化机床，因为要求较高的生产率，相对转速损失要小，因此，φ 要小些，φ 选取 1.12 或 1.25。②大型机床加工大尺寸工件，机动时间长，选择合理的切削速度对提高生产率作用较大，φ 应小些，取 1.12 或 1.25。③中型通用机床，万能性较大，因而要求转速级数 Z 要多一些，但结构又不能过于复杂，公比 φ 常选取 1.25 或 1.41。④小型机床切削加工时间常比辅助时间少，结构要求简单一些，机动时间短，变速级数 Z 也不多，公比 φ 常取 1.58 或 1.78。

三、动力参数

动力参数指主运动、进给运动和辅助运动的动力消耗，它主要由机床的切削载荷和驱动的工件质量等决定。功率选择要满足机床生产率的要求，又要考虑节约。必须注意到通常电动机在 70% 的额定功率时运行，效率较高，节能效果好。

对专用机床来说，机床的功率可根据特定工序的切削用量计算或测定。对通用机床，由于加工情况多变，切削用量的变化较大，况且对传动系统中的摩擦损失及其他因素消耗的功率研究不够等，因此，目前单纯用计算方法来确定功率是有困难的，通常用类比、测试和近似计算几种方法互相校核来确定功率。

（一）主传动功率的确定

1. 近似计算法

设计机床时，当主传动的结构方案尚未确定前，用下面的公式估算主电动机功率 $P_{主}$（单位为 kW）

$$P_{主}=\frac{P_{切}}{\eta_{总}} \tag{7-10}$$

式中 $P_{切}$——消耗于切削的功率；

$\eta_{总}$——主传动链的总效率，对于通用机床，$\eta_{总}=0.70\sim0.85$；对于直线运动的通用机床，$\eta_{总}=0.60\sim0.70$（结构简单的取大值，复杂的取小值）。

2. 调查统计类比法

对同类型机床进行广泛调查和分析比较，并在同类型、同规格的机床上进行切削实验，实测出的各种切削条件下的功率值作为参考，再考虑了机床最大载荷的情况，同时要考虑采用先进切削方法必须放宽一定的富裕量。

表 7-3 是国产常用机床的主要运动参数和动力参数，可供参考。

（二）进给传动功率的确定

进给传动的功率可以用计算法、统计分析法和实测法。粗略计算时，可用系数乘以主传动功率 $P_{主}$。例如，卧式车床的进给功率 P_s 是（0.03～0.04kW）$P_{主}$；钻床的进给功率 P_s 是（0.04～0.05kW）$P_{主}$；铣床的进给功率 P_s 是（0.15～0.20kW）$P_{主}$。因此，对进给运动和主运动共用一个电机的通用机床，可以忽略不计。

进给运动功率的计算公式为

表 7-3　现有某些国产常用机床的主要运动参数和动力参数

机床类型		主轴转速或工作台速度 /（r·min⁻¹）	进给量	主电机功率 /kW
卧式车床	CA6140	10 ~ 1400	0.08 ~ 1.59mm/r①	7.5
	CW6163	8 ~ 800	0.1 ~ 1.52mm/r	10
	CW61100	3.15 ~ 315	0.1 ~ 1.5mm/r	22
摇臂钻床	Z3040 × 16	25 ~ 2000	0.04 ~ 3.2mm/r	3
	Z3063 × 20	20 ~ 1600	0.04 ~ 3.2mm/r	5.5
	Z3080 × 25	16 ~ 1250	0.04 ~ 3.2mm/r	7.5
升降台铣床	X62、X62W、X52	30 ~ 1500	23.5 ~ 1180mm/min②	7.5
	X63、X63W、X53	30 ~ 1500	23.5 ~ 1180mm/min	10
龙门刨床	B2010A、B2012A、B2016A	高 9 ~ 90m/min 低 4.5 ~ 45m/min	0.2 ~ 20mm/次③	55
	B2020	3 ~ 75m/min	0 ~ 25mm/次	60
	B2025	3 ~ 75m/min	0 ~ 30mm/次	60 × 2
万能外圆磨床 M1312A × 1000		1670/1990④	工件头架 30 ~ 270r/min 工作台 50 ~ 4000mm/min	4⑤

① 指刀架纵进给，不包括加大进给和小进给，横进给常为纵进给的 1/2。

② 指工作台纵、横进给，升降台竖直进给为纵、横进给的 1/3。

③ 指立刀架的水平进给。

④ 指砂轮主轴转速。高速用于砂轮磨损、直径变小的情况，以保证砂轮外圆线速度约为 85m/s。

⑤ 指砂轮架电动机。

$$P_s = \frac{F_Q v_s}{60000\eta_s} \tag{7-11}$$

式中　P_s——进给运动功率，单位为 kW；

F_Q——进给抗力，单位为 N；

v_s——进给速度，单位为 m/min；

η_s——进给运动系统总机械效率，其值为 0.15 ~ 0.12。

（三）快速移动功率的确定

快速移动工作台、刀架等执行件是为了缩短辅助时间和减轻工人的劳动强度，快速移动可用机械和液压方式。

快速移动所消耗的功率，一般是对现有同类型机床调查或实测来确定，表 7-4 列出典型的机床执行件快速移动运动速度和所需功率。

快速运动电动机功率还可借助计算法来确定，快速运动在电动机起动时的功率最大，此时必须同时克服惯性力和摩擦力，起动时电动机功率为

$$P_{快} = P_{惯} + P_{摩} \tag{7-12}$$

表 7-4 机床部件空行程速度和功率

机床类型	主参数/mm	移动部件	速度/（$m\cdot min^{-1}$）	功率/kW
卧式车床	床身上最大回转直径			
	400	溜板箱	3~5	0.25~0.6
	630~800	溜板箱	4	1.1
	1000	溜板箱	3~4	1.5
	2000	溜板箱	3	4
立式车床	最大车削直径			
	单柱 1250~1600	横梁	0.44	2.2
	双柱 2000~3150	横梁	0.35	7.5
	5000~10000	横梁	0.3~0.37	17
摇臂钻床	最大钻孔直径			
	25~35	摇臂	1.28	0.8
	40~50	摇臂	0.9~1.4	1.1~2.2
	75~100	摇臂	0.6	3
	125	摇臂	1.0	7.5

第四节 主传动系统设计概述

机床的传动系统通常由下列几种传动系统的全部或一部分所组成。

1. 表面成形运动传动系统

被加工表面通常是由母线沿一定运动轨迹移动而形成的。表面成形运动系统用于传动工件或刀具作母线和母线运动轨迹的运动。它由下列部分组成。

1）主运动传动系统。用于传动切下切屑的运动。

2）进给运动传动系统。用于实现维持切削运动连续进行的运动。

3）切入运动传动系统。用于实现使工件表面逐步达到规定尺寸的运动。

2. 辅助运动传动系统

用于实现使加工过程能正常进行的辅助运动。如快速趋近、快速退出，刀具和工件的自动装卸和夹紧。

其他还有分度运动传动系统、控制运动传动系统、校正运动传动系统等。

机床的主传动系统用于实现机床的主运动，它对机床的使用性能、结构都有明显的影响。

机床的主运动往往必须变换速度，以适应各种不同的工艺要求。实现运动变速的方法很多，可以采用液压传动和电气传动的方法，这两种方法容易实现无级变速。常见的是采用机械变速，它可分为无级变速和有级变速两种。机械无级变速有一定缺点，目前未能获得广泛使用，现在广泛使用的是有级变速的齿轮运动，特别是以齿轮变速箱应用最为广泛。齿轮变速箱同其他的变速方法（如液压、电气、机械或无级变速机构）相比具有一些优点，如变速范围可较大，传动功率也可较大，传动比准确，工作可靠等。但是由于采用齿轮传动，齿轮变速箱也存在一些缺点，如不能实现无级变速，齿轮传动不够平稳，变速机构的结构复杂，不宜用于高速精加工机床上。

数控机床广泛应用无级变速，这可使机床在一定调速的范围内，选择到合理的切削速度，而且可能在运转中自动变速。数控机床一般都采用由直流或交流调速电动机作为动力源的电气无级变速。大型机床（如龙门刨床）也采用电气无级变速装置。

在设计机床的主传动系统时，必须满足下列基本要求：

1）机床的末端执行件（如主轴）应有足够的转速范围和变速级数。

2）机床的动力源和传动机构需要能够输出和传递足够的功率和转矩，并有较高的传动效率。

3）机床的传动机构，特别是末端执行件必须有足够的精度、刚度、抗振性能和较小的热变形。

4）应该合理地满足机床的自动化程度和生产率的要求。

5）机床的操作和控制要灵活，安全可靠，噪声要小，维修方便。机床的制造要方便，成本要低。

第五节　有级变速主传动系统设计

机床的运动参数如转速范围、公比基本确定之后，应如何设计传动系统，才能合理地实现所提出的基本要求？通常采用图解的方法，即用转速图来表示，使用转速图可以直观地表达传动系统中各轴转速的变化规律和传动副的速比关系。

转速图不仅可以用来拟定新的传动系统，也可以用来对现有的机床传动系统进行分析和比较。

一、转速图的基本规律和拟定方法

图 7-6a 所示为一个变速箱的传动系统图，图 7-6b 所示为该变速箱的转速图。其原动轴Ⅰ的转速为 630r/min，主轴Ⅲ的转速范围为 100～1000r/min，公比 $\varphi=1.58$，转速级数 $Z=6$。

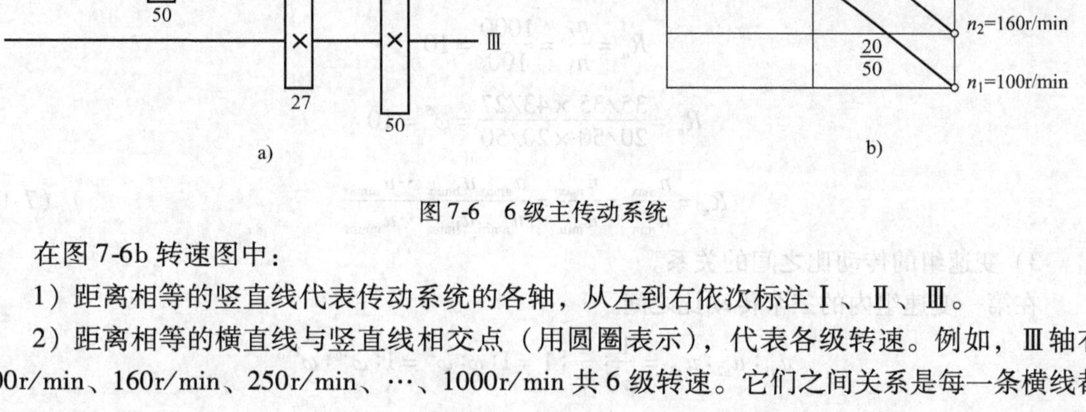

图 7-6　6 级主传动系统

在图 7-6b 转速图中：

1）距离相等的竖直线代表传动系统的各轴，从左到右依次标注Ⅰ、Ⅱ、Ⅲ。

2）距离相等的横直线与竖直线相交点（用圆圈表示），代表各级转速。例如，Ⅲ轴有 100r/min、160r/min、250r/min、…、1000r/min 共 6 级转速。它们之间关系是每一条横线都

等于它下面一条横线所代表转速的 φ 倍，即

$$\frac{n_2}{n_1}=\varphi,\ \frac{n_3}{n_2}=\varphi,\ \cdots,\ \frac{n_Z}{n_{Z-1}}=\varphi$$

两边取对数得

$$\lg n_Z-\lg n_{Z-1}=\lg\varphi=常数$$

将转速图上的坐标取对数坐标，则代表转速的各横线的间距相等，其值等于一个 $\lg\varphi$，通常习惯在相交点直接写出转速的数值。

3）相邻两轴之间相应转速的连线代表相应传动副的传动比，传动比的大小以连线的倾斜方向和倾斜度表示，从左向上斜是升速传动，从左向下斜是降速传动。

由图 7-6 可知，轴Ⅰ—Ⅱ之间为第一变速组，由三对齿轮组成，其传动比为

$$u_{a1}=\frac{20}{50}=\frac{1}{2.5}=\frac{1}{1.58^2}=\frac{1}{\varphi^2}$$

$$u_{a2}=\frac{27}{43}=\frac{1}{1.58}=\frac{1}{\varphi}$$

$$u_{a3}=\frac{35}{35}=1$$

轴Ⅱ—Ⅲ之间为第二变速组，由两对齿轮组成，其传动比为

$$u_{b1}=\frac{20}{50}=\frac{1}{2.5}=\frac{1}{1.58^2}=\frac{1}{\varphi^2}$$

$$u_{b2}=\frac{43}{27}=1.58=\varphi$$

图 7-6 所示的传动系统是由两个变速组互相串联使变速系统获得 6 级转速。

1. 从转速图中可见传动系统的变速基本规律

1）变速系统的变速级数是各变速组传动副数的乘积。

图 7-6 所示的传动系统由一个 3 级和一个 2 级的两个变速组构成，主轴Ⅲ的变速级数可以写为 $Z=3\times2=6$。

若以 p_a、p_b、p_c、…、p_m 分别代表各变速组的传动副数和相应变速组先后排列的传动顺序（从运动源到最后的轴），则变速级数可写为

$$Z=p_ap_bp_c\cdots p_m \tag{7-13}$$

2）机床的总变速范围 R_n 是各变速组变速范围的乘积。

$$R_n=\frac{n_6}{n_1}=\frac{1000}{100}=10$$

$$R_n=\frac{35/35\times43/27}{20/50\times20/50}=\varphi^5=10$$

$$R_n=\frac{n_{max}}{n_{min}}=\frac{u_{max}}{u_{min}}=\frac{u_{amax}u_{bmax}\cdots u_{mmax}}{u_{amin}u_{bmin}\cdots u_{mmin}} \tag{7-14}$$

3）变速组的传动比之间的关系。

在第一变速组内的三个传动比之间

$$u_{a1}:u_{a2}:u_{a3}=\frac{1}{\varphi^2}:\frac{1}{\varphi}:1=1:\varphi:\varphi^2=1:\varphi^{x_0}:\varphi^{2x_0}$$

变速组内的相邻传动比之间的比值称为级比，在这里是 φ^{x_0}，其中 x_0 称为级比指数，级比指数在转速图中表现为相邻传动比相间隔的格数。

第一变速组内的三个传动比存在 $1:\varphi:\varphi^2$ 的关系，即级比指数 $x_0=1$，三个传动比的连线相间隔一格，由Ⅰ轴的630r/min一种转速通过它变速后在Ⅱ轴上得到630r/min、400r/min和250r/min三种转速，这种级比指数 $x_0=1$ 的变速组称为“基本变速组”或“基本组”。

第二变速组的二个传动比之间

$$u_{b1}:u_{b2}=\frac{1}{\varphi^2}:\varphi=1:\varphi^3=1:\varphi^{x_1}$$

式中，$x_1=3$，x_1 是该变速组的级比指数。其相邻的传动比之间相差 φ^3 倍，即相差三格，所以通过它变速后，在Ⅲ轴上得到6级连续的等比数列100r/min、160r/min、250r/min、…、1000r/min，第二变速组的作用就是将基本组的变速范围第一次加以扩大，这种在基本组之后首先扩大转速范围的变速组称为“第一扩大组”。

同理，机床如需第二次，第三次……扩大转速范围，则相应有第二扩大组、第三扩大组……。变速组这种按扩大转速范围的顺序过程而排列的基本组、第一扩大组、第二扩大组……的排列顺序，称为“扩大顺序”。

由图7-6可知第一变速组是基本组，级比指数 $x_0=1$，传动副数是3。第二变速组是第一扩大组，级比指数 $x_1=3$，恰好等于基本组的传动副数3，而第二扩大组的级比指数 x_2 应等于基本组的传动副数与第一扩大组传动副数的乘积。

综上所述，变速的基本规律为变速系统是以基本组为基础，再通过扩大组（可以有第一扩大组、第二扩大组……）把转速范围（级数）加以扩大。若要求变速系统是一个连续的等比数列，则基本组的级比等于 φ，级比指数 $x_0=1$；扩大组的级比 φ^{x_j}，级比指数 x_j 应等于该扩大组前面的基本组传动副数和各扩大组传动副数的乘积。

2. 分析和拟定转速图的一般原则

（1）变速组及传动副的选择　以12级转速为例，其传动方案可有

$12=4\times3$　　$12=3\times4$　　$12=3\times2\times2$　　$12=2\times3\times2$　　$12=2\times2\times3$

在变速级数 Z 一定时，减少变速组个数势必增加各变速组的传动副数，并且降速过快而导致齿轮的径向尺寸增大，为使变速箱中的齿轮个数最少，每个变速组的传动副数最好取2~3个。

当机床的传动功率为定值时，转速 n 越高，转矩 T 就小，零件尺寸就较小，所以应该尽量选择传动副数多的变速组放在传动顺序前面的高速范围，而把变速组传动副数少的放在传动顺序的后面。

（2）基本组和扩大组的排列顺序　在一般情况下，应尽量使基本组安排在传动顺序最前面，其次是第一扩大组、第二扩大组……使变速组的扩大顺序和传动顺序一致。

这样，因为中间轴的变速范围比较小，当中间轴的最高转速一定时，其最低转速能处于较高的位置，使传动件的转矩也较小。

（3）变速组的极限传动比　一般限制降速的最小传动比 $u_{min}\geqslant1/4$，对升速的最大传动比 $u_{max}\leqslant2\sim2.5$。这样主传动系统各变速组的变速范围限制在 $r=\dfrac{2\sim2.5}{1/4}=8\sim10$ 之间。

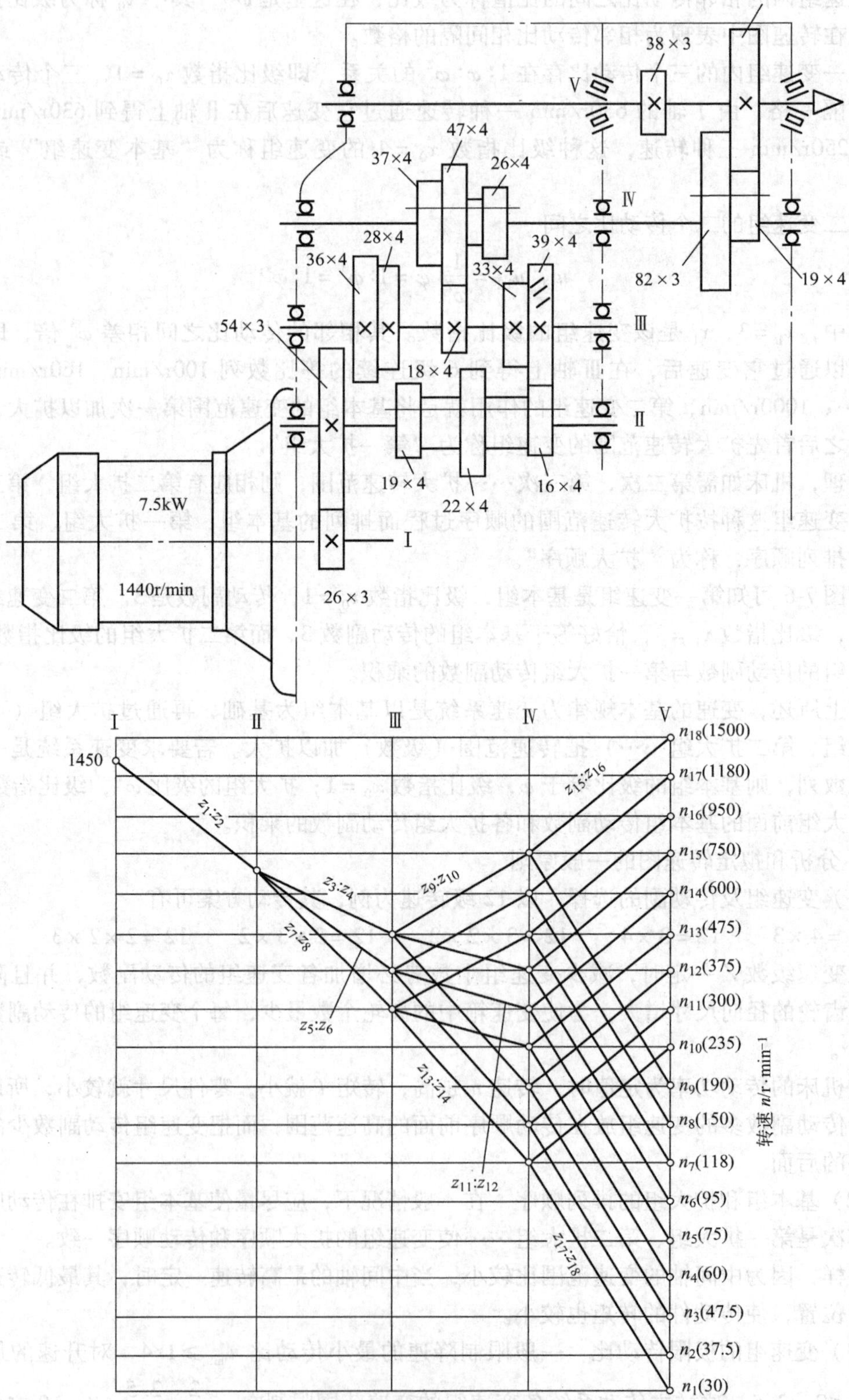

图 7-7 卧式升降台铣床主传动系统

（4）各中间轴的转速尽量高　在传动顺序上，各变速组的最小传动比应采取逐步降速的方法。也就是说，降速要慢，使中间轴处于高转速范围、转矩较小。

二、卧式升降台铣床的主传动系统（图 7-7）分析

从转速图中，已知卧式升降台铣床的主轴转速范围为 30 ~ 1500r/min，主轴 18 级转速，公比 $\varphi=1.26$。

变速系统中采用传动方案 $18=3\times3\times2$，共三个变速组，该机床的主传动系统的总降速比为 $30/1440=1/48$，在主传动系统的最前端增加一对 26/54 的降速传动齿轮副，使中间的两个变速组降速得缓慢一些，齿轮的径向尺寸可小一些。在三个变速组中：

1）a 变速组为Ⅱ—Ⅲ轴之间传动。

$$u_{a1}=\frac{16}{39}\approx\frac{1}{\varphi^4}=\frac{1}{2.5};\quad u_{a2}=\frac{19}{36}\approx\frac{1}{\varphi^3}=\frac{1}{2};\quad u_{a3}=\frac{22}{33}\approx\frac{1}{\varphi^2}=\frac{1}{1.5}$$

$$u_{a1}:u_{a2}:u_{a3}=1:\varphi:\varphi^2$$

2）b 变速组为Ⅲ—Ⅳ轴之间传动。

$$u_{b1}=\frac{18}{47}\approx\frac{1}{\varphi^4}=\frac{1}{2.5};\quad u_{b2}=\frac{28}{37}\approx\frac{1}{\varphi}=\frac{1}{1.26};\quad u_{b3}=\frac{39}{26}\approx\varphi^2=1.5$$

$$u_{b1}:u_{b2}:u_{b3}=1:\varphi^3:\varphi^6$$

3）c 变速组为Ⅳ—Ⅴ轴之间传动。

$$u_{c1}=\frac{19}{71}\approx\frac{1}{\varphi^6}=\frac{1}{4};\quad u_{c2}=\frac{82}{38}\approx\varphi^3=2$$

$$u_{c1}:u_{c2}=1:\varphi^9$$

传动顺序依次为 a、b、c 变速组；按扩大顺序，a 变速组为基本组，$x_0=1$，b 变速组为第一扩大组 $x_1=3$，c 变速组为第二扩大组，$x_2=3\times3=9$。传动顺序与扩大顺序一致，最大和最小传动比皆在 c 组中，并在极限传动比范围之内。

另外，每个变速组的传动副个数都是 2 或 3，且各变速组的最小传动比也是依次逐步降速。

以上所说的传动系统是正常的传动系统，在实际的机床中，还常有采用多速电动机，交换齿轮、公用齿轮和多公比齿轮传动系统。

第六节　计算转速

主传动系统中的主轴和传动件的尺寸大小主要决定于它所传递的转矩大小，而转矩大小则和所传递的功率及转速两个因素有关。

对于专用机床，它是按照特定工艺设计的，传递的功率和转速是固定不变的，所传递的转矩也是一定的。但是，对于通用机床和某些专门化机床，主传动的功率是根据某些典型加工的切削用量确定的，机床在实际使用中，低转速范围加工时，不需要使用机床的全部功率。据调查，主轴在最低一段的几级转速一般用来加工螺纹、铰孔、精镗等轻负荷工作，或者是用于粗加工，但切削速度较低，这些工序都不需要使用电动机的全部功率。如果按最低转速计算，势必造成各传动件较粗大，具备过大的强度储备，这是不经济和不必要的。

由此可知，通用机床主传动系统只是从某转速开始才有可能使用电动机的全部功率。这一传递全部功率的最低转速称为该传动件的计算转速（n_j）。

主轴所传递的功率或转矩与转速之间的关系，称为主轴的功率或转矩特性，如图 7-8 所示。主轴从最高转速到计算转速 n_j 之间，主轴应能传递电动机全部功率，这个工作范围称为恒功率传动，这时转矩随转速增加而减少。从主轴计算转速 n_j 至最低速的各级转速所传递的转矩等于在计算转速工作时的转矩，它是该机床的最大传递转矩，这个工作范围称为恒转矩传动，所传递的功率则随转速的降低而减少。

计算转速的确定对各种机床是不同的，表 7-5 列出各类机床主轴的计算转速，表中的公式为经验公式。

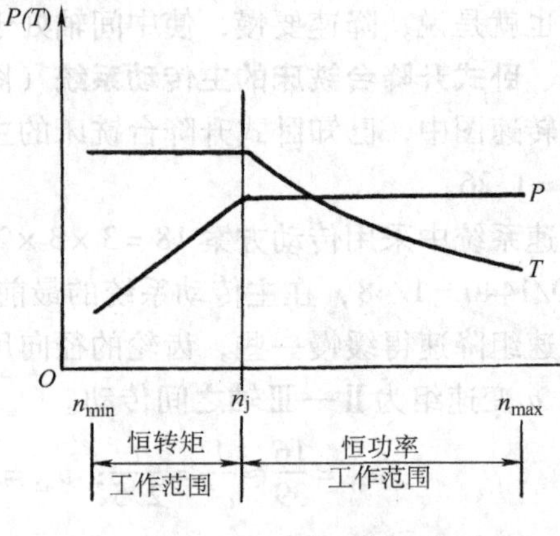

图 7-8　功率和转矩特性

至于中间传动件（包括轴上的传动件）的计算转速，也是按照上述原则，取主轴传递全功率时，各中间传动件相应转速中最低的一级转速作为中间传动件的计算转速，即各个中间传动轴和齿轮副的计算转速，同样应是各自传递全部功率的最低转速。

下面以卧式升降台铣床为例，说明计算转速的方法。其转速图如图 7-7 所示。

主轴的计算转速由表 7-5 查得

表 7-5　各类机床的主轴计算转速

机床类型		计算转速 n_j	
		等公比传动	混合公比或无级调速
中型通用机床和用途较广的半自动机床	车床，升降台铣床，转塔车床，液压仿形半自动车床，多刀半自动车床，单轴自动车床，多轴自动车床，立式多轴半自动车床 卧式镗床（ϕ63 ~ ϕ90mm）	$n_j = n_{min}\varphi^{\frac{Z}{3}-1}$ n_j 为主轴第一个（低的）1/3 转速范围内的最高一级转速	$n_j = n_{min}\left(\frac{n_{max}}{n_{min}}\right)^{0.3}$
	立式钻床，摇臂钻床	$n_j = n_{min}\varphi^{\frac{Z}{4}-1}$ n_j 为主轴第一个（低的）1/4 转速范围内的最高一级转速	$n_j = n_{min}\left(\frac{n_{max}}{n_{min}}\right)^{0.25}$
大型机床	卧式车床（ϕ1250 ~ 4000mm） 单柱立式车床（ϕ1400 ~ 3200mm） 单柱可移动式立式车床（ϕ1400 ~ 1600mm） 双柱立式车床（ϕ3000 ~ 12000mm） 卧式镗铣床（ϕ110 ~ 160mm） 落地式镗铣床（ϕ125 ~ 160mm）	$n_j = n_{min}\varphi^{\frac{Z}{3}}$ n_j 为主轴第二个 1/3 转速范围内的最低一级转速	$n_j = n_{min}\left(\frac{n_{max}}{n_{min}}\right)^{0.35}$
	落地式镗铣床（ϕ160 ~ 260mm） 主轴箱可移动的落地式镗铣床（ϕ125 ~ 300mm）	$n_j = n_{min}\varphi^{\frac{Z}{2.5}}$	$n_j = n_{min}\left(\frac{n_{max}}{n_{min}}\right)^{0.4}$
高精度精密机床	坐标镗床 高精度车床	$n_j = n_{min}\varphi^{\frac{Z}{4}-1}$ n_j 为主轴第一个（低的）1/4 转速范围内的最高一级转速	$n_j = n_{min}\left(\frac{n_{max}}{n_{min}}\right)^{0.25}$

$$n_j = n_{min}\varphi^{\frac{Z}{3}-1}$$

$$Z = 18$$

$$n_j = n_6 = 95r/min$$

确定中间传动件的计算转速时，可先找出该传动件有几级转速，然后再找出其中传递全部功率的是哪几级，最后从中确定传递全部功率时的最低转速，这就是该传动件的计算转速。

例如，Ⅳ轴共有9级转速：118r/min、150r/min、190r/min、235r/min、300r/min、375r/min、415r/min、600r/min、750r/min，主轴在95r/min以上都传递全部功率，此时，若从齿轮副 z_{17}/z_{18} 传动主轴，Ⅳ轴在375～750r/min的所有转速都传递全部功率。Ⅳ轴又经齿轮副 z_{15}/z_{16} 传动主轴，这时从118r/min以上的转速都传递全部功率，所以确定最低转速118r/min为Ⅳ轴的计算转速。按上述方法从转速图中分别可找到计算转速：Ⅲ轴为300r/min；Ⅱ轴为750r/min；Ⅰ轴为1450r/min。

齿轮副的计算转速的确定，举例如下，z_{13} 安装在Ⅲ轴上，从转速图上可见，z_{13} 有300r/min、375r/min、475r/min三种转速，经过 z_{13}/z_{14} 和 z_{15}/z_{16} 传动，使主轴得到235r/min、300r/min和375r/min，这三级转速都传递全部功率，所以300r/min、375r/min、475r/min是 z_{13} 传递全部功率的转速，其中300r/min为最低转速，即是 z_{13} 齿轮的计算转速。z_{14} 安装在Ⅳ轴上，z_{14} 齿轮经过 z_{15}/z_{16} 齿轮传动，z_{14} 有118r/min、150r/min、190r/min三级转速传递全部功率，其中118r/min为最低转速，即为 z_{14} 的计算转速。同理：z_1 的 $n_j = 1450r/min$；z_2 的 $n_j = 695r/min$；z_3 的 $n_j = 695r/min$；z_4 的 $n_j = 475r/min$ 等等。

第七节 无级变速主运动传动系统设计

一、概述

机床主运动采用无级变速，不仅能在调速范围内选择到合理的切削速度，而且换向迅速平稳，能实现不停车自动变速，简化了变速箱的结构，缩短了传动链，所以这种变速方式在数控机床、高精度机床和大型机床的主运动中得到广泛的应用。无级调速有机械、液压和电气等多种形式。

机械无级变速器大多是靠摩擦力来传递转矩。柯普（KOOP）B型、K型属于恒功率，用于旋转的主运动；行星锥轮型和分离锥轮钢环型，可用于进给运动；齿链和带齿的锥轮型接近于恒功率，能获得可靠的传动比。机械无级变速器在作恒功率传动时，变速范围一般只能达到6～8，因此必须串联有级变速箱，以扩大变速范围。变速箱的公比 φ，理论上必须等于无级变速器的变速范围 $R_{无}$。

龙门刨床等大型机床广泛采用直流调速电动机来实现无级变速，数控机床一般采用直流或交流调速电动机来实现无级变速。

FANUC-BESK直流主轴电动机系列，专用于机床的主运动，有3、4、6、8、12、15型共6种规格，功率范围从3.7～15kW，这种电动机有较宽的调速范围，额定转速 n_d 以下为调压调速，可获得恒转矩输出；n_d 以上为调磁调速，可获得恒功率输出，其功率、转矩与转速的特性如图7-9所示。通常额定转速 $n_d = 1000～2000r/min$，恒功率调速范围为2～4，恒转矩调速范围则很大，可达几十甚至超过100。

交流调速电动机靠改变供电频率调速，也称为调频主轴电动机，通常其额定转速 $n_d=1500r/min$，n_d 以上至最高转速 n'_{max} 为恒功率，调速范围为3～5，n_d 以下至最低转速 n'_{min} 为恒转矩，调速范围为几十甚至可超过100。

上述两种电动机在数控机床上已得到广泛使用。

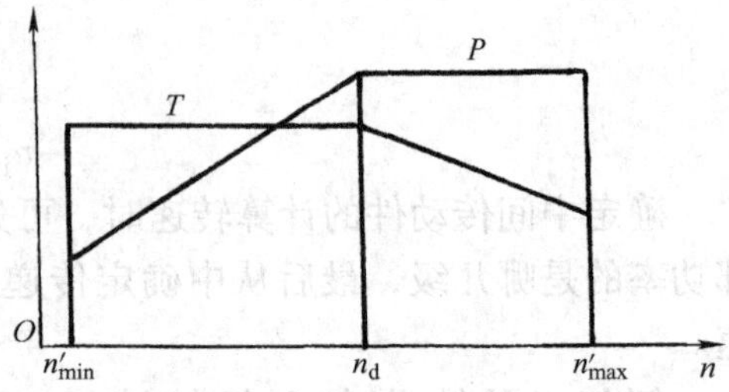

图7-9 直流和交流电动机转矩、功率与转速的特性

二、采用无级调速电动机的主运动变速系统设计

（一）主轴的功率和转矩特性

以交流异步电动机为动力源的有级变速主运动系统是恒功率变速系统，但在实际生产中，并不需要在整个调速范围内均为恒功率。如前所述，机床实际使用情况调查统计表明，一般都要求在计算转速 n_j 以上为恒功率传动，在 n_j 以下为恒转矩传动。这一计算转速就是主轴能传递全功率时的最低转速。图7-8所示就是机床主运动变速系统所要求的转矩和功率特性。

（二）主轴与电动机在功率特性上的匹配

上述直流主轴电动机在恒转矩—恒功率的输出特性如图7-9所示，它与机床所要求的转矩与功率特性（图7-8）是相似的。但电动机转速要在额定转速 n_d 以上才是恒功率输出，而主轴需要在计算转速 n_j 以上达到恒功率区，一般 $n_d>>n_j$，且电机恒功率区小于主轴恒功率区。因此，存在机床主轴与电动机在功率特性方面的匹配问题。

例如，某一数控机床，主轴最高转速 $n_{max}=3000r/min$，最低转速 $n_{min}=30r/min$，计算转速 $n_j=120r/min$，则变速范围 $R_n=n_{max}/n_{min}=100$，恒功率变速范围 $R_p=n_{max}/n_j=25$。

如采用直流主轴电动机，设其额定转速 $n_d=1000r/min$，最高转速 $n_{max}=3500r/min$，恒功率调速范围 $R_{DP}=n_{max}/n_d=3500/1000=3.5$。显然，它远小于主轴要求的恒功率调速范围 $R_P=25$。因此，虽然直流电机的最低转速可以低于35r/min，总的调速范围可以超过主轴要求的 $R_n=100$，但由于恒功率调速范围不够，功率性能不匹配，是不能简单地用电动机直接拖动主轴的。解决的办法是在电动机与主轴之间串联一个有级变速箱。

（三）有级变速箱设计

串联有级变速箱的变速级数 Z 通常为2～4。如果变速箱的公比 φ 大于电动机恒功率变速范围 R_{DP}，即 $\varphi>R_{DP}$，如图7-10a所示。0轴的左边表示电动机在最高转速 n'_{max} 和最低转速 n'_{min} 之间无级变速的功率特性曲线，经三个传动比 u_1、u_2、u_3 的有级变速箱变速后，将转速范围扩大为 $n_{max}\sim n_{min}$，在此范围内主轴Ⅰ的功率特性曲线的右边形成两个缺口，称为功率降低区。这显然在每一档内有部分低转速只能恒转矩变速，尤其是尖谷处的功率很小。这不符合机床的要求。

当取变速箱的公比 φ 等于或小于电动机的恒功率变速范围 R_{DP}，即 $\varphi\leqslant R_{DP}$ 时，这样，主轴的功率特性曲线缺口完全消除了，如图7-10b所示。主轴的恒功率变速范围分成几段，每段的变速范围等于电动机的恒功率调速范围 R_{DP}。当 $\varphi=R_{DP}$，几段成直线排列，并首尾相连；当 $\varphi<R_{DP}$，几段首尾互相重叠搭接。φ 愈小，则重合长度愈大。这样会使变

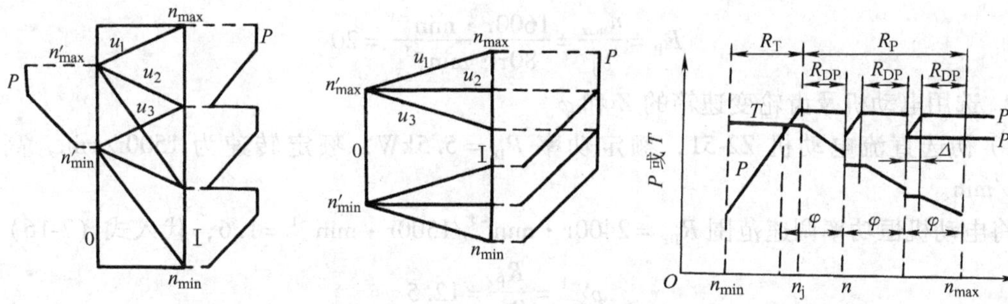

a)　　b)　　c)

图 7-10　调速电动机变速系统的功率、转矩特性曲线

速范围难以扩大，如果按照机床要求来扩大变速范围时，则需增加有级变速箱的传动副，从而增加机械结构的复杂性。如数控车床车端面时，为保持恒切削速度，可采用恒功率重合方案。

为使电动机恒功率范围 R_{DP} 和变速级数 Z 不致过大（简化机械结构），常在主轴恒功率区内保留一定宽度的"缺口"，即 $\varphi > R_{DP}$，如图 7-10c 并将电动机的额定功率 P_D 选得稍大于机床实际需要的最大功率 P_{max}，即 $P_D > P_{max}$，使缺口尖谷处功率 P_0 能满足机床要求，实际设计中经常采用这种办法。电动机功率降低区的变速范围（即"缺口"的宽度）Δ 为

$$\Delta = \frac{\varphi}{R_{DP}} = \frac{P_D}{P_0} \tag{7-15}$$

式中　P_0——功率降低区内的最小输出功率，单位为 kW。

齿轮变速箱的变速级数 Z 和公比 φ 可由下式计算

$$\varphi^{z-1} = \frac{R_P}{R_{DP}} \tag{7-16}$$

当 R_P 和 R_{DP} 为已知值时，可由表 7-6（$\varphi > 2$ 时）查出几组可能的 φ 和 Z 的组合，再根据所选用电动机的 P_D、R_{DP} 和机床所允许的 P_0，按式（7-15）确定一组合适的 φ 和 Z 值。

表 7-6　φ 和 Z 值

Z \ R_P/R_{DP} \ φ	2.11	2.24	2.37	2.51	2.66	2.82	2.99	3.16	3.35	3.55	3.76	3.98
2	2.11	2.24	2.37	2.51	2.66	2.82	2.99	3.16	3.35	3.55	3.76	3.98
3	4.47	5.01	5.62	6.31	7.08	7.94	8.91	10.0	11.2	12.6	14.1	15.8
4	9.44	11.2	13.3	15.8	18.8	22.4	26.6	31.6	37.6	44.7	53.1	63.1

注：$\varphi \leqslant 2$ 时，查《机床设计手册》编写组编。

在决定变速箱的公比 φ、变速级数 Z、计算转速 n_j 和所传递的功率之后，就可以按照有级变速箱的一般方法设计。下面以某型数控机床的主运动变速系统为例，简要说明这类无级变速系统的设计方法。

（四）设计举例

设计一数控镗铣机床的无级调速电动机主运动变速系统。已知：主轴的转速 n_{max} = 1600r/min，n_{min} = 12.5r/min，n_j = 80r/min，主轴上的最大输出功率为 P_{max} = 5kW。

1. 确定主轴恒功率范围

$$R_P = \frac{n_{max}}{n_j} = \frac{1600\text{r} \cdot \text{min}^{-1}}{80\text{r} \cdot \text{min}^{-1}} = 20$$

2. 选用电动机及齿轮变速箱的 Z 和 φ

1）初选直流电动机 Z2-51，额定功率 $P_D = 5.5\text{kW}$，额定转速为 1500r/min，高速为 2400r/min。

将电动机恒功率调速范围 $R_{DP} = 2400\text{r} \cdot \text{min}^{-1}/1500\text{r} \cdot \text{min}^{-1} = 1.6$，代入式（7-16）得

$$\varphi^{z-1} = \frac{R_P}{R_{DP}} = 12.5$$

根据以上计算，查表 7-6 得下列两组 φ 和 Z：$\varphi = 2.37$，$Z = 4$；$\varphi = 3.55$，$Z = 3$。选用 $\varphi = 2.37$，$Z = 4$，代入式（7-15）得

$$P_0 = \frac{P_D R_{DP}}{\varphi} = \frac{5.5 \times 1.6}{2.37}\text{kW} = 3.72\text{kW}$$

功率降低区的最小输出功率 P_0 仅 3.72kW，与要求的 P_{max} 相差过大，不能适用（若选用 $\varphi = 3.55$，P_0 将更小）。

2）改选直流电动机 Z2-52，额定功率 $P_D = 7.5\text{kW}$，额定转速为 1500r/min，高速为 2400r/min。

R_{DP}仍为 1.6，φ^{z-1}仍为 12.5，仍选用 $\varphi = 2.37$，$Z = 4$，代入式（7-15）得

$$P_0 = \frac{P_D R_{DP}}{\varphi} = \frac{7.5 \times 1.6}{2.37}\text{kW} = 5.06\text{kW}$$

所以选用 7.5kW 的电动机，4 级变速箱，$\varphi = 2.37$，正符合要求。

三、电主轴

电主轴的电动机转子与主轴为一体，置于前后轴承之间，电动机定子则在套筒内，一般前支承采用两个径向推力轴承。由于转动的零件少，主轴直接支承在前后轴承之间，所以可实现高速运转，主轴部件结构紧凑。电主轴可作为一个功能部件进行专业化生产。电主轴的无级变速方式，多数厂家只提供变频和矢量控制两种选择。

电主轴以主轴套筒外径为主要规格，当前市场可供应的最小尺寸为 ϕ33mm（瑞士 IBAG 公司），相应最高转速为 100000r/min，功率为 0.165kW，最大尺寸为 ϕ300mm（GMN 产品），其最高转速为 6000r/min，功率为 36kW。我国洛阳轴承研究所已开发生产 8 大类、13 个系列共 160 种电主轴，额定转速为 5000 ~ 150000r/min，功率为 0.2 ~ 75kW，输出方式分恒转矩和恒功率两种制式。

第八节　进给传动系统设计概述

进给传动系统是用来实现机床的进给运动和某些辅助运动（如快进、快退、调位等运动），它可以采用机械、液压或电气等传动方式。

一、进给传动系统的组成

图 7-11 是两种典型机床的进给传动框图。其主要组成部分为动力源、传动装置和执行件。

1. 动力源

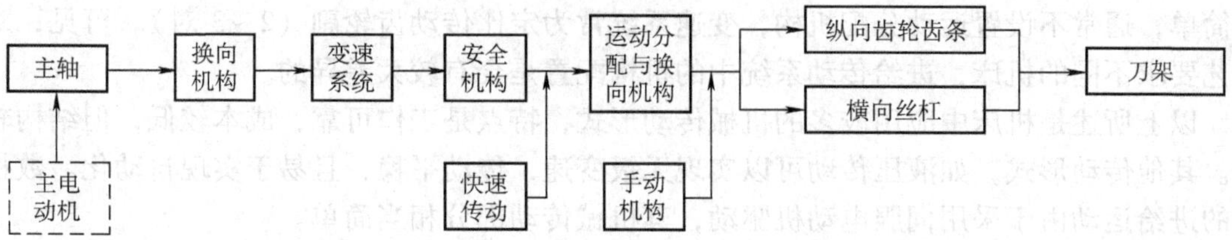

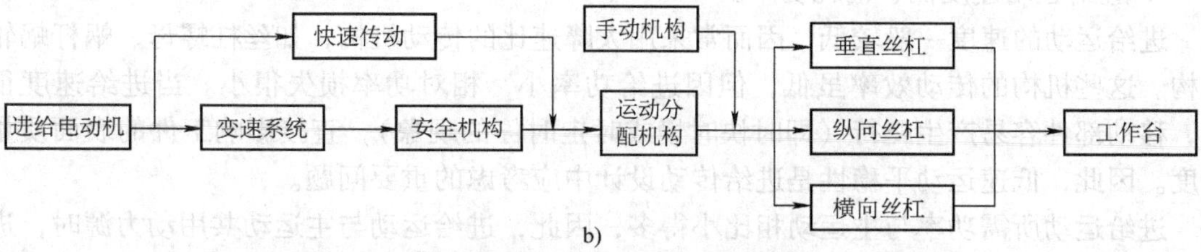

图 7-11　两种典型机床进给传动框图
a）CA6140 型卧式车床进给系统　b）卧式升降台铣床进给系统

进给运动的动力源，通常是各类电动机。当进给运动与主运动共用一个动力源时，它一般以主轴为始端，刀架或工作台为末端，进给量表示为 mm/r，如车床、钻床、镗床等。当进给运动为单独动力源时，则以电动机为始端，末端仍为刀架或工作台，进给量表示为 mm/min，如铣床。数控机床的进给运动一般采用单独的动力源。

2. 传动装置

传动装置通常包括变速系统、换向机构、运动分配机构、安全机构、运动转换机构等。变速系统用以改变进给量的大小，进给量的级数越多，变速范围越大，则变速系统越复杂。当有几条进给传动链传递运动时，变速系统应设置在运动分配机构之前，为各条传动链所共用，以简化机床结构。

换向机构尽可能放在靠近执行件处，这样可以使参与换向的零件少些，以减小换向冲击。因此，换向机构一般放在变速系统的后面。换向机构若放在运动分配机构之后，则各条传动链需分别设置换向机构，结构较复杂。例如，CA6140 型卧式车床进给传动链，第一个换向机构放在变速系统前面，用作车左、右螺纹时的换向；而第二个换向机构与运动分配机构组合在一起，由一个十字手柄控制纵、横向进给。卧式升降台铣床进给链则是先换向后分配，即由进给电动机正反转来换向，再由分配机构实现纵向、横向或垂直进给。

安全机构一般放在变速系统之后，运动分配机构之前，以便于各条传动链共用一个安全机构，并应尽量安排在较高转速的轴上。

当输出为直线运动时，运动转换机构常采用丝杠螺母副或齿轮齿条副，当输出为回转运动时，则常采用蜗杆蜗轮副。

3. 执行件

进给运动的执行件通常为刀架或工作台。例如，卧式车床的执行件是溜板刀架，卧式或立式铣床的执行件是工作台等。

此外，为节省辅助时间、改善工作条件以及便于调整机床，还要设置快速运动传动链和其他辅助装置。

图 7-11 所示两种机床均为通用机床，各种机构配置比较齐全。而专用机床的结构则较

为简单，通常不设置运动分配机构，变速系统常为定比传动齿轮副（2~3对）。可见，对于工艺要求不同的机床，进给传动系统中的机构配置是会有较大差异的。

以上所述是机床中应用较多的机械传动形式，特点是工作可靠，成本较低，但结构较复杂。其他传动形式，如液压传动可以实现无级变速，传动平稳，且易于实现自动化。数控机床的进给运动由于采用伺服电动机驱动，其机械传动部分相当简单。

二、进给传动系统的特点

1. 进给运动速度低、消耗功率少

进给运动的速度一般较低，因而常采用大降速比的传动机构，如丝杠螺母、蜗杆蜗轮等机构。这些机构的传动效率虽低，但因进给功率小，相对功率损失很小。当进给速度很低时，移动部件容易产生爬行（即时快时慢或时走时停的现象），直接影响工件的表面质量和精度。因此，低速运动平稳性是进给传动设计中应考虑的重要问题。

进给运动所需功率与主运动相比小得多，因此，进给运动与主运动共用动力源时，进给功率可以不计。采用单独动力源的进给功率计算，主要考虑切削力和摩擦力的影响，有垂直进给运动时，还要考虑移动部件重力的影响和是否有平衡配重等因素。

2. 进给运动数目多

不同的机床对进给运动的种类和数量要求也不同，例如，立式钻床只要求一个进给运动，卧式车床为两个（纵、横向），而卧式镗床则有五个进给运动。进给运动越多，相应的各种机构（如变速与换向、运动转换以及操纵等机构）也就越多，结构更为复杂。

3. 恒转矩传动

进给运动的载荷特点与主运动不同。当进给量较大时，常采用较小的背吃刀量；当进给量较小时，则选用较大的背吃刀量。所以，在采用各种不同进给量的情况下，其切削力大致相同，即都有可能达到最大进给力。因此，进给传动系统最后输出轴的最大转矩可近似地认为相等。这就是进给传动恒转矩工作的特点。

第九节　数控机床进给传动系统及组成元件

一、数控机床进给传动系统的组成和特点

数控机床的进给传动系统通常称为伺服进给系统，它由伺服电路、伺服驱动元件、机械传动装置和执行件组成。伺服电路的作用是将数控系统发出的指令脉冲经控制和功率放大后传给驱动元件。伺服进给系统的运动转换机构一般采用滚珠丝杠螺母副。另外，在闭环或半闭环系统中还要有位移检测装置。

数控机床是将高效率、高精度和高柔性集中于一体的机床，因此，对伺服进给系统也提出了很高的要求。

1. 传动精度高

伺服进给系统的传动精度高。因此，除要求各环节的自身精度较高外，还要求传动装置具有无间隙、低摩擦、小惯量、高刚度以及适宜的阻尼比等特点。

2. 响应速度快

伺服进给系统应具有良好的快速响应特性，执行件跟踪指令信号的响应速度要快，过程时间要短，一般在200ms以内，要求较高时则在几十毫秒以内。

3. 调速范围宽

为了使数控机床能适应各种类型的刀具、不同材质的工件以及不同的工艺要求，并尽可能保证在复杂多变情况下能具有最佳切削条件，要求伺服系统具有足够宽的调速范围。例如，以 1μm 的脉冲当量输出时，要求系统在 0 ~ 24m/min 范围内连续可调，并能满足以下的分段要求：

1）在 1 ~ 24000mm/min 范围内，速度均匀、稳定、低速时无爬行。

2）在 1mm/min 以下的低速状态时仍具有一定的响应能力。

3）零速度时，电动机处于伺服锁定状态，工作台停止运动并保持定位精度。零速度起动时具有最大转矩输出。

图 7-12 是数控机床一个坐标轴的进给传动框图，虚框中包含的是伺服进给系统的基本组成单元。现以一个基本组成单元为例，说明数控机床进给传动系统的组成及结构特点。

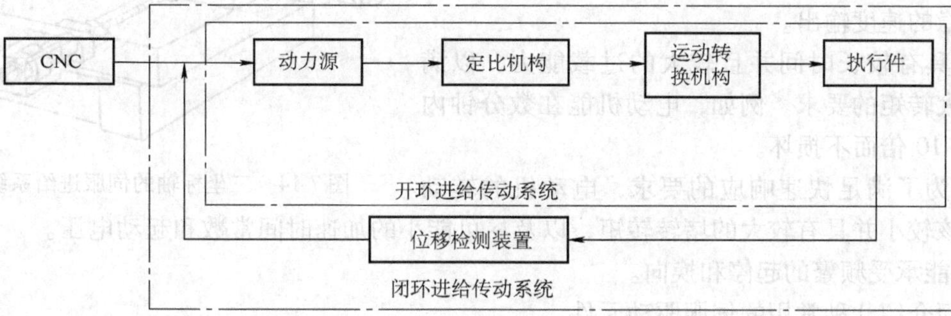

图 7-12　数控机床进给传动框图

如图 7-13 所示，驱动元件 1 根据数控系统的指令驱动进给系统运动。定比机构 2 由一对（或两对）啮合齿轮或同步带传动组成，若选用合适的驱动元件 1，则可以由驱动元件 1 直接驱动运动转换机构 4 实现进给。运动转换机构 4（滚珠丝杠螺母副）将旋转运动转变为直线运动输出。执行件 3（工作台）与滚珠丝杠螺母副中的移动件固定联接。

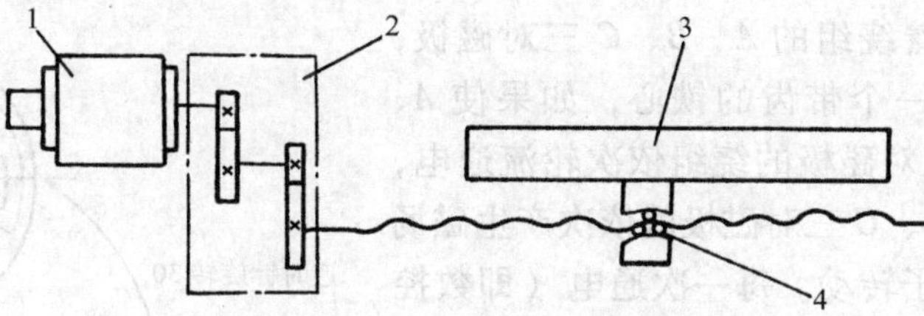

图 7-13　数控机床进给传动系统

1—驱动元件　2—定比机构　3—执行件　4—转换机构

由于驱动元件可在相当大的范围内调速，可以正反转，并具有过载保护能力等，因此，数控机床进给系统的机械部分是相当简单的。例如，数控车床进给系统只需要两个这样的基本组成单元，就能完成刀架纵、横向运动的全部要求。

数控系统中所说的“轴”，即坐标轴，它与进给运动的数目相对应，每一个方向的运动均由单独的电动机驱动并构成以上所述的基本组成单元，“轴”数越多，基本组成单元就越多。数控系统集中控制全部的驱动元件，为使某些运动间保持严格的相对运动关系，数控系统可控制两个或更多的驱动元件联动（即在同一时间里，按统一要求分别运动），因此，数控机床可以加工出形状很复杂的空间曲面。

图 7-14 为典型的三坐标轴伺服进给系统，三个电动机分别驱动 X、Y、Z 三个方向的运

动。根据实际需要，三轴可分别独立运动或 X、Y 向联动（数控系统为三轴二联动）以及 X、Y、Z 三向联动（数控系统为三轴三联动）。

二、伺服驱动元件

伺服进给系统的驱动元件主要用于提供执行件所需的动力和运动，并能实现调速和换向等。驱动元件性能的好坏在很大程度上影响着伺服进给系统的性能。因此，为保证数控机床的质量，驱动元件应满足以下要求：

1）调速范围宽，在整个调速范围内速度稳定，尤其在很低转速时，如 0.1r/min 或更低转速时，仍有平稳的速度输出。

2）具有较长时间并且较大的过载能力，以满足低速大转矩的要求。例如，电动机能在数分钟内过载 5～10 倍而不损坏。

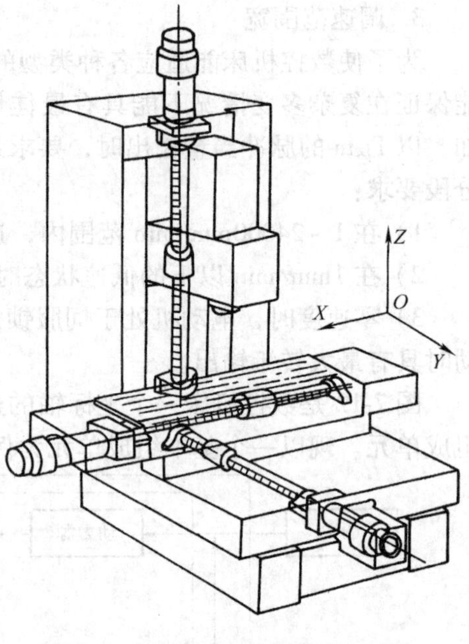

图 7-14 三坐标轴的伺服进给系统

3）为了满足快速响应的要求，电动机的转动惯量应该较小并具有较大的堵转转矩，以及尽可能小的加速时间常数和起动电压。

4）能承受频繁的起停和换向。

下面介绍几种常用的伺服驱动元件。

1. 步进电动机

现以反应式步进电动机为例介绍步进电动机的工作原理。如图 7-15 所示，电动机定子上有绕着绕组的 A、B、C 三对磁极，转子是一个带齿的铁心，如果使 A、B、C 三对磁极的绕组依次轮流通电，则 A、B、C 三对磁极就依次产生磁场吸引转子转动。每一次通电（即数控系统发出一个指令脉冲）转子转过一个角度 α，亦称为转过一步，α 称为步距角。对于每一台步进电动机来说，步距角是一个定值。步进电动机输出转角的大小与输入脉冲数成正比；输出转速的高低与输入脉冲频率成正比；改变通电顺序可改变步进电动机的旋转方向。

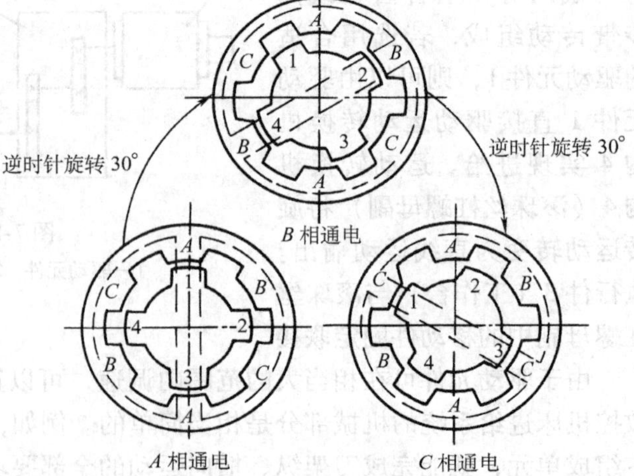

图 7-15 反应式步进电动机工作原理图

步进电动机的主要特点：在一定频率范围内当运动方式任意改变时不会失步。当停止输入控制脉冲后，只要维持控制绕组电流不变，电动机可以保持一个固定位置不变，具有自整步能力，即具有制动能力。没有一周累积误差，因而定位精度较高。但步进电动机在许多性能上不如交、直流伺服电动机，因此主要应用于开环系统。步进电动机还有直线步进电动机，它使开环系统不再需要丝杠螺母副传动。

2. 大惯量直流伺服电动机

大惯量直流伺服电动机又称宽调速直流伺服电动机。根据定子产生磁场的方式不同，可分为永磁式和他励式。永磁式的磁极由永磁材料制成。他励式的磁极则由冲压硅钢片叠成，外绕绕组，通电后产生恒定磁场。目前使用较多的是永磁式。如 FANUC-BESK 宽调速直流电动机，其特点：定子磁极是高性能铁氧体，能承受高的峰值电流，加减速性能好；转子的惯量大，热容量大，过载能力强；低速高转矩，可与进给机构直接联接；调速范围大，低速时仍平滑运转；电刷换向性能好，可靠性高；绝缘性好，寿命长。

直流伺服电动机自身装有位移检测元件，用于伺服进给系统时不再附加位移检测装置就可以构成精度较高的半闭环系统。这种伺服电动机在数控机床的伺服进给系统中得到了广泛的应用。

3. 交流伺服电动机

交流伺服电动机可分为交流异步电动机和交流同步电动机，按产生磁场的方式又可分为永磁式、电磁式等。在数控机床进给驱动中大多采用的是永磁同步交流伺服电动机，其工作原理如图7-16所示。电动机的转子用永磁材料制成（有二极或多极），当定子的绕组通上交流电源后，就产生了旋转磁场，根据同性相斥、异性相吸的原理，定子中产生的旋转磁场吸引转子磁极同步旋转，并输出转矩。

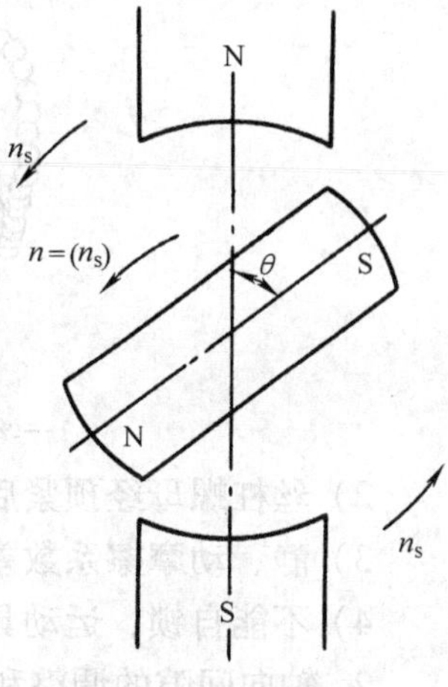

图 7-16　交流伺服电动机工作原理图

同直流伺服电动机相比，交流伺服电动机结构简单、体积小、制造成本低，交流伺服电动机没有电刷和换向器，不需要经常维护。直流伺服电动机换向器换向时的火花限制了电动机的最高转速，并使应用环境受到限制，而交流伺服电动机没有这些限制。交流伺服电动机的转子惯量较小，使动态响应更好。随着微机的发展和新型大功率晶体管的研制成功，交流伺服电动机在数控机床伺服进给系统中的应用越来越普遍。

三、滚珠丝杠螺母副

1. 工作原理与特点

滚珠丝杠螺母副的结构及原理如图7-17a所示。丝杠1和螺母3之间填入钢珠2。这就使丝杠1与螺母3之间的运动成为滚动。螺纹截面为圆弧，其半径略大于钢珠半径，螺母3装到丝杠1上则形成螺旋滚道，钢珠2在滚道中密填，并形成闭合的循环回路。图7-17b中，钢珠从 A 点走到 B 点、C 点、D 点然后经返向回珠器4从螺纹的外圆顶上回到 A 点。螺纹每一圈形成一个钢珠2的循环回路。回珠器4处于螺母3之内，称为内循环。图7-17c中，每一列（一个循环）钢珠转几圈后经插管式回珠器5返回。插管式回珠器5位于螺母3之外，称为外循环。内循环每列只有一圈（一个导程），一个螺母通常有3~5列。外循环一个螺母有一或几列，每列1.5圈、2.5圈、3.5圈等。外循环式结构简单，工艺性好，但插管的刚性及耐磨性较差，滚道接缝处很难做平滑，影响滚珠滚动的平稳性，噪声较大。内循环式由于单圈自成循环回路（有若干圈），滚珠流动性好，刚性好，定位可靠，传动效率高，摩擦损失较小，但回珠器结构复杂，制造较困难，且不能用于多线螺纹传动。

滚珠丝杠螺母副又称为滚动螺旋传动，它具有以下特点：

1）摩擦损失小，传动效率可达0.90~0.96。

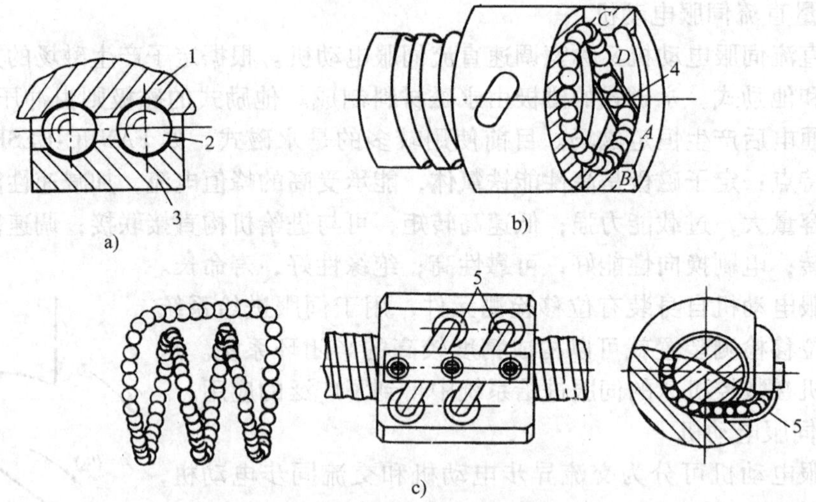

图 7-17　滚珠丝杠螺母副结构及原理

1—丝杠　2—钢珠　3—螺母　4—返向回珠器　5—插管式回珠器

2）丝杠螺母经预紧后，可以完全消除间隙，提高了传动刚度。

3）静、动摩擦系数差异很小，运动灵敏度高，不易产生爬行。

4）不能自锁，运动具有可逆性，丝杠垂直安置时，通常应采取安全制动措施。

2. 轴向间隙的调整和预紧

数控机床上常采用两个螺母的滚珠丝杠螺母副，通过使两个螺母产生轴向相对位移，以消除与丝杠之间的间隙，并产生预紧力。

（1）螺纹调隙式　如图 7-18a 所示，通过前螺母 4 调节，可以使螺母 1 和螺母 2 分别有一个向左和右的微小位移，从而消除间隙。后螺母 3 起锁紧作用。这种方法结构紧凑，工作可靠，调整较方便。但调整位移量不易精确控制，也不能准确控制预紧力。

（2）垫片调隙式　如图 7-18b 所示，通过对垫片修磨来改变其厚度，可以使两个螺母产生轴向相对位移。这种方法结构较为简单，刚性好，但调整不太方便，常用于一般精度要求的场合。

（3）齿差调隙式　如图 7-18c 所示，两个螺母凸缘上均有外齿，并分别与紧固在螺母座两端的内齿圈（或齿块）相啮合，两端的齿数 z_1 和 z_2 的齿数差为 1。调整时，先将两个内齿圈（或齿块）分别与外齿轮脱离啮合，然后使两个螺母同方向转过一齿后再啮合固定，这时两个螺母沿轴向相对移动了一个微小位移，从而使间隙消除。此种方法能很精确地调整预紧力，但结构复杂。因此多用于调整精度要求较高的场合，在数控机床中应用较多。

3. 滚珠丝杠的支承及预拉伸

丝杠在工作时难免要发热，其温度将高于床身，由此产生的热变形使定位精度有可能超差。因此，对于精度要求较高的进给系统，可以考虑采取丝杠的预拉伸安装，即在调节推力轴承的同时，使丝杠拉伸并产生预紧力。另外，丝杠两端的支承形式、联接刚度对进给系统的传动精度有很大影响。因此，选择适当的轴承及其支承形式是十分重要的。数控机床进给系统中滚珠丝杠常用的支承形式如图 7-19 所示。

1）图 7-19a 所示为一端固定一端自由。这种形式系统轴向刚度低，一般适用于短丝杠、垂直进给或低速场合。

2）图 7-19b 所示为一端固定一端简支。这种形式系统轴向刚度不高，适用于较长丝杠及中速场合。

3）图 7-19c 所示为两端固定。这种形式可对丝杠进行预拉伸，轴向刚度较高，预加载荷较大，适用于中速、精度高的场合。

4）图 7-19d 所示为两端分别固定。这种形式也可对丝杠进行预拉伸，系统调整时可在较小的轴向载荷下得到很高的轴向刚度，适用于高速、高刚度、高精度的场合。

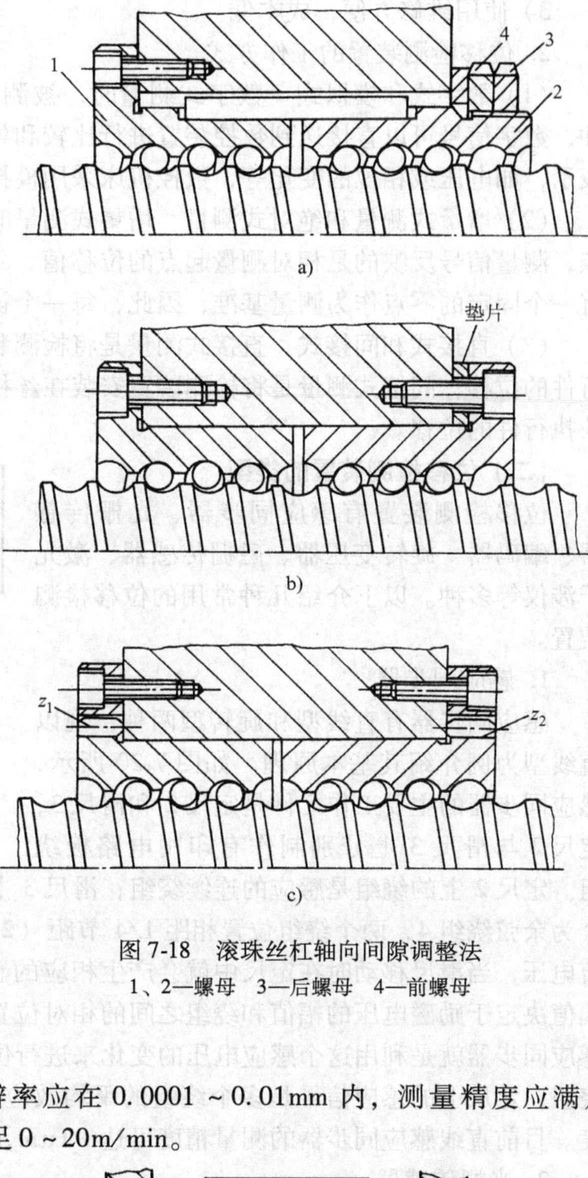

图 7-18　滚珠丝杠轴向间隙调整法

1、2—螺母　3—后螺母　4—前螺母

四、位移检测装置

（一）位移检测装置的要求与工作方式

1. 位移检测装置的要求

在数控机床的闭环或半闭环系统中，必须要有检测装置对运动件的运动加以检测，向控制系统提供反馈信号，并与控制脉冲进行比较来准确地控制机床运转。位移检测系统用来检测和控制运动部件的移动量，它是保证机床工作精度和效率的关键，并应满足以下要求：

1）工作可靠。抗干扰能力强，受温度和湿度等环境因素的影响小。

2）满足精度和速度的要求。其分辨率应在 0.0001 ~ 0.01mm 内，测量精度应满足 ±(0.0001 ~ 0.02)mm/m，运动速度应满足 0 ~ 20m/min。

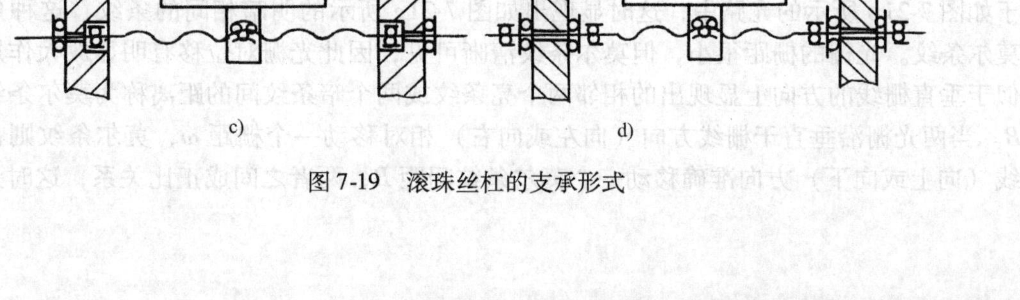

图 7-19　滚珠丝杠的支承形式

3）使用维修方便，成本低。

2. 位移检测装置的工作方式

（1）数字式和模拟式　数字式测量时，被测量以数字形式表示，测量信号一般为电脉冲，数字信号可以直接送到数控装置进行比较和处理；模拟式测量时，被测量用连续变量来表示，如电压或相位的变化等，数控机床采用模拟式测量主要用于小量程测量。

（2）增量式测量和绝对式测量　增量式测量时，量程范围内的任一点都可作为测量的起点，测量信号反映的是相对测量起点的位移值，不反映被测件的绝对位置；绝对式测量时，有一个固定的零点作为测量基准，因此，每一个被测点都有一个相对应的测量值。

（3）直接式和间接式　直接式测量是将检测装置安装在执行件上，测量信号直接反映执行件的位移；间接式测量是将检测装置安装在丝杠轴或伺服电动机轴上，测量信号间接地反映执行件的位移。

（二）位移检测装置的类型

位移检测装置有感应同步器、光栅传感器、编码器、旋转变压器、磁栅传感器、激光干涉仪等多种。以下介绍几种常用的位移检测装置。

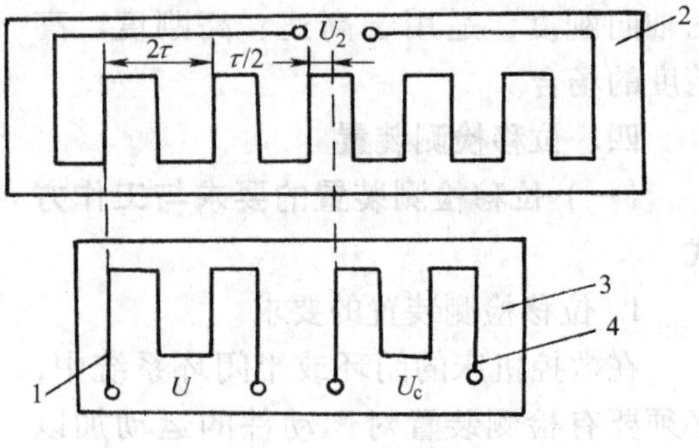

图 7-20　感应同步器工作原理图

1—正弦绕组　2—定尺　3—滑尺　4—余弦绕组

1. 感应同步器

感应同步器有直线型和旋转型两种，现以直线型为例介绍其基本原理。如图 7-20 所示，感应同步器的主要工作元件是定尺 2 和滑尺 3，定尺 2 与滑尺 3 上分别制作有印刷电路板绕组。定尺 2 上的绕组是感应的连续绕组；滑尺 3 上有两个励磁绕组，一个为正弦绕组 1，一个为余弦绕组 4，两个绕组位置相距 1/4 节距（2τ）。在滑尺绕组上施加一定频率的励磁交流电压，当滑尺移动时在定尺中就会产生相应的感应电压，其频率与励磁电压的频率相同，幅值决定于励磁电压的幅值和绕组之间的相对位置变化所形成的相位差且呈余弦规律变化。感应同步器就是利用这个感应电压的变化来进行位移检测的。由于感应同步器采用的是多极绕组，定尺上的感应信号是多个绕组的平均效应，因而感应同步器可以达到较高的测量精度。目前直线感应同步器的测量精度可达 $\pm 1\mu m$，重复精度为 $0.2\mu m$。

2. 光栅传感器

光栅传感器有长光栅和圆光栅两类，长光栅又称光栅尺，用于长度或直线位移测量；圆光栅又称光栅盘，用于角度或转角位移测量。

光栅传感器的工作原理如图 7-21 所示。在制作光栅用的玻璃尺或玻璃圆盘上刻划出密集的长刻线，这时显现出黑白相间的细条纹，即光栅（图 7-21a）。两相邻刻线的距离 ω 称为栅距。把一对栅距相等的光栅互相叠合，并使两块光栅的栅线形成很小的夹角 θ，将其置于如图 7-21b 所示的光路中，这时显现出如图 7-21c 所示的明暗相间的条纹，这种条纹称为莫尔条纹。光栅的栅距很小，但莫尔条纹清晰可见，因此光栅对位移有明显放大作用。在近似于垂直栅线的方向上显现出的相邻两个亮条纹或两个暗条纹间的距离称为莫尔条纹的间距 B。当两光栅沿垂直于栅线方向（向左或向右）相对移动一个栅距 ω，莫尔条纹则在平行栅线（向上或向下）方向准确移动一个莫尔条纹间距 B，两者之间成正比关系，这时光路中的光电元件5输出的电信号变化一个周期。光电流经处理后，转换为数字脉冲信号，因而可准确测量并显示被测部件的位移大小、方向和速度。为了提高测量精度，光栅传感器具有精密的电子细分电路，可以将光栅传感器的分辨率提高很多倍。光栅传感器的测量精度可达$\pm 0.1\mu m$。

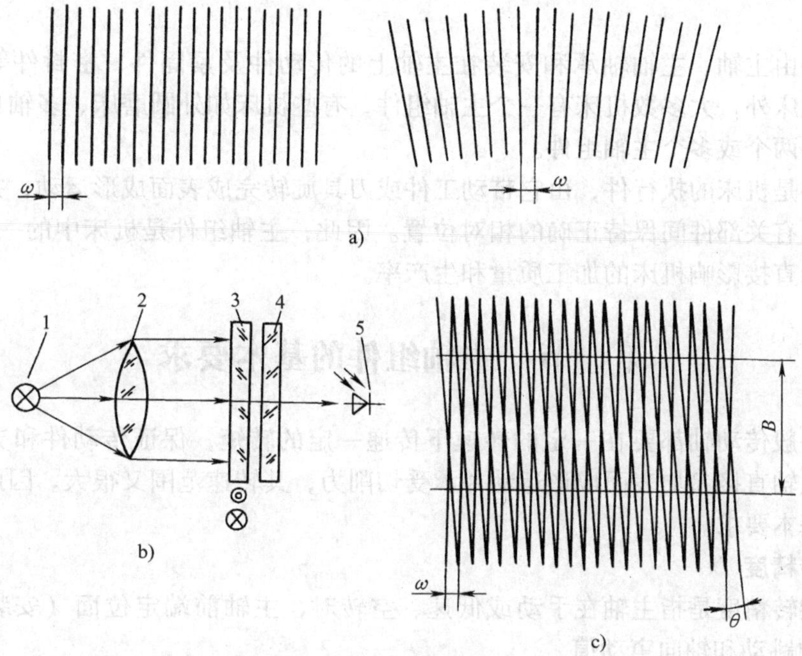

图7-21　光栅及光栅测量原理图

1—光源　2—聚光透镜　3—标尺光栅　4—指示光栅　5—光电元件

习题与思考题

7-1　机床设计应满足哪些基本要求？

7-2　影响机床总体布局的基本因素是哪些？试举例说明。

7-3　机床的主参数包括哪几种？它们各自的含义是什么？

7-4　为何有级变速系统中的主传动系统的转速排列常采用等比数列？

7-5　公比φ的标准数列有何特性？公比φ的选用原则是什么？

7-6　试述转速图的构成内容和绘制。

7-7　什么是变速组的级比和级比指数？正常的有级主传动系统的某扩大组的级比指数与传动副数有何关系？

7-8　拟定转速图时，要遵守哪些一般原则？并写出其数字表示式，并说明理由。

7-9　简要说明进给传动系统的组成及其特点。

7-10　试说明数控机床对伺服进给系统的要求及伺服进给系统的组成特点。

7-11　在伺服进给系统中，为什么普遍采用滚珠丝杠螺母副传动？其主要特点是什么？

7-12　在伺服进给系统中有哪些测量方式？试说明光栅传感器的工作原理及其作用。

第八章 主轴组件

主轴组件由主轴、主轴轴承和安装在主轴上的传动件及紧固件、密封件等组成。除刨床、拉床等机床外，大多数机床有一个主轴组件，有些机床如外圆磨床、多轴自动车床、组合机床等则有两个或多个主轴组件。

主轴组件是机床的执行件，由它带动工件或刀具旋转完成表面成形运动，并使刀具或工件与机床其他有关部件间保持正确的相对位置。因此，主轴组件是机床中的一个关键组件，它的工作性能直接影响机床的加工质量和生产率。

第一节 主轴组件的基本要求

主轴和一般传动轴都要在一定的转速下传递一定的转矩，保证传动件和支承的正常工作。但是，主轴直接参加表面成形运动并承受切削力，其转速范围又很大。因此，主轴组件应满足下列基本要求。

一、旋转精度

主轴的旋转精度是指主轴在手动或低速、空转时，主轴前端定位面（安装工件或刀具部位）的径向跳动和轴向窜动值。

当主轴以工作转速旋转时，主轴回转轴线的漂移量，即主轴的运动精度，对于精密和高精度机床是不能忽略的。

各类通用机床主轴组件的旋转精度，已在机床精度标准中作了规定；专用机床主轴组件的旋转精度则根据工件精度要求确定。

主轴组件的旋转精度取决于部件中各主要件（如主轴、轴承及支座孔等）的制造精度和装配、调整精度；运动精度还决定于主轴的转速、轴承的设计和性能、润滑剂和主轴组件的动态特性。

二、静刚度

静刚度简称刚度，是指主轴组件在受外载时抵抗变形的能力。

主轴组件的弯曲刚度以主轴前端部产生单位位移（μm）时，在位移方向上所施加的作用力 F（N）大小来表示。如图 8-1 所示，即 $K=\dfrac{F}{Y}$（单位为 N/μm）。显然，主轴组件的刚度越高，主轴受力后的变形越小；如若刚度不足，主轴和支承将产生较大的弹性变形，不仅影响工件的加工质量，还会破坏齿轮、轴承的正常工作条件，磨损加快、精度下降。

主轴组件的刚度与主轴结构尺寸，所选用的轴承类型和配置及预紧，支承跨距和主轴前端悬伸量，传动件的布置方式，主轴组件的制造和装配质量等有关。

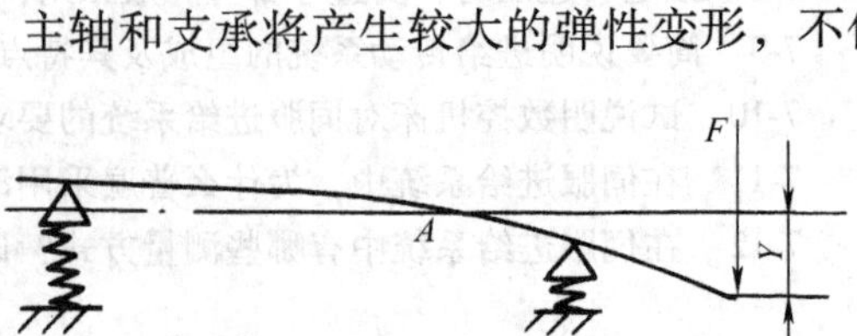

图 8-1 主轴组件静刚度

三、抗振性

主轴组件的抗振性是指其抵抗受迫振动和自激振动而保持平稳运转的能力。如果主轴组件的抗振性差，工作时容易产生振动，会影响工件的表面质量和机床的生产率，降低刀具耐用度和主轴轴承的寿命，还会产生噪声影响工作环境等。随着机床向高精度、高生产率方向发展，对抗振性要求越来越高。

影响抗振性的因素主要有：主轴组件的刚度、固有频率、阻尼特性等。

四、温升和热变形

主轴和传动机构在运转中，由于摩擦和搅油等耗损而产生热量，出现温升。

温升使润滑油粘度下降或润滑脂熔化而流失；温升产生热变形，使轴承间隙变化，影响轴承寿命，而且使主轴膨胀致使轴线偏离正确位置或倾斜，直接影响加工精度。

轴承的温升与转速有关。主轴轴承在最高转速空转、连续运转至热稳态时允许温升为高精度机床——8～10℃、精密机床和数控机床——15～20℃、普通机床——30～40℃。滚动轴承的温度不得超过70℃；滑动轴承的温度不得超过60℃，对特别精密的机床不得超过室温10℃。

影响主轴组件温升、热变形的主要因素有：轴承的类型和布置方式；轴承间隙及预紧力大小；润滑方式和散热条件等。

五、耐磨性

主轴组件的耐磨性是指长期保持其原始精度的能力，即精度的保持性。因此，主轴组件各个滑动表面，包括主轴端部定位面、锥孔；与滑动轴承配合的轴颈表面；移动式主轴（如钻床、镗床和坐标镗床、某些加工中心等）套筒外圆表面等，必须具有很高的硬度，以保持其耐磨性。

为了提高耐磨性，要正确地选择主轴和滑动轴承的材料与热处理方法、润滑方式，合理调整轴承间隙、良好的润滑和可靠的密封。

数控机床的工作特点是工序高度集中，一次装夹可完成大量的工序，主轴的变速范围很大，既要满足高速性能的要求，又要适应低速的要求；不但要完成精加工，还要适应粗加工，主轴组件应具有高精度和高刚度的要求；主轴的转速比一般通用机床大幅度地提高，温升问题更为突出；数控机床要保证自动化工作，对可靠性的要求更高。

因此，数控机床主轴组件对旋转精度、转速、变速范围、刚度、温升、可靠性等性能，一般都应按精密机床的要求，并结合各种数控机床的具体要求综合考虑。如对于高效数控机床主轴组件，应注重高速和高刚度的要求；对于高精度数控机床，应满足高精度、低温升的要求。

此外，数控机床为实现刀具的自动装卸与夹持，主轴内还须设有自动定向和夹紧装置；为保证自动换刀时刀夹键槽对准主轴端的定位键，必须设有主轴准停装置；为使装刀时刀具锥柄能与主轴锥孔紧密接触，还需设置清除主轴锥孔内碎屑的清洁装置。

第二节　主轴组件的典型结构

主轴组件有滚动轴承主轴组件和滑动轴承主轴组件两大类。根据各种机床对主轴组件工作性能（如转速、刚度等）的不同要求，采用滚动轴承的主轴组件，主要以角接触球轴承、双列圆柱滚子轴承和圆锥滚子轴承为基础进行配置的。本节介绍滚动轴承主轴组件的典型结构。

一、车、镗、铣类机床主轴组件

1. 角接触球轴承主轴组件

图 8-2 所示为 CK7815 型数控车床主轴组件，主轴最高转速为 5000r/min。主轴前支承内三个角接触球轴承（P4 级精度）为背靠背组配，其中前面两个同向大口朝外（$\alpha=25°$），第三个大口朝里（$\alpha=15°$），同时能承受径向载荷和两个方向的轴向载荷。转动调整螺母 4，推动内隔套 3 和内圈（修磨量出厂时已配好），可以预紧前轴承，用锁紧螺母 5 及柱销防止调整螺母 4 回松，不影响主轴的精度。V 形带轮在主轴尾部悬伸端，后支承的径向载荷较大，故采用双列圆柱滚子轴承（SP 级精度）。该轴承内圈的锥孔锥度为 1∶12，转动螺母 13 推动同步齿形带轮 12 和内套 11，使内圈右移（向大锥颈方向），迫使内圈径向胀大，以消除间隙或预紧，用调整螺母 8 和锁紧螺母 7 可以使调整好的精度不受影响；该轴承的外圈可以分离，主轴因热胀伸长时连带轴承内圈和滚子在外圈内滚道上轴向自由移动，有利于保证加工精度。后轴承直径比前轴承小，预紧量也小，其温升不会超过前轴承。如果后支承载荷较小时，可以用两个角接触球轴承（$\alpha=15°$）背靠背组配，如 TND360 型数控车床主轴组件。

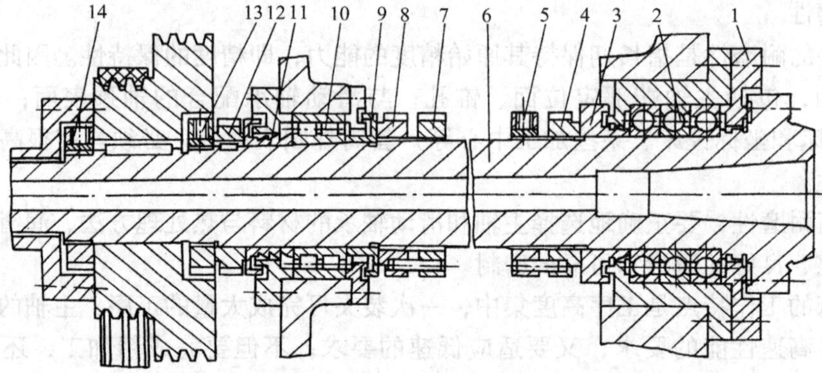

图 8-2　CK7815 型数控车床主轴组件

1—前端盖　2—角接触球轴承　3、9、11—内隔套　4、8—调整螺母
5、7、13、14—锁紧螺母　6—主轴　10—双列圆柱滚子轴承
12—齿形带轮

这类主轴组件前后支承之间无传动件，可以做成一个独立的功能部件（称为主轴单元），易实现分离传动和模块化设计。

这种型式的主轴组件适用于转速较高（$dn \leqslant 500000 \sim 1000000$）、刚度略低的高精度机床。如数控车床、镗床、铣床和磨床及加工非铁金属的车床、铣床等。

2. 双列圆柱滚子轴承主轴组件

图 2-6 为 CA6140 型车床主轴组件改进后的结构。

3. 圆锥滚子轴承主轴组件

图 8-3a 所示为三支承主轴组件，以前中支承为主，采用圆锥滚子轴承背靠背组配，用碟形弹簧 5 来控制预紧力，并补偿因主轴热伸长而使轴承预紧力的变化。这种结构可视作推

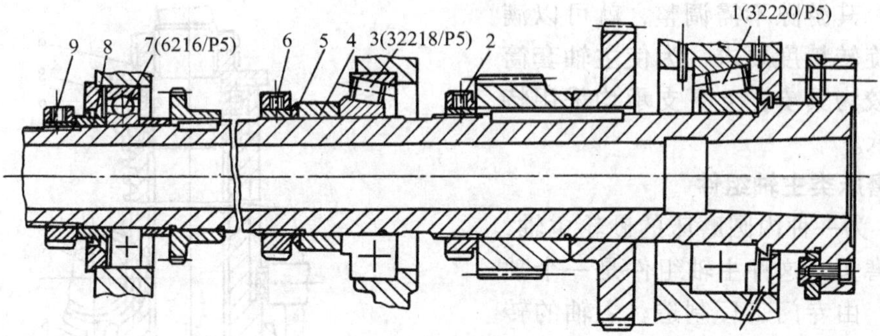

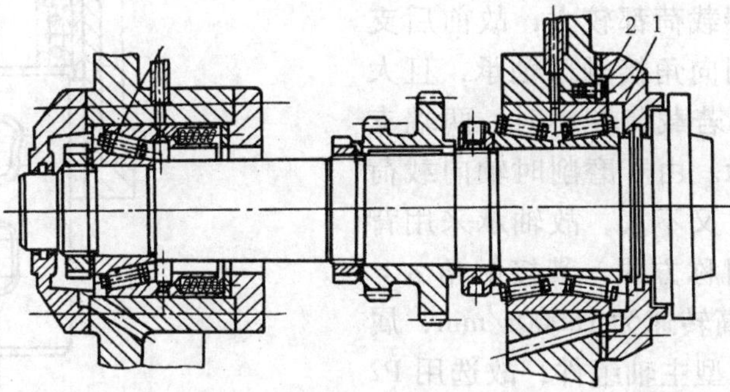

图 8-3 圆锥滚子轴承主轴组件

a）圆锥滚子轴承主轴组件

1、3—圆锥滚子轴承 2、6、9—锁紧螺母 4—隔套 5—碟形弹簧 7—深沟球轴承 8—环

b）加梅轴承主轴组件

1—端盖 2—锁

力支承在前支承，即前端定位。后支承为辅助轴承，采用深沟球轴承 7，不预紧，保留其游隙，当载荷较大时，该支承处挠度超过轴承的游隙时，轴承才参与工作。

图 8-3b 的主轴前支承为 Gamet H 型双列圆锥滚子轴承，外圈与箱体孔保持微小的间隙配合，在弹簧力的作用下，外圈能够向后移动，因此，靠后支承 P 系列轴承中的弹簧力自动消除轴承的间隙，当主轴受热伸长时，轴承的间隙可以保持不变。

此类主轴组件适用于载荷较大，刚度较高，转速较低（$dn \leqslant 250000 \sim 300000$）的机床。图 8-3a 结构适用于普通精度机床，如车床、铣床等。图 8-3b 结构适用于高精度机床，如精密镗床和坐标镗床等。

二、钻床类主轴组件

图 8-4 为摇臂钻床主轴组件。主轴 1 的旋转主运动由其尾部的花键传入，主轴由轴承 3 和 8 支承在套筒 5 内旋转；转动齿轮 6，使套筒（右侧面为齿条）连同主轴作轴向进给运动。

该主轴的轴向力较大，径向载荷较小，如轴向切削力（向上）用推力球轴承 4 承担，主轴的重量由推力球轴承 7 来支承，用螺母 9 消除轴承 4 和 7 的间隙。径向载荷由深沟球轴承3支承，其游隙不需调整，就可以满足主轴的旋转精度要求；为使主轴套筒径向尺寸较为紧凑，上下支承均采用特轻型的轴承。

三、磨床类主轴组件

图8-5为一种内圆磨床的砂轮主轴，又称内圆磨头。这种主轴组件是一个独立的单元，由专门工厂制造。主轴的转动由电动机（$P=1.3\text{kW}$）经平带输入主轴左端平带轮，主轴的右端装砂轮杆。因此，主轴两端载荷都较大，故前后支承都配置两个同向角接触球轴承，且大口向外。例如，若载荷较小时，两端支承各装一个轴承。由于磨削时轴向载荷为左右对称而且又不大，故轴承采用背靠背组配也是对称方式，其接触角 $\alpha=15°$。该主轴最高转速为16000r/min，属于高精度、高速型主轴组件，故选用P2级精度轴承，采用定压预紧方式，预紧力靠螺旋弹簧保证。例如，主轴因运转发热而伸长，其伸长量远小于弹簧的预压量，能自动消除间隙并使预紧力基本保持不变。通过修磨内外圈之间的隔套3和4。可以使两个轴承均匀受力。

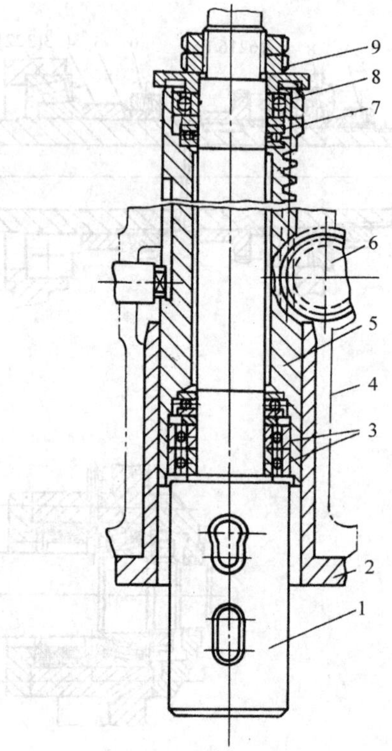

图8-4 摇臂钻床主轴组件

1—主轴 2、5—套筒 3、4、7、8—轴承 6—转动齿轮 9—螺母

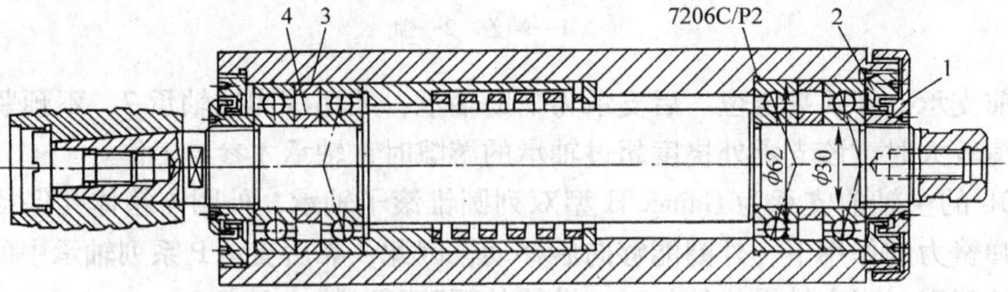

图8-5 内圆磨床砂轮主轴组件

1—外端盖 2—内盖 3—外隔套 4—内隔套

第三节 主轴滚动轴承

主轴组件的工作性能，在很大程度上决定于轴承。机床主轴轴承有滚动轴承和滑动轴承两大类。表8-1是两类三种轴承性能的比较。

轴承的选择应根据主轴组件的工作要求、制造条件和经济效果等综合考虑。

一、主轴常用的滚动轴承

主轴组件中常用的滚动轴承，除圆柱滚子轴承、圆锥滚子轴承、推力球轴承、深沟球轴承等类型外，还有如图 8-6 所示的几种类型。

表 8-1 滚动、动压和静压轴承性能的比较

性能 \ 类型	滚动轴承	动压轴承	静压轴承
旋转精度	一般或较好 在无间隙或预紧下工作时可很高 高速时精度保持性差	单油楔轴承一般 多油楔轴承高，且精度保持性好	可以很高 精度保持性好
刚度	一般或较好 仅与轴承型号有关，与转速无关 预紧后可提高	高 随转速与载荷升高而增大	高 与转速、载荷无关，与节流形式有关，采用薄膜反馈或滑阀反馈时刚度很高
承载能力	一般或较好 主要与轴承型号有关	高 随转速增加而增加	可以很高 不计初压效应时与速度无关，与油腔相对压差有关
抗振性	不好 阻尼比 $\zeta=0.02\sim0.04$	好 阻尼比 $\zeta=0.035\sim0.06$	很好 阻尼比 $\zeta=0.045\sim0.065$
速度性能	低、中速性能较好，适应变速范围大，一般 $v<50\text{m/s}$，高速时受疲劳强度、离心力、温升等限制	中、高速性能好，适应变速范围小，一般 $v=30\sim60\text{m/s}$，低速时形不成油膜，无承载能力，超高速受温升限制	适应各种速度 尤其适用于低速和 $v\geqslant60\text{m/s}$ 的超高速
摩擦损耗	较小 摩擦系数 $\mu=0.002\sim0.008$ 润滑、调整不当时较大	较小 摩擦系数 $\mu=0.001\sim0.008$	很小 摩擦系数 $\mu=0.0005\sim0.001$ 但有相当大的泵功耗
噪声	较大	无噪声	无噪声，但泵有噪声
寿命	受疲劳强度限制	在不频繁启动时寿命较长	寿命无限 但供油设备寿命有限
结构尺寸	轴向小，径向大 推力轴承相反	轴向大，径向小 推力轴承相反	轴向大，径向小 推力轴承相反
制造难易	已标准化、系列化 有专门工厂生产	需本厂自制，工艺要求高	需本厂自制，工艺要求高 还需一套供油设备
使用与维修	可用脂润滑、简单 能在无间隙和预紧下工作，调整容易，维修更换方便	径向和轴向调整较麻烦	径向和轴向调整较麻烦 要求严格的过滤装置，否则易堵塞
成本	已有批量生产的成本低	成本较低，为满足特殊尺寸和特殊要求是经济的	除本身成本外需要一套供油设备，总成本高

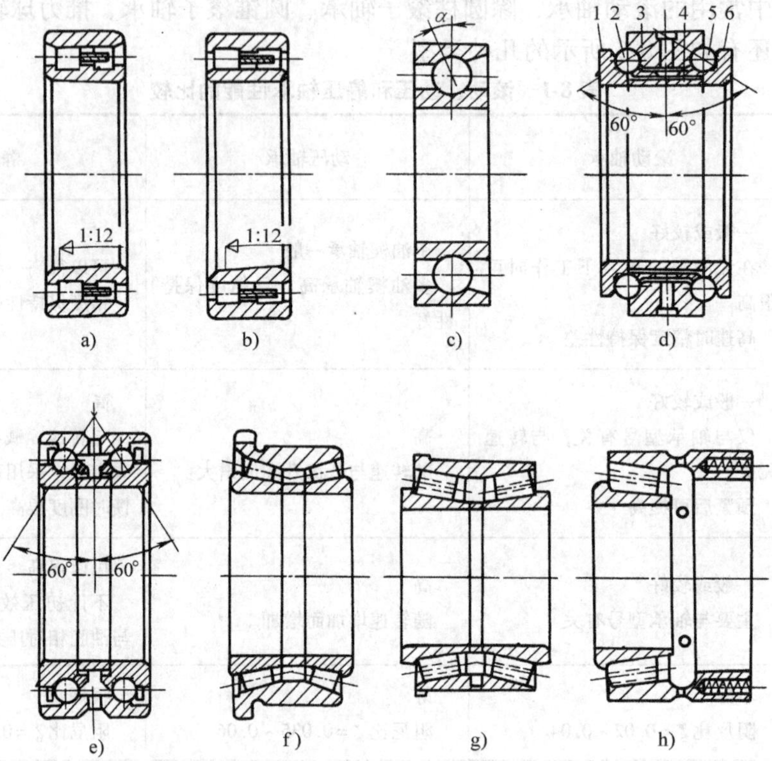

图 8-6　几种常用的主轴轴承

1、6—内圈　2、5—滚珠　3—外圈　4—隔套

1. 双列圆柱滚子轴承（图 8-6a、b）

这类轴承以 NN3000 系列（特轻型）轴承最为常用（图 8-6a），它的挡边在内圈上，外圈可以分离，内圈锥孔锥度为 1:12 与主轴上锥形轴颈相配，内圈轴向右移使径向胀大而消除间隙或预紧。图 8-6b 为超轻型 NNU4900BK 系列轴承，挡边在外圈上，滚动体及保持架与外圈为一体，内圈可以分离，将内圈装到主轴轴颈上再精磨滚道，可以进一步提高精度；外滚道槽易存油，润滑较好，但制造复杂，适用于内径 100mm 以上的大规格轴承。这类轴承的滚子数多（50 ~ 60 个），两列滚子交错排列，其径向刚度和承载能力较大，允许转速较高，它的内外圈均较薄，对主轴颈和箱体孔的制造精度（如形状误差）要求较高。该轴承只能承受径向载荷。适用于载荷和刚度较高、中等转速的场合。

2. 角接触球轴承（图 8-6c）

这种轴承多用于高速主轴。它既能承受径向载荷，又可承受轴向载荷。常用的有 7000C（接触角 $\alpha = 15°$）和 7000AC（$\alpha = 25°$）两个系列。前者转速高，但轴向刚度较低，常用于轴向载荷较小、转速较高的磨床主轴或不承受轴向载荷的车、镗、铣床主轴后轴承。后者轴向刚度较高，但径向刚度和允许转速略低，多用于车、镗、铣、加工中心等主轴。为适应数控机床主轴转速的提高，国外已开发了超高速角接触球轴承（$\alpha = 15°$），如采用陶瓷滚珠和减小滚珠直径，以减小滚珠的离心力，进一步提高轴承的转速。

球轴承为点接触，刚度不高。为提高刚度，同一支承处可以多联组配：如两个（代号为/D）、三个（代号为/T）或四个（代号为/Q）等，常有背靠背（代号为 DB）、面对面（代号为 DF）和同向，即串联（代号为 DT）等安装方式，还可以派生出三联、四联或多联组配方案，如三联组配相当于一对同向与第三个背靠背（标记为 TBT）安装。数控机床的主轴轴承须用 DB 组配，丝杠轴承常用 DT 组配。

3. 双向推力角接触球轴承（图 8-6d）

这种轴承的接触角 $\alpha=60°$，由外圈 3、左右内圈 1 和 6，左右两列滚珠 2 和 5 及保持架、隔套 4 组成。修磨隔套 4 的厚度，可以精确调整间隙或预紧。外圈的公称外径与同孔径的 NN3000K 型轴承相同，但外径公差带在零线下方，与箱体之间有间隙，专作推力轴承使用。与双列圆柱轴承组配用于主轴前支承，特轻型 234400 系列与 NN3000K 型轴承组配使用；超轻型 234900 系列与 NNU4900BK 组配使用。该轴承的轴向刚度较高，允许转速较高。瑞典 SKF 公司产品为双向 $\alpha=40°$ 的，称为 BTA-B 型（如 $\phi100$ 称 BTA100B），$\alpha=30°$ 的称为 BTA-A 型，编号为 246800，形状与 234400 型相同；该公司还有窄形双向的型式（图 8-6e），其内外径和公差与 234400 系列相同，但宽度较窄。日本 NSK 公司的产品形状如同图 8-6c 一样，但滚球直径较小，数量较多。一对背靠背组配，$\alpha=40°$ 的称为 BT10X 系列；$\alpha=30°$ 称为 BA10X 系列（如 $\phi100$ 称 100BA10X）。α 越小，允许转速越高，但轴向刚度越低。

4. 双列圆锥滚子轴承（图 8-6f）

这种轴承有一个公用外圈和两个内圈，外圈的凸肩靠住箱体或主轴套筒的端面，实现轴向定位，用法兰压紧另一端面，凸肩上还有缺口，插入螺钉防止外圈转动。修磨中间隔套可以调整间隙或预紧。两列滚子数目相差一个，改善了轴承的动态特性。该轴承滚子数量多，刚度和承载能力大，既可承受径向载荷，又能承受双向轴向载荷。因箱体上可做成通孔，加工方便，制造精度高，适用于中低速、中等以上载荷机床主轴前支承。由于滚子大端面与内圈挡边为滑动摩擦，发热较大，极限转速受限制，工作时必须有充分的润滑和冷却。

5. 加梅（Gamet）轴承（图 8-6g、h）

这类轴承由法国加梅公司开发生产的。图 8-6g 为 H 系列，结构上与图 8-6f 相似，用于前支承。图 8-6h 为 P 系列，与 H 系列配套，用于后支承。它的外圈上带预紧弹簧（16～20 根），均匀增减弹簧可以改变预加载荷大小。这类轴承的滚子做成空心，保持架为整体结构并充满空间，大部分的润滑油通过滚子内孔流向挡边摩擦处，润滑和冷却效果好，中空并充油的滚子还起吸振和缓冲作用。

二、滚动轴承的配置型式

大多数机床主轴组件采用两支承结构。表 8-2 为常见的两支承主轴轴承的配置型式。其配置和选用的一般原则如下。

1. 适应承载能力和刚度的要求

当径向承载能力和刚度较大时，线接触的圆柱或圆锥滚子轴承要比点接触的球轴承好。一般选用表 8-2 中序号 1 至序号 5 的轴承配置型式；双列轴承（序号 5）比单列（序号 4）的高。径向载荷较小时可选用序号 6 至 8 的配置型式。前支承所受载荷大于后支承，而且前支承变形对主轴轴端位移影响较大，故要求前支承的承载能力和刚度应比后支承大。有冲击载荷时，宜选用滚子轴承。

在轴向承载能力和刚度方面，以推力球轴承最高，圆锥滚子轴承次之，角接触球轴承为最低。但极限转速则是角接触球轴承最高。

表 8-2 几种常见轴承配置型式工作性能的比较

序号	轴承配置型式	前支承		后支承		承载能力		刚度		振摆		温升		极限转速	热变形（前端伸长）
		径向	轴向	径向	轴向	径向	轴向	径向	轴向	径向	轴向	总温升	前支承		
1	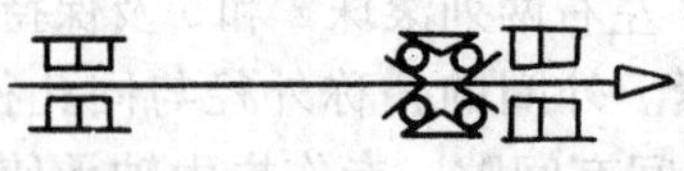	NN 3000K	234400	NN 3000K	—	1.0	1.0	1.0	1.0	1.0	1.0	1.0	1.0	1.0	1.0
2	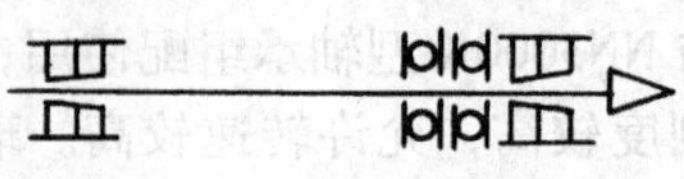	NN 3000K	51000 2个	NN 3000K	—	1.0	1.2	0.9	3.0	1.0	1.0	1.15	1.2	0.65	1.0
3	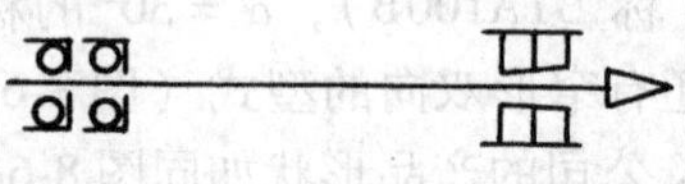	NN 3000K	—	7000AC 2个	—	1.0	0.8	0.8	0.7	1.0	1.0	0.6	0.5	1.0	3.0
4	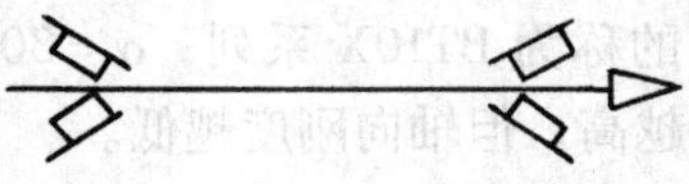	30000	—	30000	—	0.8	1.2	0.7	1.0	1.0	1.0	0.8	0.75	0.6	0.8
5	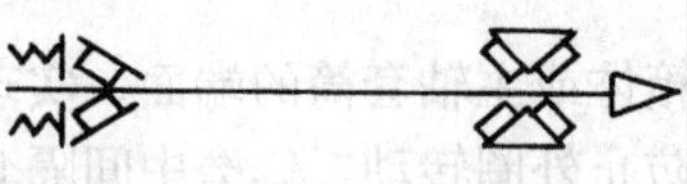	350000	—	30000	—	1.5	1.2	1.15	1.0	1.0	1.0	1.4	1.4	0.6	0.8
6	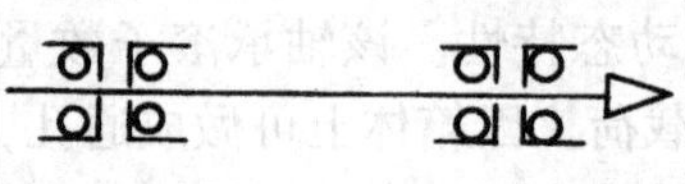	7000AC 2个	—	7000AC 2个	—	0.7	0.7	0.45	0.9	1.0	1.0	0.7	0.5	1.2	0.8
7	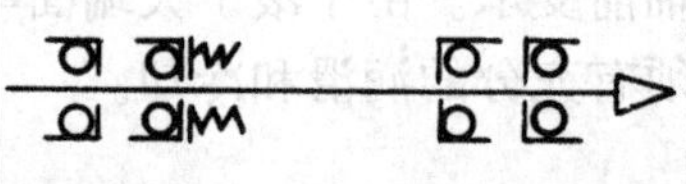	7000AC 2个	—	7000AC 2个	—	0.7	1.0	0.35	2.0	1.0	1.0	0.7	0.5	1.2	0.8
8	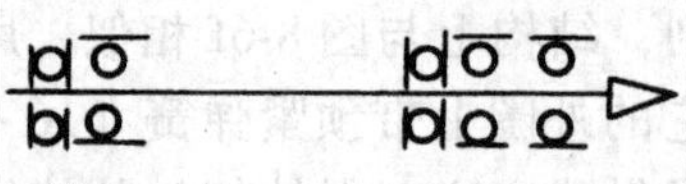	60000	51000	60000	51000	0.7	1.0	0.35	1.5	1.0	1.0	0.85	0.7	0.75	0.85
9	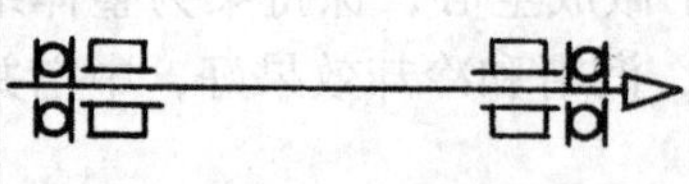	N1000	51000	N1000	51000	0.6	1.0	1.0	1.5	1.0	1.0	1.10	1.0	0.5	0.90

注：工作性能指标用相对值表示（序号 1 为 1.0）；这些主轴部件结构尺寸大致相同。

2. 适应转速的要求

不同型号、规格和精度等级的轴承所允许的最高转速是不同的。在相同条件下，点接触的高，圆柱滚柱比圆锥滚子高。同类型轴承中规格越小，精度等级越高，允许的最高转速也越高。因此，选择轴承应综合考虑转速和承载能力等诸方面的因素。

3. 适应精度的要求

主轴前、后支承处径向轴承类型的选择，主要由该处支承精度和径向载荷来决定。

主轴轴向定位决定于承受轴向载荷的轴承。如推力球轴承、角接触球轴承（单向或双向）、圆锥滚子轴承等。推力轴承的配置方式有三种，其性能比较见表 8-3。

（1）前端定位　推力轴承都集中在前支承，主轴受力变形向后延伸，不影响加工精度，但前支承结构复杂，调整轴承间隙不方便，前支承发热量较大。数控机床的坐标原点常设在主轴前端，为减少热膨胀造成的坐标原点位移，应尽量缩短坐标原点至推力支承之间的距离。

表 8-3 推力轴承配置方式

配置方式	示意图	承载支承	变形情况		间隙调整	前端悬伸量	支承结构		应用范围
			发热变形	承载变形			前支承	后支承	
前端定位	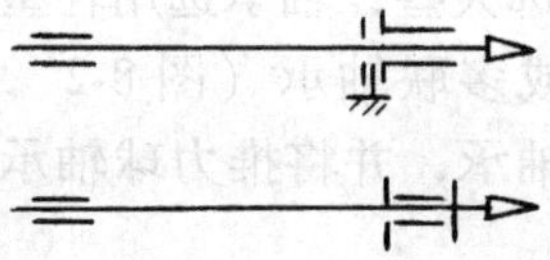	前支承	前支承发热大，温升高，但主轴受热后伸向后长，不影响轴向精度	承受轴向载荷的主轴较短，变形小，精度高，对提高主轴部件刚度有利	调整间隙不便	推力轴承在前支承两侧的较长，均在内侧的可短些	复杂	简单	用于轴向精度和刚度要求较高的高精度机床，如精密车床、铣床、坐标镗床、落地镗床等 对前支承要采取散热措施
后端定位	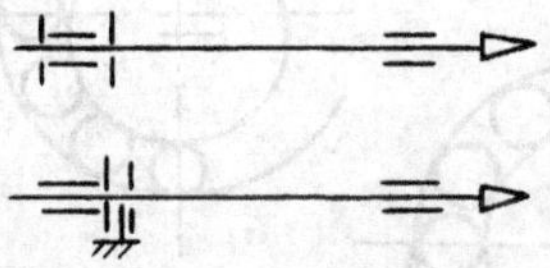	后支承	前支承发热小，温升低，但主轴受热后向前伸长，影响轴向精度	主轴受压段较长，细长主轴易引起纵向弯曲变形，精度差	调整间隙较方便	短	简单	复杂	用于轴向精度要求不高的普通精度机床，如立铣、多刀车床等
两端定位	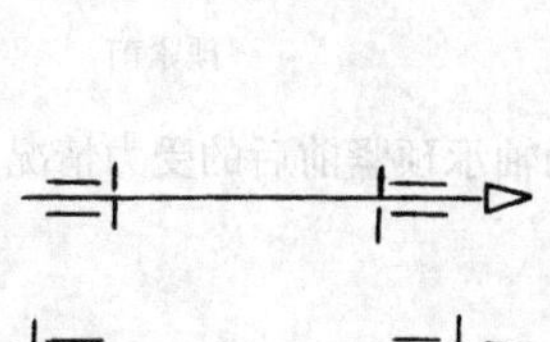	前后支承	在支承跨距较大时，主轴受热后伸长，影响轴承间隙和机床精度	前、后支承分受轴向载荷较均匀，轴向载荷方向与热伸长方向相反时较好，但易加大间隙，降低承载能力	可在后端一起调整，较方便	较短推力轴承在前支承前侧时较长	较简单	较简单	用于较短的主轴或轴向间隙变化不影响正常工作的机床，如钻床等或有自动补偿轴向间隙装置的机床，如靠弹簧补偿的内圆磨头、螺纹磨床砂轮架等

(2) 后端定位　推力支承都集中在后端，结构简单，但主轴因受热变形会向前伸长，影响加工精度。

(3) 两端定位　推力支承分别设在前后支承处，主轴受热伸长，轴承轴向间隙改变较大，若推力轴承布置在径向轴承内侧，则主轴可能因变形而弯曲。

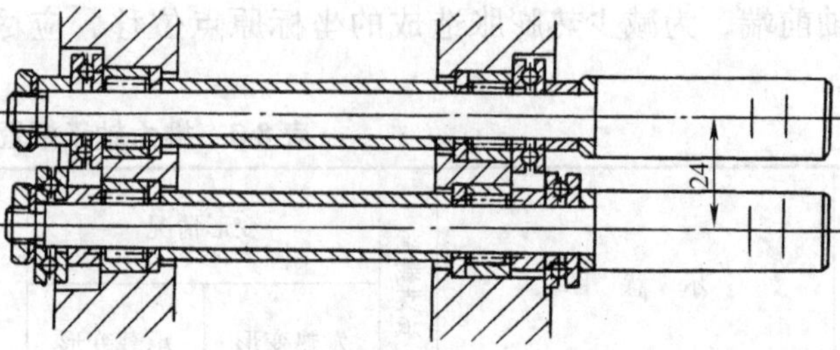

图 8-7　组合机床主轴组件

4. 适应结构的要求

为了使主轴组件有高的刚度、高转速和结构紧凑，主轴直径选大些，轴承选用轻型或特(超)轻型，或者可在同一支承处（尤其是前支承）配置两联或多联轴承（图 8-2、图 8-5）；对于中心距很小的多主轴机床（如组合机床），可采用滚针轴承，并将推力球轴承轴向错开排列（图 8-7），以避免其外径相碰。

必须指出，在配置主轴轴承时，还应作经济分析，以提高经济效益。

三、主轴滚动轴承间隙调整和预紧

主轴轴承通常采用预加载荷的方法消除其间隙，并产生一定的过盈量（负间隙），使滚动体与滚道之间产生一定的预压力和弹性变形——预紧状态。图 8-8 为滚动轴承预紧前后的受力情况。轴承预紧后，滚动体与滚道都有一定的变形，接触面增大，承载区扩大到整圈，各滚动体受力更为均匀。显然，轴承预紧可以提高轴承的支承刚度和寿命，提高主轴的旋转精度和抗振性，降低噪声。当预紧的载荷过大，超过合理的预紧量，轴承的刚度提高不明显，但发热增大，磨损加快，其寿命、承载能力和极限转速下降。因此，轴承预紧要适量，预紧力可按轴承厂的样本规定选取。

主轴轴承在装配时要进行预紧，使用中出现间隙或过盈变化，还需重新调整。所以主轴组件结构上力求使间隙调整方便。各类滚动轴承的结构不同，间隙调整和预紧方法及预紧力也不相同。

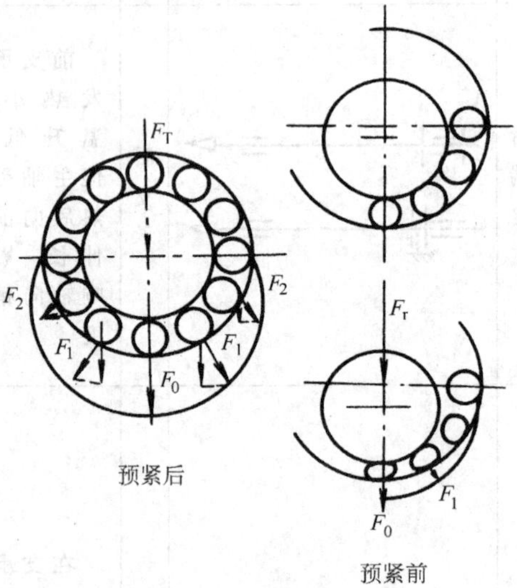

图 8-8　滚动轴承预紧前后的受力情况

四、主轴滚动轴承的精度和配合

主轴轴承以 4 级为主（即 P4），高精度机床主轴可用 P2 级，要求较低的主轴或三支承主轴的辅助轴承可用 P5 或 P6 级。为满足使用要求前提降低成本，补充两种辅助精度级 SP 和 UP，它们的旋转精度分别相当于 P4 和 P2 级，内外圈的尺寸精度分别相当于 P5 和 P4 级。由于前轴承的精度对主轴旋转精度影响较大。因此，前轴承的精度应选得高些，通常要比后轴承高一级。各种精度等级的机床主轴滚动轴承精度，可参考表 8-4 选用，数控机床可按精密或高精度机床选用。

表 8-4 主轴轴承精度

机床精度等级	前轴承	后轴承
普通精度级	P5 或 P4（SP）	P5 或 P4（SP）
精密级	P4（SP）或 P2（UP）	P4（SP）
高精度级	P2（UP）	P2（UP）

轴承精度不但影响主轴组件的旋转精度，而且精度越高，各滚动体受力越均匀，有利于提高刚度和抗振性，减少磨损，提高寿命。因此，目前普通精度级机床主轴轴承都有取 P4（或 SP）级的趋势，已很少用 P6（旧 E）级轴承。

滚动轴承的配合，对主轴组件的精度也有很大影响。轴承内圈与轴颈、外圈与支座孔的配合必须适当。过松配合处受载后会出现松动，影响组件的旋转精度和刚度，缩短轴承的使用寿命；过紧则会使内外圈变形，同样会影响主轴的旋转精度，加速轴承的磨损，增加主轴组件的温升和热变形，并给装配带来困难。滚动轴承的配合可参考表 8-5 选用。

表 8-5 滚动轴承的配合

配合部位	配合			
主轴轴颈与轴承内圈	m5	k5	JS6	k6
座孔与轴承外圈	K6	J6 或 JS6	或规定一定过盈量	

轴颈与内圈的配合用 m5，紧固性好，但不易装拆；用 K5 则平均过盈接近于零，易装拆，受冲击不大时同轴度较好。轴承外圈与支座孔的配合应稍松一点，常用 J6、JS6 或 K6，重载时才用 M6；对于轻载的精密机床，常采用有间隙的配合，对需要调整间隙的轴承，配合应稍松一些。

五、主轴滚动轴承的润滑和密封

润滑的目的是减少摩擦与磨损、延长寿命，也起到冷却、吸振、防锈及降低噪声的作用。

常用的润滑剂有润滑油、润滑脂及固体润滑剂（二硫化钼）。根据轴承的类型和负荷、工作速度和温度等来选择润滑剂。通常速度较低、工作负荷较大时用脂润滑，速度较高、负荷较小时用油润滑。

密封的作用是防止润滑油外漏，防止灰尘、屑末及水份侵入，减少磨损和腐蚀，保护环境。

密封主要分为接触式和非接触式两类。前者有摩擦磨损，发热严重，适用于低速主轴；后者制成迷宫式和间隙式，发热很小，应用广泛。为保证密封作用，旋转部分与固定部分之间的径向间隙应小于 0.2 ~ 0.3mm，还要有回油孔，以防漏油。

第四节 主轴滑动轴承

滑动轴承在运转中阻尼好，有良好的抗振性和运动平稳性。主轴滑动轴承按其产生油膜压强的方式，可分为动压轴承和静压轴承两类。

动压轴承的承载能力与滑动速度成正比，适用于高速或转速变化不大的场合，如磨床主轴。静压轴承的油膜压强不依赖于主轴转速，而由外界供油装置建立的，故常用于低速或转速变化较大的高精度机床。

一、液体动压滑动轴承

动压轴承依靠主轴以较高的转速旋转时，带着润滑油，从间隙大处向间隙小处流动，形成压力油楔而将主轴浮起，产生压力油膜以承受载荷。按工作时形成油楔的数量，可分为单油楔和多油楔动压轴承。多油楔动压轴承比单油楔动压轴承的刚度高，旋转轴心比较稳定，旋转精度较高。

图 8-9 所示为外圆磨床砂轮主轴组件。前支承（靠砂轮）采用固定多油楔轴承，后支承为滚动轴承。前支承中轴瓦 1 的外柱与箱体孔配合，内锥孔与主轴颈配合，转动螺母 3 可使主轴相对于轴瓦 1 作轴向移动，即利用锥形轴颈轴向调整方式来调整轴承径向间隙。主轴的轴向定位靠前后支承内侧两个环 2 和 5（均为滑动推力轴承）来保证，螺母 4 用来调整其轴向间隙，图 8-9b 为固定多油楔轴承的结构，轴瓦内壁上开有五个等分的油囊，形状为阿基米德螺线，由铲削而成。主轴只能按图 8-9c 中箭头方向旋转，五个油楔都有相应的油压分

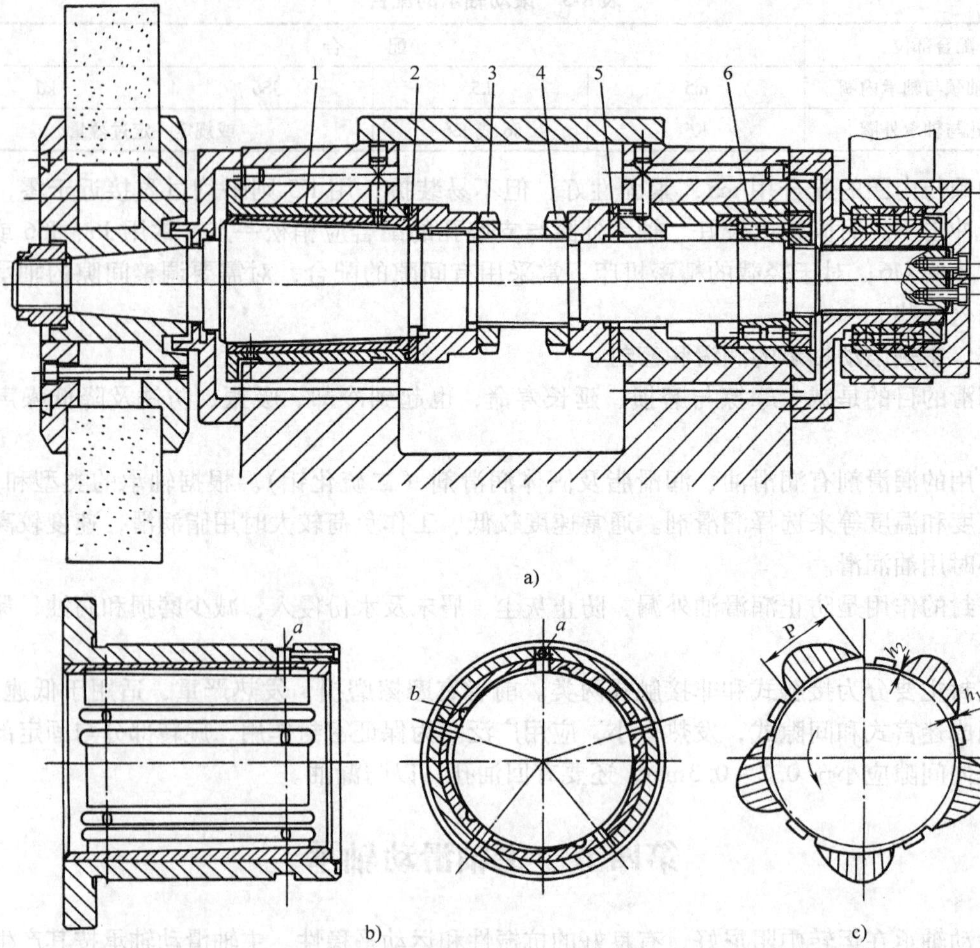

图 8-9 外圆磨床砂轮主轴组件

1—轴瓦 2、5—圆环 3、4—螺母 6—轴承

布（图 8-9c）。由液压泵供应的低压油经五个进油孔 a 进入油囊，从回油槽 b 流出，形成循环油，并避免在起动或停止时出现干摩擦现象。

这种轴承的油楔是由机械加工获得油囊，只需要选择好油楔宽度 B 和最佳间隙比 $\left(\frac{h_1}{h_2}=2.2\right)$ 及轴承间隙等，则该轴承工作时的精度、接触状况和油楔参数等均较稳定，其承载能力和刚度、旋转精度较高，装拆后变化也很小，维修较方便，但加工较困难。适用于单向转动、转速高且转速范围很小的磨床主轴。

固定多油楔滑动轴承常采用外锥内壁偏心圆弧槽和外锥内壁薄壁变形等结构，制造容易，并能适应主轴的变速范围大和正反转的场合，如 CM6132 型精密车床主轴的前后支承。

活动多油楔滑动轴承的结构、性能及应用等，详见本书第三章磨床，如 M1432B 型万能外圆磨床。

二、液体静压轴承

动压轴承在转速低于一定值时，压力油膜就建立不起来。因此当主轴处于低转速或起动、停止过程中，轴颈就会与轴承表面直接接触，产生干摩擦。主轴转速变化，则压力油膜的厚度及其轴心位置也随之变化。静压轴承的轴承与轴颈之间有一层高压油膜，克服了动压轴承的缺点，它具有抗振性好，旋转精度和刚度高，但需一套专用的供油装置，制造较困难，成本较高。

图 8-10 为静压轴承径向承载的工作原理，它由供油系统、节流器和轴承三部分组成。轴承的内圆柱面上等间隔对称开有四个油腔，各油腔之间用回油槽隔开，分别形成轴向油封面和周向油封面，内孔和轴颈之间保持适当间隙（0.02～0.04mm）。油泵供油压力为 p_s 的油液经节流器 T 进入各油腔，将轴颈推向中央，油液最后经封油面流回油箱，压力则降为零。

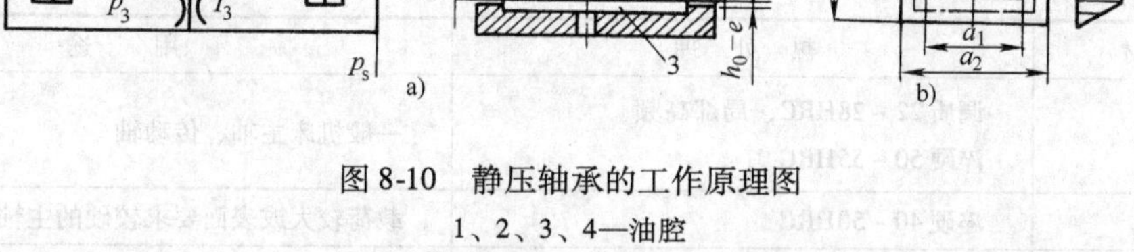

图 8-10 静压轴承的工作原理图

1、2、3、4—油腔

设供油压力 p_s 为一定值。当主轴不受载荷且忽略自重时，则各油腔的油压相同，轴颈表面与各油腔封油面之间的间隙相等（均为 h_0），这时主轴在轴承正中心保持平衡；当主轴受径向载荷（包括自重）F 的作用下，轴颈向下移动出现偏心量 e，此时油腔 3 处的间隙减小为 h_0-e，油流阻力增大、流量减小，因而流过节流器 T_3 的流量减少，压力损失（压降）也随之减小，则油腔 3 内的油压 p_s 便升高，同时油腔 1 处的间隙增大为 h_0+e，因而流过节流器 T_1 的流量增加，压力损失亦随着增加，则油腔 1 内的油压 p_1 便降低，这样油腔 3 和油腔 1 之间出现压力差 $\Delta p = p_3 - p_1$，由此产生与载荷方向相反的托起力，以平衡外载荷 F。若油腔的有效承载面积为 A，则轴承的承载能力为

$$F = A\ (p_3 - p_1)$$

由上述可知，若各油腔由同一个液压泵供油，则每个油腔必须串联一个节流器。如果没有节流器，各轴腔油压相同，互相抵消，就不能平衡外载荷 F，这时主轴产生位移，甚至使轴颈与轴承内表面接触，可见静压轴承之所以能承受载荷，形成良好的液体摩擦，节流器起着关键性作用。另外，油腔压力是液压泵供给的，与轴的转速无关。因此，静压轴承可以在很低的转速下工作，但油液必须清洁，在进入节流器前要经过精细过滤，以防堵塞节流器而影响轴承的工作性能，甚至引起事故。

静压轴承在任何转速下都能保证在液体润滑状态下工作，但为了防止偶然停止供油磨坏轴承，轴颈仍选用 45 钢淬硬到 40 ~ 45HRC，轴瓦采用青铜或铸铁、球墨铸铁。表面粗糙度 $R_a = 0.1 \sim 0.8\mu m$。轴颈和轴瓦的形状误差应小于（1/10 ~ 1/3）h_0，其中 h_0 为轴承在半径上的间隙。

第五节 主 轴

1. 主轴的结构

主轴端部的结构应保证夹具或刀具安装可靠、定位准确、连接刚度高、装卸方便并能传递足够的转矩。由于夹具和刀具已标准化，因此，通用机床主轴端部的形状和尺寸均已标准化，设计时应遵循相关标准。

主轴本身的结构和形状主要取决于主轴上所安装的传动件、轴承等零件的类型、数量、位置和安装定位方法等因素，此外还应考虑其加工工艺性和装配工艺性。通常主轴均呈头大尾小、逐级递减的阶梯形状，但某些机床主轴则呈两头小、中间为等直径的形状，如内圆磨床砂轮主轴，如图 8-5 所示。

2. 主轴的材料和热处理

主轴材料主要根据耐磨性、载荷特点和热处理后的变形大小来选择。机床主轴常用的材料及热处理要求可参见表 8-6。

表 8-6 主轴材料及热处理

钢 材	热 处 理	用 途
45 钢	调质 22 ~ 28HRC，局部高频 淬硬 50 ~ 55HRC	一般机床主轴、传动轴
40Cr	淬硬 40 ~ 50HRC	载荷较大或表面要求较硬的主轴
20Cr	渗碳、淬硬 56 ~ 62HRC	中等载荷、转速很高、冲击较大的主轴
38CrMoAlA	氮化处理 850 ~ 1000HV	精密和高精度机床主轴
65Mn	淬硬 52 ~ 58HRC	高精度机床主轴

3. 主轴主要结构参数的确定

主轴的结构参数主要包括主轴的平均直径 D（或前、后轴颈直径 D_1 和 D_2）、内孔直径 d、前端的悬伸量 a 和支承跨距 L 等。

（1）主轴前轴颈直径 D_1 的选取　主轴前轴颈 D_1 一般可根据机床类型、主电动机功率以及主参数来选取，见表 8-7。车床和铣床主轴后轴颈直径 $D_2 \approx (0.7 \sim 0.85) D_1$。

表 8-7　主轴前轴颈的直径 D_1　（单位：mm）

机床 \ 功率/kW	2.6～3.6	3.7～5.5	5.6～7.2	7.4～11	11～14.7	14.8～18.4
车床	70～90	70～105	95～130	110～145	140～165	150～190
升降台铣床	60～90	60～95	75～100	90～105	100～115	
外圆磨床	50～60	55～70	70～80	75～90	75～100	90～100

（2）主轴内孔直径 d 的确定　很多机床主轴具有内孔，主要用来通过棒料、拉杆、冷却管等，并能减轻主轴重量。内孔直径的大小，应在满足主轴刚度的前提下尽量取大值，但一般应保证 $d/D < 0.7$。

（3）主轴前端悬伸量 a 的确定　主轴前端悬伸量是指主轴前支承径向反力作用点到前端受力作用点之间的距离。设计时，应在满足结构要求的前提下尽可能取小值，如主轴端部采用短锥法兰式，前支承中的推力轴承安装在径向支承的内侧，尽量利用主轴端部结构构成密封装置，成对安装的圆锥滚子轴承或角接触球轴承采用背靠背的配置等措施，均可以减小 a 值，以提高主轴部件的刚性和抗振性。

（4）主轴合理跨距 $L_{合理}$ 的确定　合理确定主轴两个主要支承间的跨距，可提高主轴部件的静刚度。可以证明，支承跨距小，主轴自身的刚度较大，弯曲变形较小，但支承变形引起的主轴前端的位移量将增大；支承跨距大，支承变形引起的主轴前端的位移量较小，但主轴的弯曲变形将增大。可见，支承跨距过大或过小都会降低主轴部件的刚度。有关资料对合理跨距选择的推荐值可作参考：

1）$L_{合理} = (4 \sim 5) D_1$。

2）$L_{合理} = (3 \sim 5) a$，用于悬伸长度较小时，如车床、铣床、外圆磨床等。

3）$L_{合理} = (1 \sim 2) a$，用于悬伸长度较大时，如镗床、内圆磨床等。

习题与思考题

8-1　何谓主轴组件的旋转精度、刚度、抗振性、热变形？它们对加工精度有何影响？

8-2　数控机床主轴组件在工作性能和结构等方面有哪些特殊要求？在选择轴承时，怎样满足精度、转速和承载能力等方面的要求？

8-3　在两支承主轴组件中，前后轴承的精度对主轴组件旋转精度的影响是否相同？为什么？

8-4　角接触轴承（如圆锥滚子轴承、角接触球轴承等）的安装方式对主轴的刚度有何影响？

8-5　车床、铣床、镗床等机床主轴为何做成空心的，而钻床主轴却是实心的？为什么前者的直径较大、悬伸量小，而后者的直径较小、悬伸量大？

8-6　主轴支承跨距与主轴组件刚度有什么关系？确定合理跨距时应考虑哪些问题？

8-7　简述多油楔动压滑动轴承和静压轴承在工作原理上的主要区别和应用场合。

8-8　按图 8-2、图 8-3、图 8-4、图 8-5 等主轴组件，回答下列问题：

（1）画简图表示该主轴组件前后支承的配置方式，并简述其特点；

（2）简述该主轴组件中轴承间隙的调整及预紧的原理、方法和防松措施；

（3）分析该主轴组件承受径向力和轴向力的传递路线；简述轴向定位的作用、定位方式及特点。

第九章　导轨和自动换刀装置

第一节　导轨的功用、分类和基本要求

一、导轨的功用和分类

导轨的功用是导向和承载。即保证运动部件在外力作用下，能准确地沿着一定的方向运动。在导轨副中，运动的一方叫做动导轨，不动的一方叫做支承导轨。动导轨相对于支承导轨通常只有一个自由度的直线运动或回转运动。

导轨可按下列性质分类：

1）按工作性质可分主运动导轨、进给运动导轨和调位导轨。调位导轨只用于调整部件之间的相对位置，在加工时没有相对运动。例如，车床尾架用的导轨。

2）按摩擦性质可分滑动导轨和滚动导轨。滑动导轨按两导轨面间的摩擦状态又可分为混合摩擦导轨、边界摩擦导轨、液体动压导轨和液体静压导轨。滚动导轨按其滚动体不同又可分为滚珠导轨、滚柱导轨和滚针导轨。

3）按受力情况分为开式导轨和闭式导轨。所谓开式导轨是指靠外载荷和部件自重，使两导轨面在全长上保持贴合的导轨（图 9-1a）。所谓闭式导轨是指必须用压板作为辅助导轨面才能保证主导轨面贴合的导轨（图 9-1b），它既能承受力 F，还能承受力矩 M。

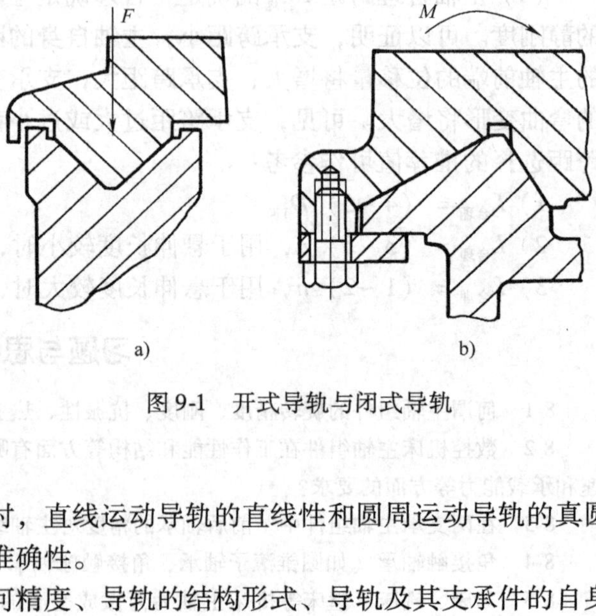

a)　　b)

图 9-1　开式导轨与闭式导轨

二、导轨应满足的基本要求

机床导轨的质量在一定程度上决定了机床的加工精度、工作能力和使用寿命。因此，导轨必须满足下列基本要求。

（一）导向精度

导向精度是指动导轨沿支承导轨运动时，直线运动导轨的直线性和圆周运动导轨的真圆性，以及导轨同其他运动之间相互位置的准确性。

影响导向精度的主要因素有导轨的几何精度、导轨的结构形式、导轨及其支承件的自身刚度和油膜刚度以及热变形等。

（二）精度保持性

为了能长期保持导向精度，对导轨提出了刚度和耐磨性的要求。若刚度不足，则直接影响部件之间的相对位置精度和导轨的导向精度，使导轨面上的比压分布不均，加剧导轨面的磨损，所以刚度是导轨工作质量的另一个重要指标。导轨的耐磨性是决定导向精度能否长期保持的关键，是衡量机床质量的重要指标。导轨耐磨性与导轨材料、导轨面的摩擦性质、导轨受力情况及两导轨相对运动速度等有关。

（三）低速运动平稳性

就是要保证在作低速运动或微量位移时不出现不平稳现象。进给运动时的不平稳将使加工表面粗糙度增大；定位运动时的不平稳，将降低定位精度。低速运动平稳性与导轨的结构和润滑，动、静摩擦系数的差值以及使动导轨运动的传动系统的刚度等有关。

（四）结构工艺性

在可能的情况下，应尽量使导轨结构简单，便于制造和维护。对于刮研导轨，应尽量减少刮研量；对于镶装导轨，应做到更换容易。

数控机床的导轨，除了满足以上的基本要求外，还有其特殊的要求：①承载大、精度高，既要有很高的承载能力，又要求精度保持性好。②速度范围宽，具有适应较宽的速度范围并能及时转换的能力。③高灵敏度，运动准确到位，不产生爬行。

三、导轨的磨损形式

滑动导轨磨损的基本形式是磨粒磨损和咬合磨损。这两种磨损一般都是伴随发生，相互影响。磨粒磨损往往是咬合磨损的起因，咬合磨损反过来又会加剧磨粒磨损，只是有时其中一种磨损可能起主要作用。滚动导轨则主要是疲劳磨损。

（一）磨粒磨损

磨粒主要是指存在于导轨面之间的微小硬粒，如切屑、尘粒和导轨自身磨损后的残余产物等。这些微小硬粒在有一定的压强作用并作相对运动的导轨面之间起着切刮或刻划导轨面的作用，使导轨面产生机械划伤或磨损沟痕。磨粒磨损与导轨间的相对滑动速度及导轨面比压成正比。这种磨损是不可避免的，只能采取某些措施，努力减少这种磨损。

（二）咬合磨损

咬合磨损又称咬焊。它是指相对运动的两个表面互相咬合，并在表面产生撕裂现象。这是由于在导轨面相互运动时，导轨表面覆盖的一层氧化膜因摩擦发热而受到破坏所造成。裸露的金属表面因分子间的相互吸引、粘结、咬焊在一起，随着接触面继续相对运动，咬焊被拉开，如此反复多次，就将产生撕裂现象。严重的咬合磨损将使两个导轨面无法相对运动。因此，这种磨损是不允许发生。

（三）疲劳磨损和压溃现象

滚动导轨疲劳磨损主要是因为导轨表面受滚动体局部应力作用而产生弹性变形，当滚动体离开时，变形得到回复，这种现象连续发生，达到一定循环次数后，就使导轨表层产生疲劳破坏，出现点蚀。如果局部应力过大而使表层产生塑性变形而压出凹坑，这就是压溃现象，这种破坏也不允许发生。

第二节 滑动导轨

滑动导轨是最常见的导轨，其他类型的导轨都是在滑动导轨的基础上逐步发展形成。由于滑动导轨结构简单，有良好的工艺性、刚度和精度易于保证，所以在一般机床上仍然得到广泛的应用。

一、导轨材料及热处理

（一）对导轨材料的要求和搭配

对导轨材料的主要要求是耐磨性好、工艺性好、成本低。常用的导轨材料有铸铁、钢、非铁金属和塑料，其中以铸铁应用最为普遍。

为了提高耐磨性和防止咬焊，动导轨和支承导轨应尽量采用不同的材料，一般动导轨采用较软的材料，以便维修。若选用相同的材料时，则应采取不同的热处理方式以使其具有不同的硬度。滑动导轨常用材料搭配见表9-1。除铸铁导轨外，其他导轨都是镶装的。

表9-1 导轨材料的搭配

序号	1	2	3	4	5	6
相对寿命	1	2~3	>3	4~5		
动导轨	铸铁	铸铁	铸铁	淬硬铸铁	非铁金属	塑料
支承导轨	铸铁	淬硬铸铁	淬硬钢	淬硬钢	铸铁	铸铁

（二）铸铁导轨

铸铁是一种成本低，有良好减振性和耐磨性，易于铸造和切削加工的金属材料。导轨常用的铸铁有灰铸铁、孕育铸铁和耐磨铸铁等。

灰铸铁常选用HT200。在较好的润滑与防护条件下，具有一定的耐磨性。适用于需手工刮研的导轨；润滑和防护条件好、轻载荷的机床导轨；不经常工作的导轨（包括调位导轨）；对精度保持性要求不高的导轨等。

孕育铸铁常选用HT300。耐磨性高于灰铸铁，但较脆硬，不易刮研，且成本较高。常用于较精密的机床导轨。

耐磨铸铁中应用较多的是高磷铜钛铸铁及钒钛铸铁。与孕育铸铁相比，其耐磨性提高1~2倍，但成本较高，常用于精密机床导轨。

为了提高铸铁导轨的硬度，以增强抗硬粒磨损的能力和防止撕伤，铸铁导轨经常采用高频淬火、中频淬火及电接触自冷淬火等表面淬火方法。

高频淬火是借助200~300kHz的高频电流对导轨面加热，淬火温度一般为900~950℃，淬火层深度可达1.5~3mm，硬度达48~50HRC，可使普通铸铁耐磨性提高2倍左右。中频淬火可采用8kHz左右的中频电流进行，淬火温度一般为950℃左右，淬硬层可达2~3mm，表面硬度可达40~50HRC。高频及中频淬火的优点是淬火质量稳定，生产效率高，缺点是淬火后必须进行磨削加工。

电接触自冷淬火表面硬度可达55~60HRC，淬火深度达0.2~0.4mm。这种淬火方法具有设备简单、操作方便、成本低、淬火变形小等优点，但由于淬硬深度较浅等原因，对导轨耐磨性提高幅度不大，主要用于维修。

（三）镶钢导轨

在耐磨性要求较高的机床上，可采用淬硬钢制成的镶钢导轨。淬火钢的耐磨性比普通铸铁高5~10倍。

镶钢导轨通常采用45钢或40Cr等材料，表面淬硬或全淬透，硬度达到52~58HRC，或者采用20Cr、20CrMnTi等渗碳淬硬至56~62HRC。图9-2a、b是采用倒装螺钉将钢导轨镶装在铸铁床身上；图9-2c是采用焊接方式；图9-2d是采用粘结方式将导轨固接在床身上。注意：在导轨工作面上不能钻孔，以免积存杂质导致磨损。镶钢导轨工艺复杂，成本高，国内主要用于数控机床的滚动导轨上。

（四）非铁金属导轨

非铁金属镶装导轨常用于重型机床运动部件的动导轨上，与铸铁的支承导轨搭配，以防止咬合磨损，保证运动平稳性和提高运动精度。常用的材料有锡青铜、铝青铜和锌合金等。

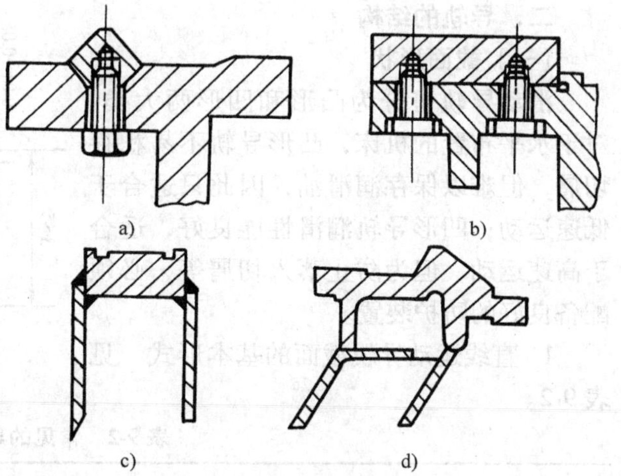

图 9-2　镶钢导轨

（五）塑料导轨

通过粘结或喷涂把塑料覆盖在导轨面上，这种导轨称塑料导轨。塑料导轨的优点是摩擦系数低；抗咬合磨损能力强（自润滑能力强）；加入填充剂后，低速时不易出现爬行；加工性好，工艺简单；化学稳定性好（耐水、耐油）以及成本低等。与铸铁比，则刚度低，易蠕变且承载能力低，接触刚度低，导热性差。适用于中、小型精密机床和数控机床，也可用于重型机床上承载不太大的进给导轨，用于竖直导轨更显示其优点。常用国产的塑料材料有TSF 导轨软带、FQ-1 导轨板、HNT 耐磨涂层等。

1. TSF 导轨软带

TSF 软带是在聚四氟乙烯（PTEE）基体中添加锡青铜粉、MoS_2 和石墨等烧结而成。这种软带工作稳定性好，无论重载或轻载保持稳定的摩擦系数。当载荷在 20MPa 以下时，变形量很小，其永久变形量小于1%。塑料软带一般粘结在短的动导轨上，形成塑料-金属导轨副，此种软带的厚度尺寸有 0.3～4mm，宽度尺寸有 60～300mm。

软带按导轨几何尺寸切成形后，用丙酮和清水清洗，然后按厂家指定的表面处理剂浸泡，再用丙酮和水等清洗后使之干燥，最后用该牌号软带指定的胶粘剂粘结在导轨面上并加压，经过 24 小时室温固化。用小木锤轻敲软带，各处声响音调一致才合格。

因软带的硬度远低于金属导轨，磨损主要发生在软带上，而软带又作为导轨尺寸链的补偿环。因此，维修时只需更换软带。美国产 Turcite-B 型软带，也属同类产品。

2. FQ-1 导轨板

FQ-1 导轨板是一种用金属和塑料制成的复合材料（图 9-3），它分三层，内层钢背 3 保证导轨的机械强度和承载能力。钢背 3 上镀铜并烧结一层多孔青铜 2，以提高导轨板的导热性。在青铜 2 间隙中压入聚四氟乙烯及其他填料 1。当青铜与配合面摩擦发热，热胀系数远大于金属的自润滑塑料从多孔隙中挤出，向摩擦表面转移补充，形成厚约 0.01～0.05mm 的表面自润滑塑料层。FQ-1 板是用厂家配套的胶粘剂，粘结在导轨面上，端部需销钉加固，以防导轨板移位。三层复合材料的导轨板还有 SF-1、SF-2、JS、GS 等材料，国外为 DU 导轨板。

由于 TSF 软带、FQ-1 导轨板，使用、维修、换带方便，所以应用较广泛。

3. HNT 耐磨涂层

HNT 耐磨涂层主要以环氧树脂为基体，加固体润滑剂二硫化钼和胶体石墨及其他铁粉填充剂。一般是把涂料分三至四层涂在导轨表面上，利用模具或另一摩擦面使涂层成形。涂层方法对修复导轨磨损非常方便，也用于设备改装，新产品设计。

二、导轨的结构

（一）截面形状

滑动导轨可分为凸形和凹形两大类。对于水平布置的机床，凸形导轨不易积存切屑，但难以保存润滑油，因此只适合于低速运动；凹形导轨润滑性能良好，适合于高速运动，但为防止落入切屑等，必须配备良好的防护装置。

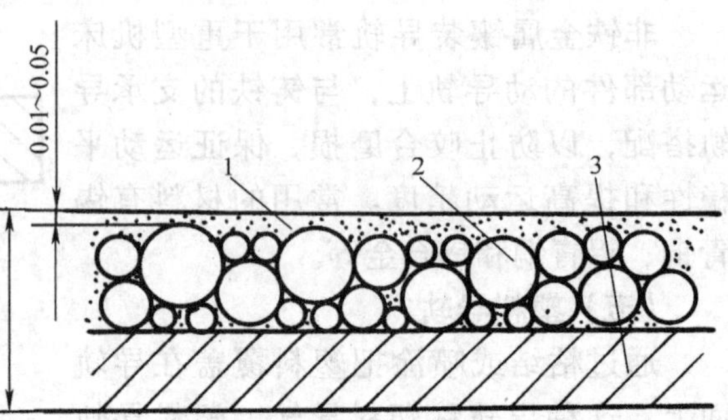

图 9-3　FQ-1 导轨板
1—其他填料　2—多孔青铜　3—钢背

1. 直线运动导轨截面的基本形式　见表 9-2。

表 9-2　常见的导轨形式

	对称三角形	不对称三角形	矩　形	燕尾形	圆柱形
凸形			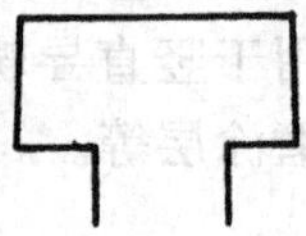	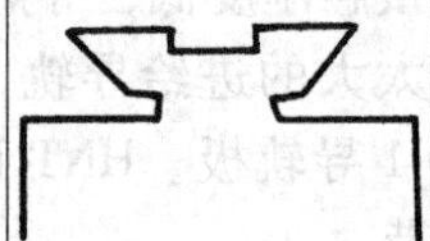	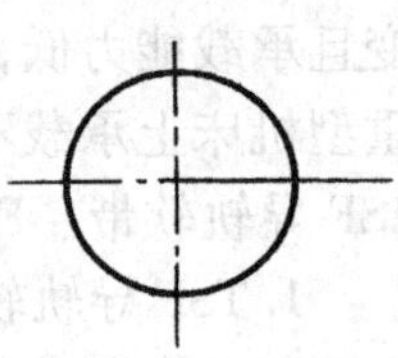
凹形	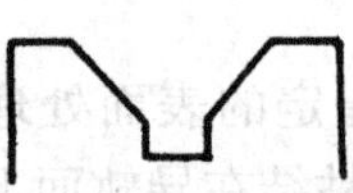	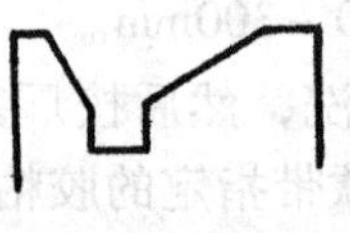	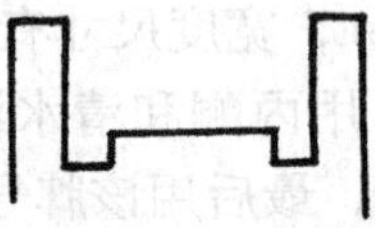	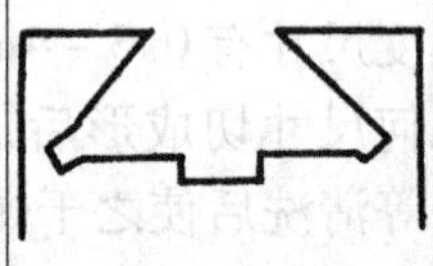	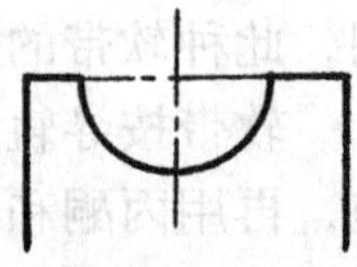

（1）三角形导轨　支承导轨为凸形时，称山形导轨；支承导轨为凹形时，称 V 形导轨。三角形导轨依靠三角形的两个侧面导向，磨损后能自动补偿，不影响导向精度。但水平和垂直两个方向上的误差相互影响，给制造和检修带来困难。导向精度随顶角 α 的增加而降低；承载面积随 α 的增加而增大。当两导轨面上受力不对称且相差较大时，可采用不对称三角形导轨，以保证导轨面压力分布均匀。通常取 $\alpha=90°$；对于受力较大的大型或重型机床，可取 $\alpha=110°\sim120°$；对于精密机床，常取 $\alpha<90°$。

（2）矩形导轨　制造简单、刚度高、承载能力大，具有水平和垂直两个方向的导轨面，而且两个导轨面的误差不会相互影响，便于安装调整。但侧面磨损后不能自动补偿，需要有间隙调整装置，因此导向性较差。适用于载荷较大而导向性要求不高的机床。

（3）燕尾形导轨　结构紧凑、高度尺寸较小，可承受颠覆力矩，但磨损后不能自动补偿间隙，需用镶条调整，刚性较差，摩擦力较大，制造和检修都比较复杂，一般用作中、低速的多层导轨。

（4）圆柱形导轨　制造简单，但要求加工时就直接达到较高精度，磨损后很难调整和补偿间隙。圆柱形导轨具有两个自由度，通常多用在承受轴向载荷的场合。

2. 圆周运动导轨截面的基本形式

见图 9-4。

（1）平面圆环导轨（图 9-4a） 制造容易，热变形后导轨仍能接触，只能承受进给力，需与带径向滚动轴承的主轴相配合，来承受背向力。摩擦损失小，精度高，目前用得较多。

（2）锥形圆环导轨（图 9-4b） 能承受进给力和较大的背向力，热变形不影响导轨接触，导向性比平面好，但要保持锥面和主轴的同轴度较困难。常用于背向力较大的机床。

（3）V 型圆环导轨（图 9-4c） 能承受较大的进给力、背向力和颠覆力矩。但制造较困难，须保证两个 V 形锥面与主轴同轴。一般用于载荷大、速度高的立式车床。

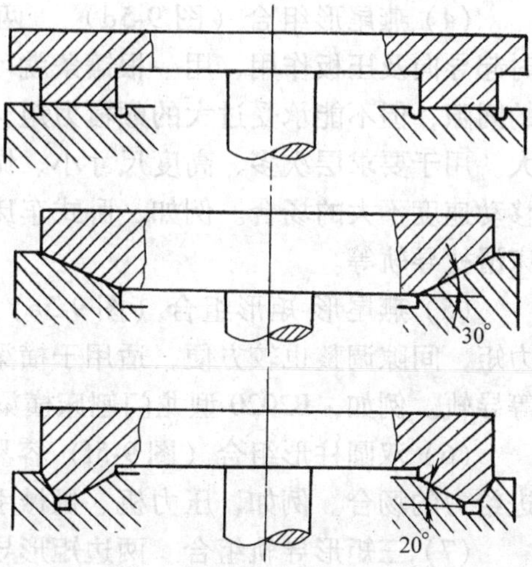

图 9-4 圆周运动导轨截面

（二）组合形式

直线运动导轨一般都有两条导轨组合而成。对重型机床，由于其移动部件宽度较大，承受载荷较重，常采用三条或三条以上导轨组合。常见的导轨组合形式如图 9-5 所示。

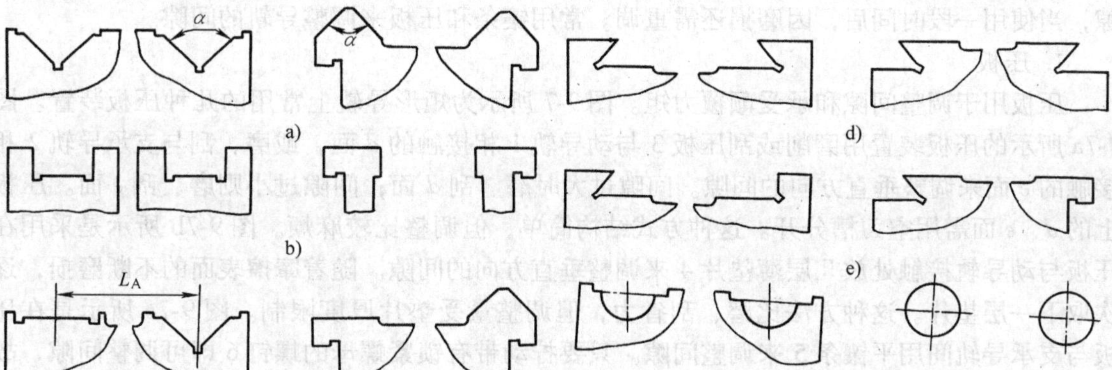

图 9-5 直线运动滑动导轨常用组合形式

（1）双三角形组合（图 9-5a） 导向精度高，磨损后能自动补偿，具有较好的精度保持性，但很难达到四个表面同时接触的要求，制造较困难。适用于精度要求较高的机床。例如，SG8630 型高精度丝杠车床刀架导轨和 Y3150E 型滚齿机立柱导轨、坐标镗床等。

（2）双矩形组合（图 9-5b） 具有较大的承载能力，制造与维修简单，导向性差，磨损后不能自动补偿。适用于卧式精度机床、重型机床、组合机床。双矩形导轨用一条导轨两侧面导向时，为窄导向（图 9-6a）；由两条导轨的外侧导向时，为宽导向（图 9-6b）。窄导向的导向精度比宽导向的高，目前以窄导向应用最多。数控机床上，为提高导向精度，多采用窄式导向的双矩形导轨。

（3）三角形-矩形组合（图 9-5c） 这种组合形式兼有导向性好、制造方便和刚度高的优点，应用最广泛。例如，CA6140 型卧式车床溜板、B2020 型龙门刨床床身导轨等。

(4) 燕尾形组合（图 9-5d） 两个燕尾平面同时起导向及压板作用，用一根镶条就可调整各接触面的间隙，但不能承受过大的颠覆力矩，摩擦损失也较大。用于要求层次多、高度尺寸小、调整间隙方便和移动速度不大的场合。例如，卧式车床刀架、牛头刨床滑枕导轨等。

(5) 燕尾形-矩形组合（图 9-5e） 能承受较大力矩，间隙调整也较方便，适用于横梁、立柱、摇臂等导轨。例如，B2020 型龙门刨床横梁导轨等。

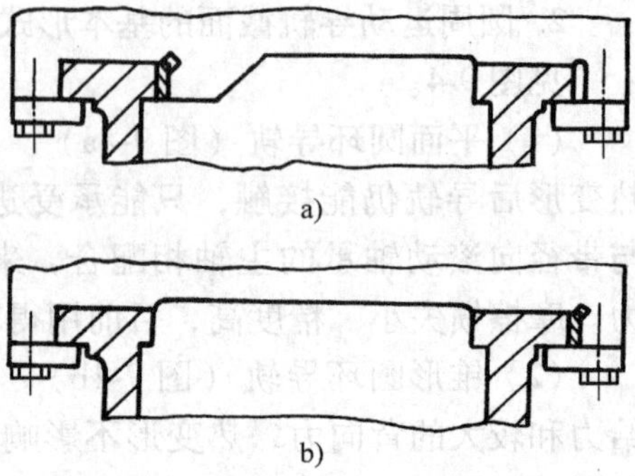

图 9-6 窄导向与宽导向

(6) 双圆柱形组合（图 9-5f）容易制造，耐磨性较好，但磨损后不易补偿。常用于仅受进给力的场合。例如，压力机、机械手的导轨。

(7) 三矩形导轨组合 两边矩形导轨主要起承载作用，以中间矩形导轨双侧导向，导向约束稳定性好，扭转变形小，热变形小。例如，组合机床 1HJc 系列机械滑台导轨。

(三) 间隙调整

导轨接合面之间都存在间隙。若间隙过小，不但增加运动阻力，而且会加速导轨磨损；若间隙过大，会使导向精度降低，还容易产生振动。因此，除装配时应仔细调整导轨的间隙，当使用一段时间后，因磨损还需重调。常用镶条和压板来调整导轨的间隙。

1. 压板

压板用于调整间隙和承受颠覆力矩。图 9-7 所示为矩形导轨上常用的几种压板装置。图 9-7a 所示的压板装置用磨削或刮压板 3 与动导轨 1 相接触的 d 面，或磨、刮与支承导轨 2 相接触的 e 面来调整垂直方向的间隙。间隙过大时磨、刮 d 面；间隙过小则磨、刮 e 面。压板上的 d、e 面需用空刀槽分开。这种方式结构简单，但调整比较麻烦。图 9-7b 所示是采用在压板与动导轨接触处放几层薄垫片 4 来调整垂直方向的间隙。随着摩擦表面的不断磨损，逐次取下一层垫片。这种方法比磨、刮省力，但调整量受垫片厚度限制。图 9-7c 所示是在压板与支承导轨间用平镶条 5 来调整间隙。只要拧动带有锁紧螺母的螺钉 6 即可调整间隙，故调整方便。但由于镶条下面只与几只螺钉接触，因此刚度较差。

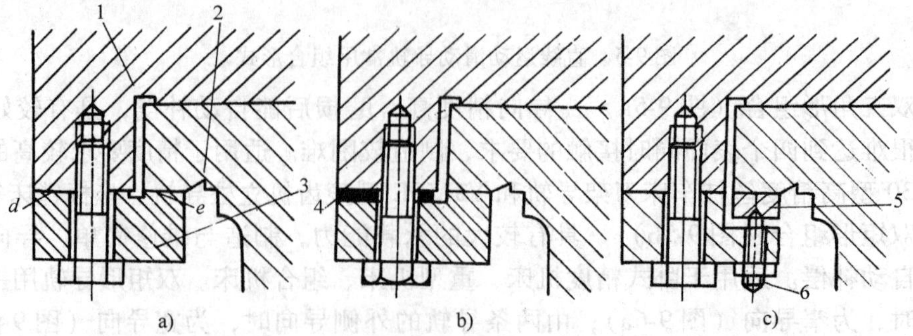

图 9-7 压板

1—动导轨 2—支承导轨 3—刮压板 4—垫片 5—平镶条 6—螺钉

2. 镶条

镶条用来调整矩形和燕尾形导轨的侧面间隙，以保证导轨面的正常接触。常用的镶条有平镶条和斜镶条两种。

图 9-8 所示是平镶条的两种形式。平镶条 2 与支承导轨 3 之间的间隙用螺钉 1 进行调整，用螺母锁紧，平镶条制造容易，调整方便；但因各螺钉单独分别拧紧，难以保证镶条受力均匀，因此容易变形，刚度较低。

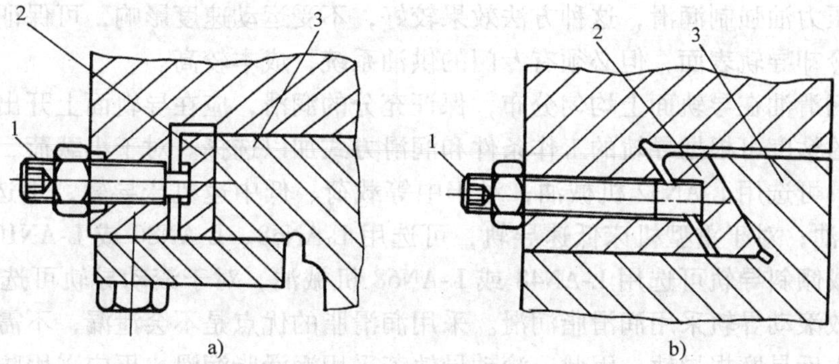

图 9-8 平镶条

1—螺钉 2—平镶条 3—支承导轨

图 9-9 所示是斜镶条的三种形式。斜镶条的斜度一般在 1∶100～1∶40 之间选取。为避免两端厚度相差太大，镶条越长则斜度越小。图 9-9a 是用螺钉 1 带动镶条 2 移动来调整间隙。这种方式结构简单，但螺钉头凸肩与镶条上沟槽之间的间隙会引起镶条在运动中窜动，从而影响导向精度和刚度。图 9-9b 是靠修磨开口垫圈 3 的厚度来调整间隙。图 9-9c 是用螺母 6 和 7 来调整间隙，并用螺母 5 锁紧螺钉。这种方式结构简单，工作可靠。斜镶条的两侧平面分别与动导轨面及支承导轨面均匀接触，故刚度比平镶条高，但制造困难。

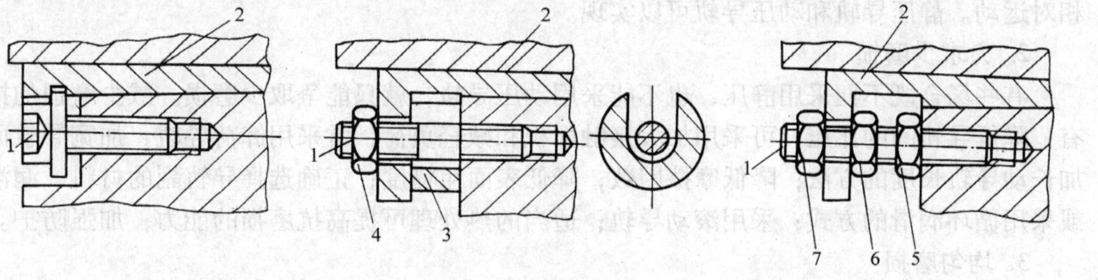

图 9-9 斜镶条

1—螺钉 2—镶条 3—开口垫圈 4、5、6、7—螺母

3. 镶条的安放位置

从提高刚度考虑，镶条应放在不受力或受力较小的一侧，但调整镶条后，运动部件有较大的侧移，影响加工精度。对于精密机床因导轨受力小，要求加工精度高，镶条应放在受力的一侧，或两边都放镶条；而对普通精度机床，镶条应放在不受力的一侧。

三、导轨的润滑和防护

（一）导轨的润滑

导轨润滑的目的是减少磨损以延长导轨使用寿命；降低温度以改善工作条件；降低摩擦力以提高机械效率；保护导轨表面以防止发生锈蚀。

简单的润滑方法是人工定期地直接在导轨上浇油或油杯供油，这种方法成本低廉，但不能保证充分的润滑，一般用于调位导轨或移动速度较低的滑动导轨和滚动导轨。另一种手动润滑方式是在机床上装手动液压泵，在工作前拉动液压泵几次，进行人工润滑，这种方式操作方便，但不能保证连续供油，用于低中速、低载荷、小行程或不经常运动的导轨。现代机床上多采用压力油强制润滑，这种方法效果较好，不受运动速度影响，可保证充分润滑，不断的冲洗和冷却导轨表面，但必须有专门的供油系统，成本较高。

为了使润滑油在导轨面上均匀分布，保证充分的润滑，应在导轨面上开出油沟。

润滑油的粘度可根据导轨的工作条件和润滑方式加以选择。对于小载荷、低中速小型机床进给导轨，可选用 L-AN32 机械油；对于中等载荷、低中速机床导轨，可选用 L-AN46 或 L-AN68 机械油；对于重型机床低速导轨，可选用 L-AN68、L-AN80 或 L-AN100 机械油；对于竖直导轨或倾斜导轨可选用 L-AN48 或 L-AN68 机械油。对于滚动导轨可选用润滑油或润滑脂，但多数滚动导轨采用润滑脂润滑。采用润滑脂的优点是不会泄漏，不需经常加油；缺点是尘屑进入后易磨损导轨。因此，滚动导轨若采用润滑脂润滑，更应采用防护措施。若难于防护，则应采用润滑油润滑。

（二）导轨的防护

导轨的防护装置最好能使导轨面封闭起来，如不能封闭，则应能将落在导轨上的尘屑较彻底地清除，应具有耐红热切屑的能力，防切削液浸蚀的能力，便于装卸使清洗导轨方便，还应耐用、制造容易、成本低、寿命长和美观。

四、提高导轨耐磨性的措施

1. 力求无磨损

导轨不磨损的条件，是配合面在一定比压作用下作相对运动时不直接接触，接触时则无相对运动。静压导轨和动压导轨可以实现。

2. 力求少磨损

有些场合既不便采用静压，也不能采用动压导轨，就只能争取少磨损。减少磨损的措施有：降低导轨间的比压，可采用加大接触面积和减轻负荷，常采用卸荷导轨、加宽导轨面或加长动导轨长度的方法；降低摩擦因数，降低表面粗糙度；正确选择导轨副的材料、润滑油或采用循环润滑的方式；采用滚动导轨；适当的热处理可提高抗磨损的能力；加强防护。

3. 均匀磨损

1）力求使摩擦面上的比压均匀分布，例如，异轨的形状和尺寸要尽可能与集中载荷对称。

2）尽量减少扭矩和颠覆力矩。

3）保证工作台、溜板等支承件有足够的刚度。

4）回转运动导轨不宜太宽，以免线速度相差太大。

5）摩擦副中全长上使用机会不均的那一件硬度应高些。

五、低速运动的平稳性

（一）爬行现象及其影响

机床上有些运动部件，需要作低速运动或微小位移，如外圆磨床砂轮架的横向细进给运动、坐标镗床工作台的定位运动等。当驱动部件匀速驱动传动装置时，被驱动的运动部件的低速运动却往往出现跳跃式、时走时停或者时快时慢的现象，这种现象称为爬行。爬行会严重影响被加工零件的加工精度、表面粗糙度以及机床的定位精度，甚至使机床不能进行正常工作。因此，设计机床，尤其是设计精密机床和数控机床时，更为重要。

（二）产生爬行的原因

机床爬行一般在低速运动情况下发生，它是一个复杂的摩擦自激振动现象，与摩擦力下降特性、传动刚度等因素有关。摩擦力下降特性是静摩擦因数大于动摩擦因数，且在低速运动时，动摩擦因数随着运动速度的升高而降低。

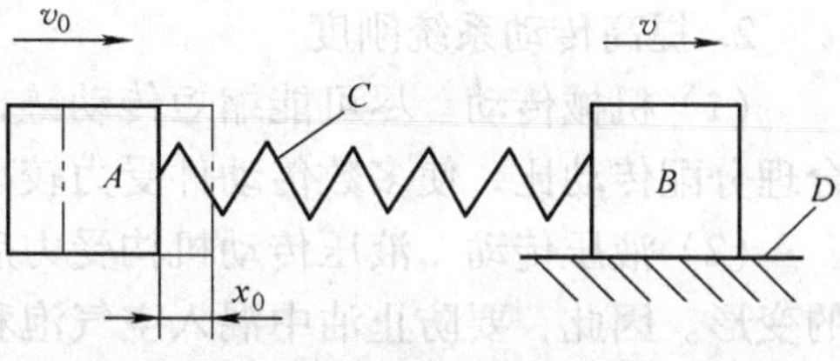

图 9-10　直线运动进给系统力学模型

图 9-10 所示为直线进给运动系统简化后的力学模型。为了讨论方便，可将直线进给运动系统简化为图 9-10 所示的力学模型。图 9-10 中 A 为驱动机构，B 为运动部件（刀架、砂轮架、工作台等），从驱动机构到运动部件之间的传动链可视为弹性体，用弹簧 C 来表示，D 为导轨。起初，当 A 以均匀的速度 v_0 低速驱动时，由于摩擦力的作用，这时 B 并不移动，而是压缩弹簧 C，处于储能阶段，直到 A 位移 x_0 以后，由于弹簧的弹力 kx_0（k 为弹簧的刚度）超过了静摩擦力，部件 B 才开始移动。这时静摩擦力即转变为动摩擦力，且 $kx_0 \gg F_{动}$，使运动部件加速向前移动，随着运动速度增加，动摩擦力进一步减小，速度将增加，产生所谓跳跃式的运动状态。这时储存在弹簧内部的能量释放出来，使弹簧变松伸长，弹簧力减小，当弹簧力减小到等于动摩擦力时，作用于运动部件 B 上的外力等于零，B 因惯性而继续前移，随后 $kx_1 < F_{动}$，使 B 作减速。这时 B 的移动距离已超过 A，弹簧 C 被拉伸，对 B 施加反向弹性力使之进一步作减速运动，直至 B 运动停止。但驱动机构 A 仍继续匀速运动，上述过程周而复始的重复，使 B 作这种跳跃、静止的爬行现象。

对于一个运动系统来说，当高于某一速度时，不会出现爬行现象，这一速度称为不发生爬行的临界速度。

综上所述，产生爬行的主要原因为

1）静摩擦力和动摩擦力之差，这个差值越大，越容易产生爬行。

2）传动系统刚度越差，越容易产生爬行。

3）运动件的质量越大，越容易产生爬行。

4）当导轨面之间的阻尼较大时，有利于减轻或消除爬行。

（三）消除爬行的措施

在设计低速运动机构时，首先应估算其临界速度。如果所设计机构的最低速度低于临界速度时，应采取措施降低其临界速度，以避免产生爬行。运动部件的质量往往由于结构要求成为定值，下面只讨论减少静、动摩擦力之差以及提高传动系统刚度的措施。

1. 减小静、动摩擦力之差

（1）采用导轨油　这种方法最简便，不需对原有滑动导轨结构进行任何改动，因此应用比较普遍。由于在导轨油中添加了极化剂，使油膜具有较高的耐压性，以致运动停止时，油膜也不会被挤破，从而使静、动摩擦因数之差值减小，有利于克服爬行现象。

（2）以滚动摩擦代替滑动摩擦　例如，淬硬钢滚动导轨的摩擦因数仅为 0.005，而且静、动摩擦因数值接近，动摩擦因数也不随速度的变化而改变。

(3) 采用卸荷导轨和静压导轨　采用卸荷导轨后，运动部件的部分重量由卸荷装置承担，使作用于导轨表面的正向作用力大大减小，从而使摩擦力减小。采用静压导轨，则可使导轨面之间形成纯液体摩擦，摩擦因数降低到0.0001~0.001，而且静、动摩擦因数值基本上接近。

(4) 采用减摩导轨材料　在导轨表面上镶非铁金属板或采用聚四氟乙烯基滑动导轨塑料软带，以获得较小的静、动摩擦因数，数控机床的动导轨和镶条上都贴有塑料软带，以进一步减小摩擦因数并防止爬行。

2. 提高传动系统刚度

(1) 机械传动　尽可能缩短传动链，以减少弹性变形量；适当提高末端传动副的刚度；合理分配传动比，使多数传动件受力较小。

(2) 液压传动　液压传动机构受力后的变形来自油的可压缩性以及活塞杆、活塞杆座等的变形。因此，要防止油中混入空气泡和注意提高活塞杆及活塞杆座的刚度。

第三节　滚动导轨

一、滚动导轨的特点和应用

在两导轨面之间装有一定数量的滚动体，使导轨面之间的摩擦性质成为滚动摩擦，这种导轨称为滚动导轨。与滑动导轨相比，滚动导轨的优点是①运动灵敏度高，滚动导轨的摩擦因数为0.0025~0.005，远小于滑动导轨的静摩擦因数0.2~0.4和动摩擦因数0.1~0.2。滚动导轨用作高速或低速运动时，其摩擦因数基本上不变，即静、动摩擦力相差甚微，故一般滚动导轨在低速移动时，没有爬行现象。②定位精度高，重复定位误差为0.1~0.2μm，是滑动导轨的1/100。③牵引力小，移动轻便。④精度保持性好（如钢制淬硬导轨修理期间隔可达10~15年），磨损小。⑤润滑系统简单，可用脂润滑，维修方便（只需更换滚动体）等。其缺点是①抗振性差。②对脏物很敏感，必须有可靠的防护。③结构复杂，制造成本高。

滚动导轨用于实现微量进给，如外圆磨床砂轮架的移动；实现精密定位，如坐标镗床工作台的移动；常用于对运动灵敏度要求高的地方，如数控机床，此外，工具磨床为使手摇工作台提便、立式车床为提高速度、平面磨床工作台为防止高速移动时浮起等也都采用滚动导轨。滚动导轨广泛应用于各类通用机床，特别在数控机床上应用更为普遍。

二、滚动导轨的结构形式

滚动导轨按运动轨迹可分直线运动滚动导轨和圆周运动滚动导轨。

（一）直线运动滚动导轨

直线运动滚动导轨又可分为滚动体不作循环运动的滚动导轨和作循环运动的滚动导轨。

1. 滚动体不作循环运动的滚动导轨

这种导轨可分为滚珠导轨、滚柱导轨和滚针导轨三种结构形式。

(1) 滚珠导轨（图9-11）这种导轨结构紧凑，容易制造，成本低，但由于导轨表面属于点接触，因此刚度低，承载能力较小。适用于载荷较小的机床。

(2) 滚柱导轨（图9-12）适用于载荷较大的机床。图9-12a为V-平组合的开式滚柱轨，

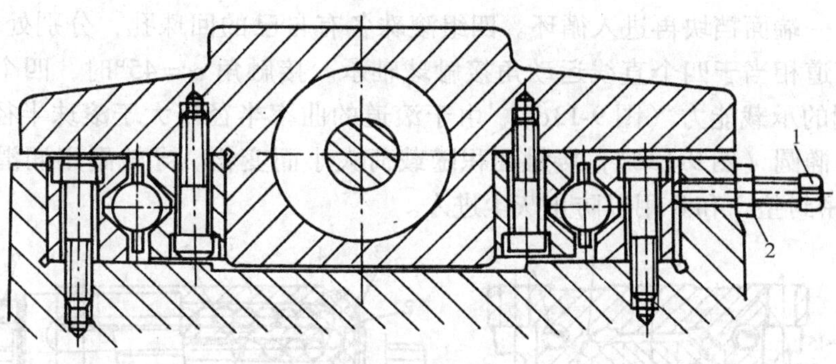

图 9-11　滚珠导轨
1—螺钉　2—螺母

它的特点是结构简单，制造方便，应用较多；图 9-12b 为燕尾形滚柱导轨，它的特点是尺寸紧凑，调节方便，但制造劳动量大，装配时检查精度也不方便，适用于空间尺寸不大，又要承受颠覆力矩的机床部件；图 9-12c 为十字交叉滚柱导轨，前后相邻的滚柱轴线交叉成 90°，可以承受任何方向的载荷，它的特点是精度高、动作灵敏、刚度高、结构比较紧凑，但制造比较困难。后两种为闭式导轨。

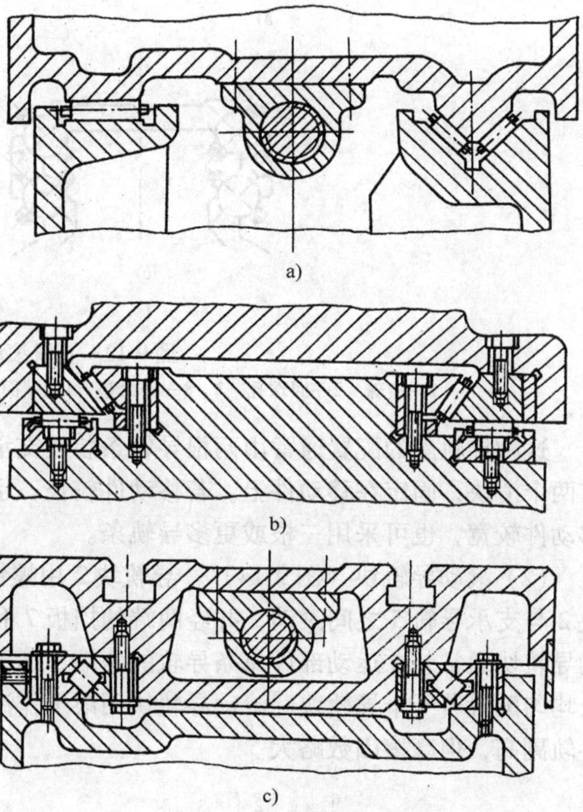

图 9-12　滚柱导轨

（3）滚针导轨　这种导轨的特点是滚针直径小，结构紧凑。与滚柱导轨相比，在同样长度内可以排列更多的滚动体，因而承载能力较大，但摩擦力大一些。适用于结构尺寸受限制的场合。

2. 滚动体作循环运动的滚动导轨

这种导轨在数控机床应用较多，因为数控机床导轨行程一般较长，所以滚动体必须循环。数控机床常用的有直线滚动导轨副和滚动导轨块两种。前者一般用滚珠做滚动体，后者用圆柱滚子。滚动导轨块主要用于载荷较大和刚度要求较高的地方。这两种导轨装配、使用方便，维修更换简单，滚动体不外露，防护可靠。现已标准化，有系列产品，应用广泛。

（1）直线滚动导轨副（图 9-13）　它包括导轨条 7 和滑块 5 两部分，导轨条 7 是支承导轨，安装在支承件（如床身）上。滑块 5 装在移动件（如工作台）上，沿导轨条 7 作直线运动。滑块 5 中装有四组滚珠 1，在导轨条 7 和滑块 5 的直线滚道内滚动。当滚珠 1 滚到滑块 5 的端点（图 9-13b 左端），就经合成树脂制造的端面挡板 4 和滑块 5 中的回珠孔 2 回到另一端，经另一端面挡块再进入循环。四组滚珠各有自己的回珠孔，分别处于滑块的四角。四组滚珠和滚道相当于四个直线运动角接触球轴承。接触角 $\alpha=45°$时，四个方向（上下左右）具有相同的承载能力（图 9-13d）。由于滚道的曲率半径略大于滚珠半径，在载荷的作用下接触区为椭圆（图 9-13c），接触面积随载荷大小而变化。导轨副用润滑脂润滑（从油嘴 6 注入），密封垫 3 和 8 用以防止灰尘进入。

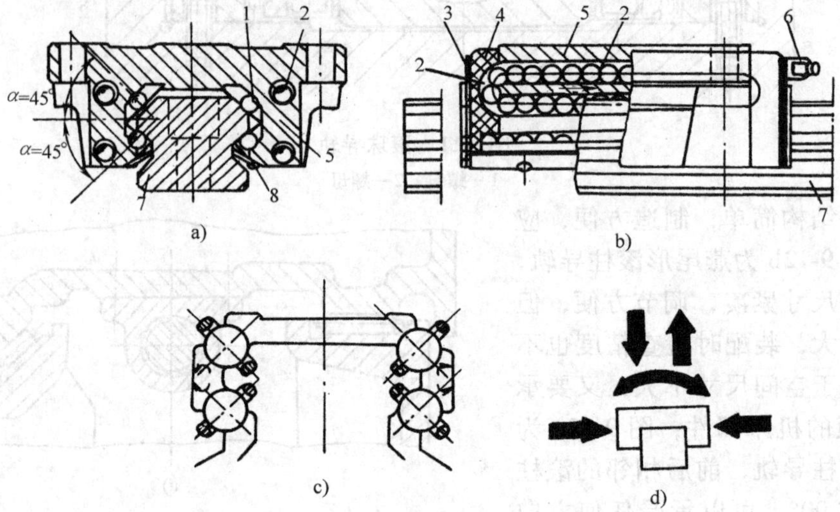

图 9-13 直线滚动导轨副

1—滚珠 2—回珠孔 3、8—密封垫 4—端面挡板 5—滑块 6—油嘴 7—导轨条

这种导轨副的配置通常由两根导轨条装在支承件上，构成导轨组合形式。每根导轨条上有两个滑块，固定在移动件上。若移动件较长，也可在一根导轨条上装三个滑块或更多。若移动件较宽，也可采用三根或更多导轨条。

（2）滚动导轨块（图 9-14） 导轨块 2 用螺钉 1 固定在动导轨体 3 上，滚动体 4 在导轨块 2 与支承导轨 5 之间滚动，并经两端的挡板 7 和 6 及上面的返回槽返回，作循环运动。滚动导轨块通常装在运动部件每条导轨的两端，运动部件较长、垂直载荷较大时，可沿导轨全长均匀配置若干个导轨块。滚动导轨块用滚子作滚动体，所以承载能力和刚度都比直线滚动导轨副高，但摩擦因数略大。

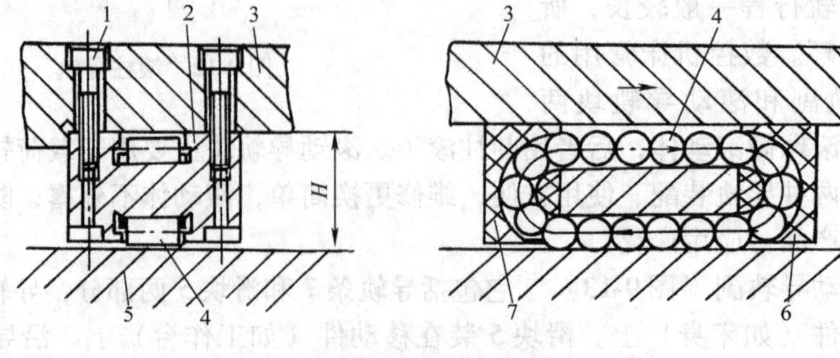

图 9-14 滚动导轨块

1—固定螺钉 2—导轨块 3—动导轨体 4—滚动体 5—支承导轨 6、7—带返回槽挡块

（二）圆周运动滚动导轨

（1）滚珠导轨　图9-15a、b所示的结构只能承受进给力，且承载能力较低，结构简单，制造容易，适用轻载低速运动的工作台，例如，卧式镗床和坐标镗床的回转工作台。图9-15c所示的下导轨为对称V形，上导轨为非对称V形，这种结构承载能力较大，且能承受一定背向力，但制造复杂，用于圆刻线机导轨，精密回转工作台等。

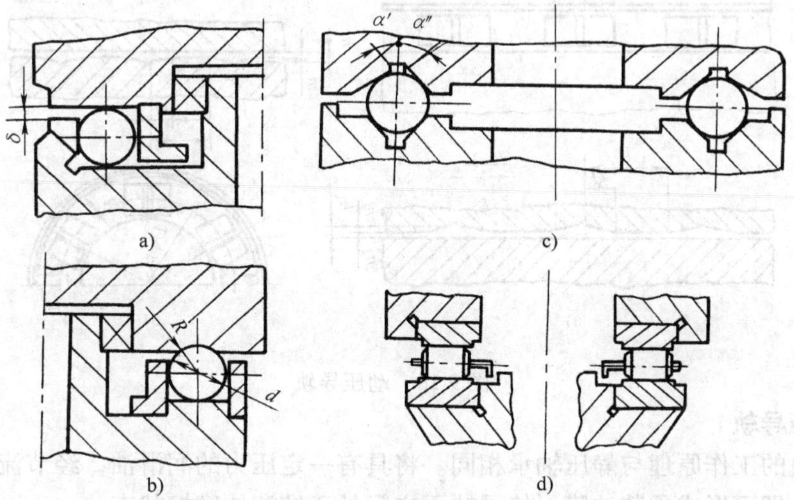

图9-15　圆周运动滚动导轨

a）铸铁平导轨（滚珠）　b）铸铁圆弧面导轨（滚珠）　c）V形滚珠导轨　d）滚柱导轨

（2）滚柱导轨　图9-15d所示的结构只能承受进给力，承载能力大，安装时需预紧，背向力由与圆周运动导轨同轴线的滚动轴承承受。用于数控立式车床、立式磨床的回转工作台。

三、滚动导轨的预紧

在滚动体与导轨面之间预加一定载荷，可增加滚动体与导轨的接触面积，以减小导轨面平面度、滚子直线度及滚动体直径不一致性误差的影响，使大多数滚动体均能参加工作。由于有预加接触变形，接触刚度增加，因而提高了导轨的精度、刚度和抗振性。

用预紧的滚动导轨常应用在下述情况：对移动精度要求较高的精密机床导轨，为提高接触刚度和消除间隙；垂直配置的立式机床滚动导轨，为防止滚动体脱落和歪斜；颠覆力矩较大，滚动体易于翻转的滚动导轨。

第四节　动压导轨、静压导轨、卸荷导轨

一、动压导轨

动压导轨的工作原理与动压轴承相同。借助导轨面之间的楔形并以较高的相对运动速度运动，形成压力油膜，从而将运动部件浮起。导轨面之间属于纯液体摩擦，避免了磨损，提高了导轨的耐磨性。但动压导轨的油膜刚度与相对运动速度有关，相对运动速度越高，油膜的承载能力越大。但在起动、停止过程或低速运动时出现摩擦仍难免磨损。因此，动压导轨适用于主运动导轨，如龙门刨床工作台导轨、立式车床旋转工作台导轨等。

直线运动导轨的油腔应开在动导轨上，使动导轨在任何位置时，都有相同的油膜支承力，如图 9-16a 所示。为供油方便，可从支承导轨的中部进油。圆周运动导轨的油腔应开在固定导轨上，如图 9-16b 所示。由于直线运动导轨要作往复运动，圆周运动导轨要正、反转，因此油腔应当是对称的，以产生双向压力油膜。

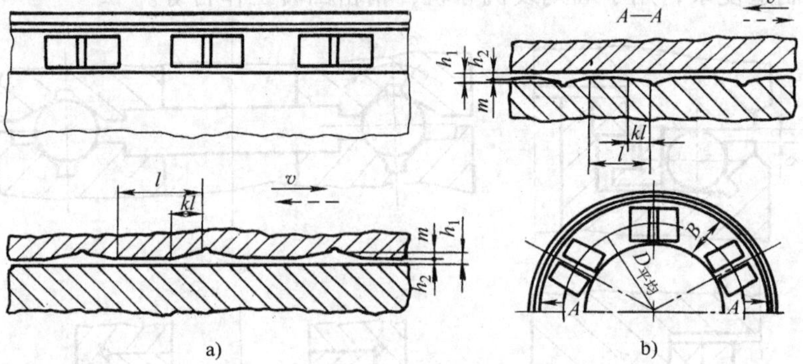

图 9-16　动压导轨

二、静压导轨

静压导轨的工作原理与静压轴承相同。将具有一定压力的润滑油，经节流器输入到导轨面上的油腔，即可形成承载油膜，使导轨面之间处于纯液体摩擦状态。

静压导轨的优点是摩擦因数极小，因而传动效率高，发热小，由外供的压力油产生的静压油膜使导轨面分开，无论在起动和停止过程或各种运动速度时都不会产生摩擦及磨损，精度保持性好；静压油膜较厚，对导轨表面的制造误差有均化作用，可以提高加工精度；低速运动平稳，移动准确；静压油膜具有吸振能力。这种导轨的缺点是导轨自身结构比较复杂；需要增加一套供油系统；调整维护比较麻烦。静压导轨主要用做精密机床的进给运动和低速运动导轨。

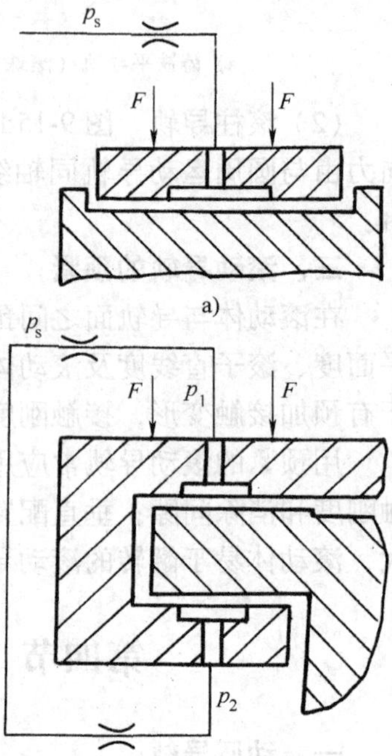

图 9-17　静压导轨

图 9-17a 为开式静压导轨工作原理图。压力油经节流器进入导轨的各个油腔，使运动部件浮起，导轨面被油膜隔开，油腔中的油不断地通过封油边而流回油箱。当动导轨受到外载荷作用向下产生一个位移时，导轨间隙变小，增加了回油阻力，使油腔中的油压升高，以平衡外载荷。

图 9-17b 为闭式静压导轨工作原理图。闭式导轨在上、下导轨面上都开有油腔，可以承受双向外载荷，保证运动部件工作平稳。

定压式静压导轨是指节流器进口处的油压 p_s 是一定的，应用较多。定量式静压导轨是指经油腔的润滑油流量是一个定值，且不用节流器，而是对每个油腔均有一个定量液压泵供油。由于流量不变，当导轨间隙随外载荷的增大而变小时，则油压上升，载荷得到平衡。当载荷变化时，导轨间隙变化很小，因而油膜刚度较高而且稳定，但结构复杂。

三、卸荷导轨

采用卸荷导轨可以减轻支承导轨的负荷，降低导轨的静摩擦因数，从而提高导轨的耐磨性和低速运动的平稳性，提高导轨的运动精度和寿命。手动操作的部件采用卸荷导轨后，可使操作轻便。卸荷导轨由于导轨面仍然是直接接触，因而刚度较高。卸荷导轨多用于要求精度高和接触刚度高的机床。导轨的卸荷方式有液压卸荷、机械卸荷和气压卸荷，其中以液压和机械卸荷应用较多。

（1）液压卸荷导轨　液压卸荷的原理与静压导轨相同，只是油腔作用面积较小，油腔压力不足以将运动部件浮起，但油液压力作用于工作台，可以抵消部分载荷，从而减少滑动面上的比压。

（2）机械卸荷导轨　图 9-18 所示为 T4163 型坐标镗床所采用的机械卸荷导轨结构。在工作导轨 1 的近旁放置一辅助导轨 2，工作台 6 上的大部分载荷借弹簧 7 作用在滑柱 5 上，再由滑柱 5 的销轴 4 通过滚动轴承 3 压在辅助导轨 2 上。只有少部分载荷作用在工作导轨上，使工作台移动轻便，从而保证了良好的移动精度。

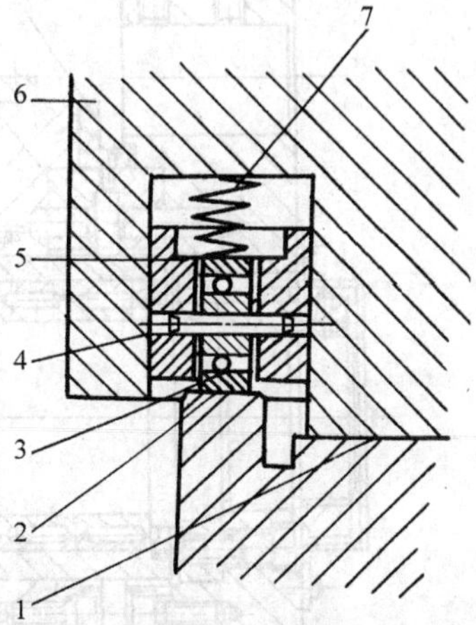

图 9-18　机械卸荷导轨
1—工作导轨　2—辅助导轨　3—滚动轴承　4—销轴　5—滑柱　6—工作台　7—弹簧

第五节　数控机床的自动换刀装置

数控机床具有一定的柔性，并能够保证较高的生产率以及较好的加工质量。一个零件的制造，往往需要完成多道工序的加工，使用功能单一的机床加工，大量的时间将用于更换刀具、测量及装卸工件等非切削加工时间上，效率较低。为了缩短非切削加工时间、提高效率，采用工序集中的方式并提高自动化的程度是有效的途径，为此，在 20 世纪 60 年代末出现了储有各种类型刀具的刀库，并具有自动换刀功能，能在工件一次装夹中自动顺次完成多种不同工序加工的数控机床，即加工中心机床（简称加工中心）。能够自动地更换加工中所用刀具的装置称为自动换刀装置（Automatic Tool Change，简称 ATC）。自动换刀装置已广泛地使用于加工中心及其他一些数控机床中。在能够自动换刀的数控机床中，有些是刀具仅仅作进给运动，如数控车床，数控车床上的回转刀架是一种最简单的自动换刀装置；而大多数则是刀具作旋转主运动或兼作进给运动（如加工中心）。加工中心的自动换刀装置（系统）包括储存刀具的刀库，以及能够将刀具在刀库和主轴间进行交换的装置。刀库、刀具交换装置和主轴三者是刀具交换系统的主要构成。

自动换刀装置应满足换刀时间短，刀具重复定位精度高以及换刀安全可靠等基本要求。

一、自动换刀装置的常见形式

1. 回转刀架

回转刀架常用于数控车床。回转刀架的形式有立轴式和卧轴式。立轴式回转刀架一般为四方刀架或六方刀架，分别可安装四把或六把刀具；卧轴式通常为圆盘式回转刀架，可安装的刀具数量较多，在数控车床中使用较多。如图 9-19 所示为 CK3225 型数控车床上卧轴式八刀位回转刀架的结构，刀架的夹紧和回转均由液压驱动。它的工作原理如下：

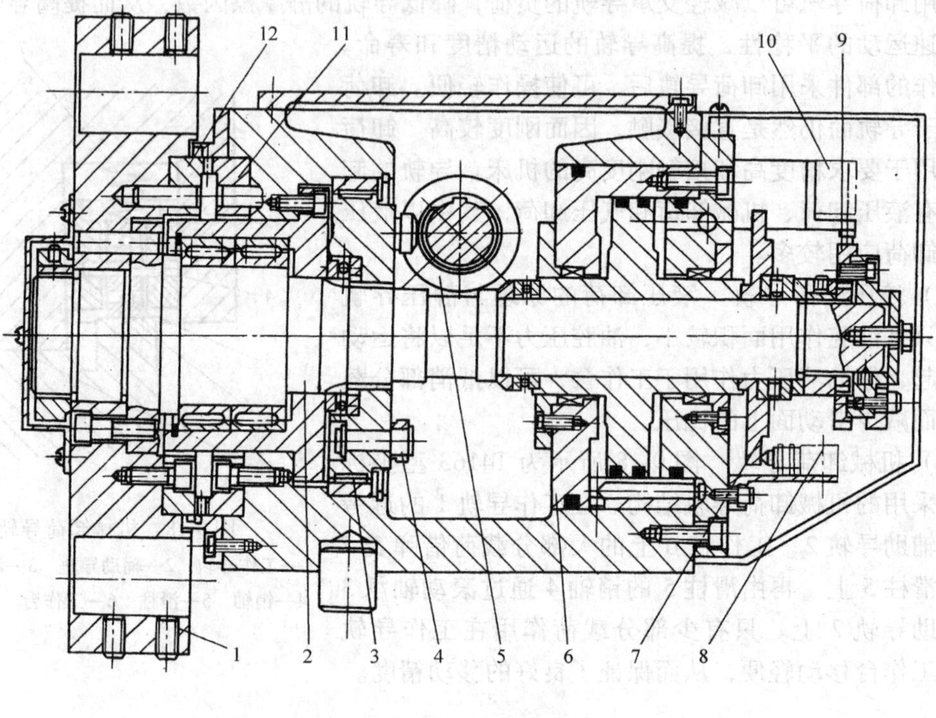

图 9-19 数控车床刀架结构

1—刀盘 2—中心轴 3—回转盘 4—柱销 5、9—凸轮 6—液压缸

7—盘 11、12—牙盘 8、10—开关

（1）松开刀架 当接到回转信号后，液压缸 6 右腔进油，将中心轴 2 和刀盘 1 左移，使鼠牙盘 12 和 11 分离。

（2）刀架转位 液压马达驱动凸轮 5 旋转，凸轮 5 拨动回转盘 3 上的柱销 4，使回转盘 3 带动中心轴 2 和刀盘 1 旋转。回转盘 3 上均布着八个柱销 4，凸轮 5 每转一周，拨过一个柱销 4，使刀盘 1 转过一个刀位，同时，固定在中心轴 2 尾端的选位凸轮 9 相应地压合计数开关 10 一次，当刀盘 1 转到新的预选刀位时，液压马达停转。

（3）刀架夹紧 液压缸 6 左腔进油，将中心轴 2 和刀盘 1 右移，两鼠牙盘啮合实现精确定位，并且将刀架夹紧，此时盘 7 压下开关 8，发出回转结束信号。

2. 主轴与刀库合为一体的自动换刀系统

在主运动为刀具转动的数控机床中，这是一种比较简单的换刀方式。若干根主轴（一般为 6 ~ 12 轴）安装在一个可以转动的转塔头上，每根主轴对应装有一把可旋转的刀具。根据工序要求可以依次将装有所需刀具的主轴转到加工位置，实现自动换刀，同时接通主传动。因此，这种换刀方式又称为更换主轴换刀，转塔头实际上就是一个刀库。图 9-20 是更换主轴换刀在数控机床上的应用实例，转塔上均布的八把可旋转的刀具对应装在八根主轴上，转动转塔头，即可更换所需的刀具。

图 9-21 为转塔头的传动图。转塔座 1 固定在垂直滑板上，转塔头 4 可以相对转塔座 1 转动，转塔头 4 上只有处在下方加工位置的主轴与主传动接通，其他主轴均与主传动脱开。

当数控系统发出换刀指令时，首先使主传动与主轴的联系脱开（离合器5脱开）伺服电动机通过蜗杆2、蜗轮3带动转塔转过规定的等分角度，使下道工序的主轴进入加工位置，然后锁紧转塔头，这时发出转位结束信号，合上离合器，使主传动重新与加工位置主轴接通。

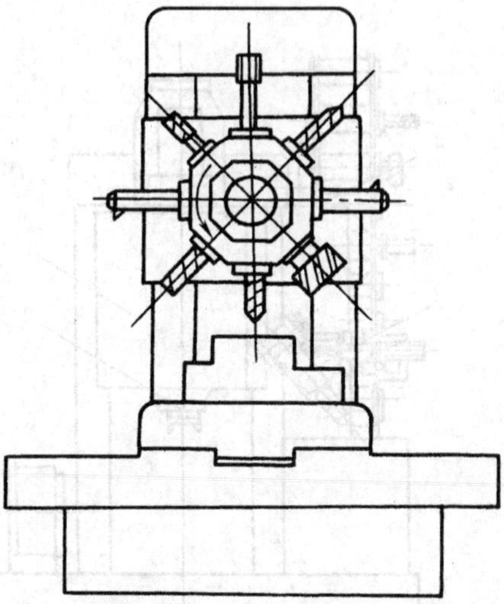

图9-20　更换主轴换刀

更换主轴换刀还有一些其他的结构形式，例如，转位和夹紧可采用液压装置来实现，而定位则用鼠牙盘定位，反靠定位和插销定位等。这些形式的结构均较为复杂。

这种自动换刀装置的刀库与主轴合为一体，机床结构较为简单。它的主要优点在于省去了刀具在刀库与主轴间的交换等一系列复杂的操作过程，从而提高了换刀的可靠性，并缩短了换刀时间。

由于转塔头需要完成多种运动，因此结构尺寸不能太大。又因转塔头中有多根主轴及各种机构，使结构复杂，同时因受空间限制，主轴部件不可能设计得十分坚实，从而影响了主轴系统的刚度。为了保证主轴的刚度，必须限制主轴的数目。由于以上原因，这种换刀方式通常用于工序较少，精度要求不太高的数控机床，例如，钻削加工中心、铣镗加工中心等。

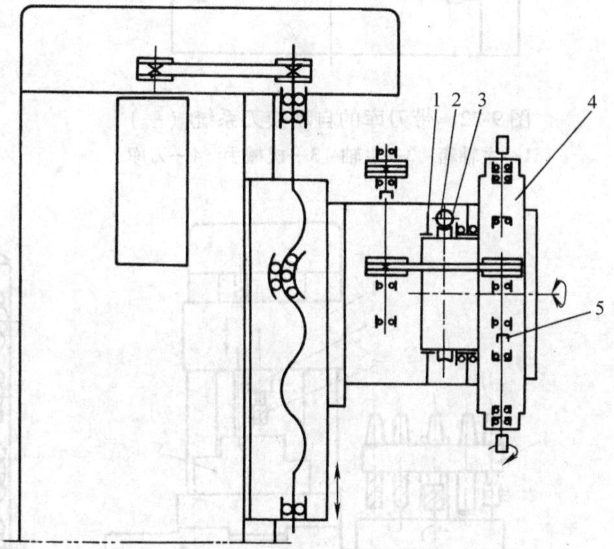

图9-21　转塔头的传动图
1—转塔座　2—蜗杆　3—蜗轮
4—转塔头　5—离合器

3. 主轴与刀库分离的自动换刀系统

这种换刀系统具有独立的刀库，因此又称为带刀库的自动换刀系统。这种换刀系统由刀库、刀具交换装置以及主轴等组成。独立的刀库可以存放数量较多的刀具（20～60把），因而能够适应复杂零件的多工序加工。主轴部件上有刀具的自动装卸机构以保证刀具的自动交换。另外，由于主轴箱内只有一根主轴，为适应不同的加工，在设计主轴时就应尽可能增强它的抗振性和刚度，以提高机床的加工精度。

这种系统的换刀过程是先将主轴上用过的刀具放回刀库，然后根据选刀指令将刀库中的待用刀具选好后交换到主轴上。由于只有一根主轴，因此全部刀具都应具有统一的标准刀柄。刀库的安装位置可根据实际情况较为灵活地设置，用得较多的是将刀库装在机床的立柱上，如图9-22、图9-23所示。也可以将刀库安装在工作台上，如图9-24所示。如果刀库容量较大并且较重时，刀库可以落地安装，如图9-25所示。落地式刀库若离主轴较远，经常要增设运输装置来完成刀库与主轴间刀具的输送。

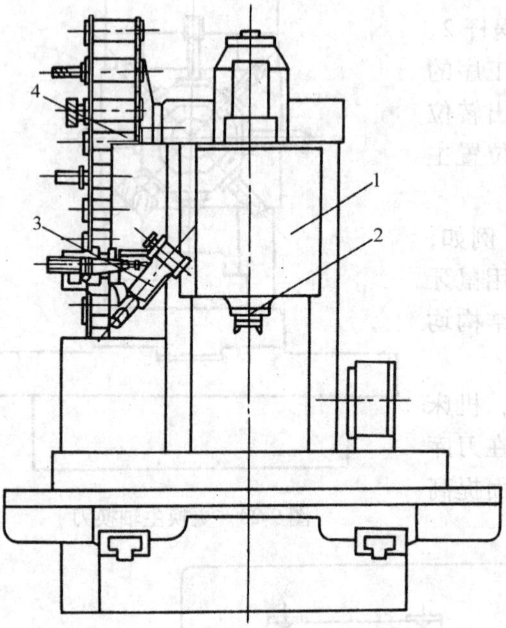

图 9-22 带刀库的自动换刀系统（一）

1—主轴箱 2—主轴 3—机械手 4—刀库

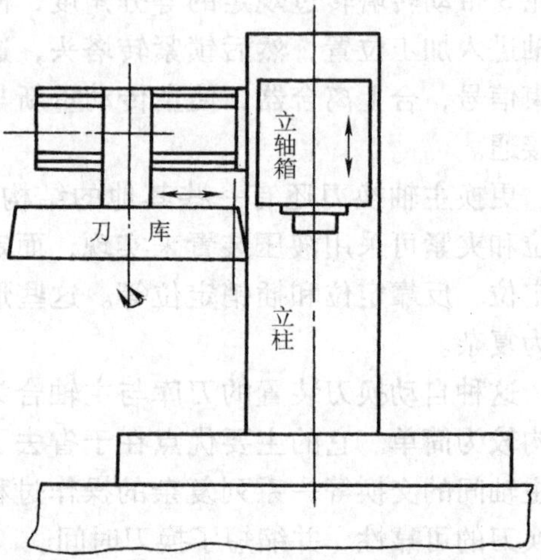

图 9-23 带刀库的自动换刀系统（二）

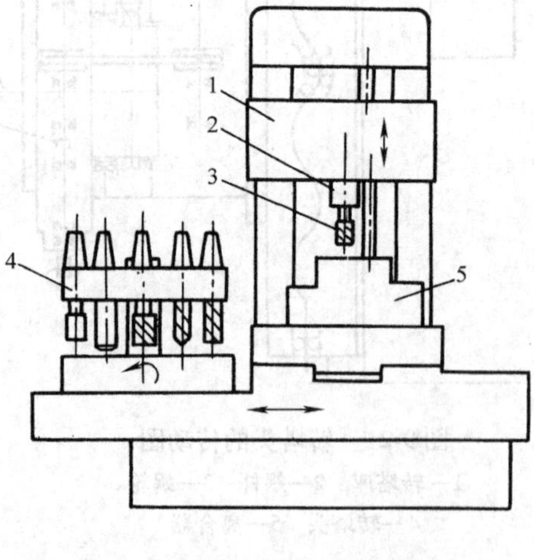

图 9-24 带刀库的自动换刀系统（三）

1—主轴箱 2—主轴 3—刀具 4—刀库 5—工件

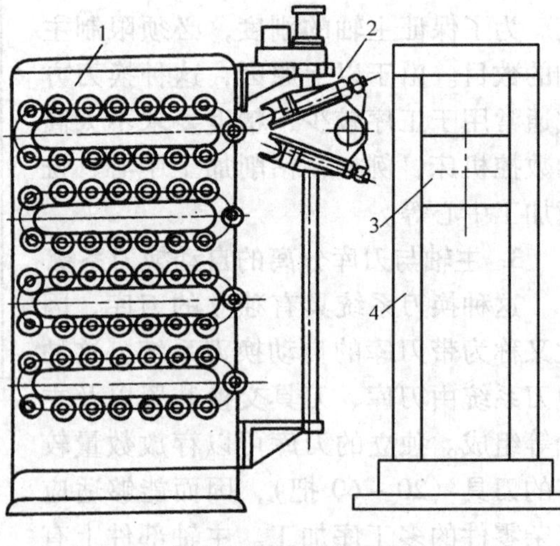

图 9-25 带刀库的自动换刀系统（四）

1—刀库 2—机械手 3—主轴箱 4—立柱

二、刀库及刀具的选刀方式

（一）刀库的类型

刀库是自动换刀装置的主要部件，刀库形式确定之后，自动换刀装置的形式也就基本确定了。

刀库的功能是储存各种加工工序所需的刀具，并按程序指令，快速、准确地将刀库中的空刀位和待用刀具送到预定位置，以便接受主轴换下的刀具和便于刀具交换装置进行换刀。

根据机床及加工工艺的要求，以及刀具形状、尺寸和数量的不同，自动换刀装置中的刀库可以设计成各种式样。

1. 盘式刀库

刀库呈圆盘形状，图 9-26 为盘式刀库的几种形式。图 9-26a ~ d 为单盘式，刀具轴线相对刀库轴线分别可按轴向、径向、斜向配置，图 9-26d 中，刀具可做 90°翻转，目的是方便取刀。从结构角度分析，单盘刀库容量一般定在 15 ~ 40 把，若需增大容量，可考虑采用图 9-26e 或图 9-26f。图 9-26e 为鼓轮弹仓式（又称刺猬式）刀库，即刀具沿圆周轴向多层排列，为使机械手取刀方便，需用的弹仓可弹出以备取刀。图 9-26f 为多层圆盘，但其结构复杂，使用较少。盘式刀库可绕轴线做旋转运动，使所有刀具均能到达换刀位置。如前所述，图 9-23 是盘式刀库的应用实例。

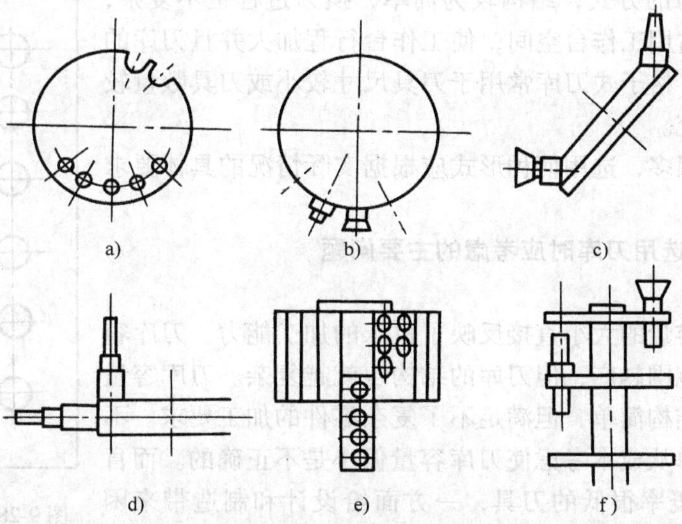

图 9-26　盘式刀库类型

2. 链式刀库

图 9-27 为链式刀库的几种形式。在主动链轮的带动下，装有刀具的链条可以转动。链式刀库结构简单，布局灵活，在设计上可以充分利用机床周围的空间。如果刀具数量过多，采用刀库卧式安排（图 9-27a）则占地面积较大。采用立式安排（图 9-27b）又使刀库过高。这时可采用图 9-27c 所示的形式，多排安装，既可满足刀具的数量要求，又使结构设计较为简单，这种刀库常独立安装于机床附近，因此占地面积较大。如果刀库远离主轴，必须有刀具中间搬运装置，使整个换刀系统结构复杂，因此只在特殊需要时才采用。图 9-27d 为长链条的链式刀库，中间安装支承链轮，这种刀库容量较大，并可以有效地利用空间，相对占地面积较小，但在结构设计时应充分注意链条运动的平稳性和定位精度。前述的图 9-22、图 9-25 是链式刀库的应用实例。

3. 格子式刀库

格子式刀库即刀具在刀库中一排排地安置（图 9-28），刀具在刀库中不作相对运动。这种刀库的结构相对简单，容量可以较大，但大容量的格子式刀库换刀过程复杂，并使整个自动换刀系统非常复杂，故较少采用。图 9-24 是将格子式刀库直接放在工作台上，采用主轴

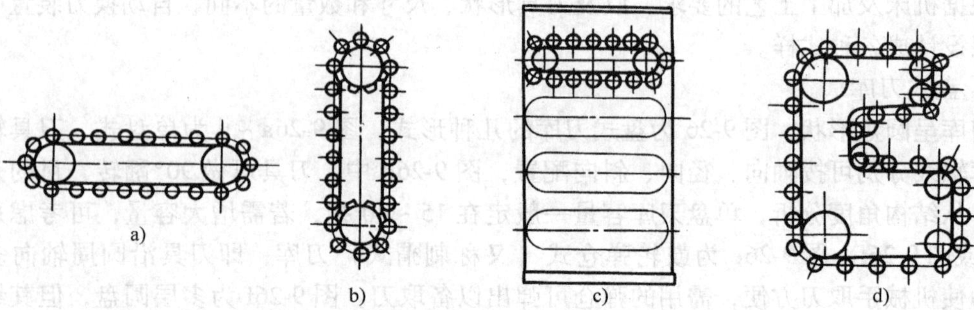

图 9-27 链式刀库类型

和刀库间直接换刀的方式，结构较为简单，换刀过程也不复杂，但由于刀库需要占用工作台空间，使工作台行程加大并且刀库的容量也受到限制。格子式刀库常用于刀具尺寸较小或刀具数量较少的自动换刀系统。

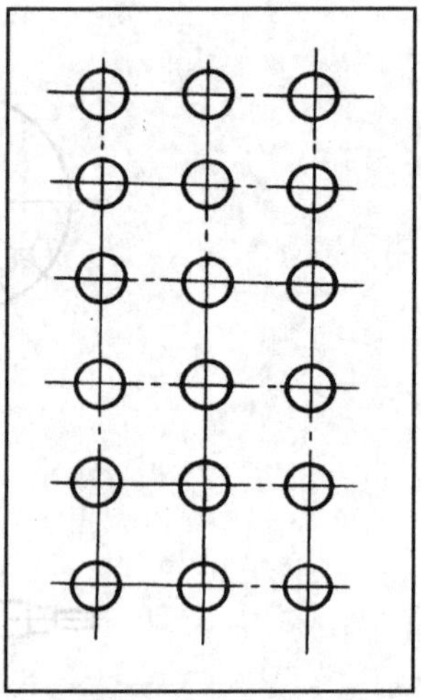
图 9-28 格子式刀类类型

刀库的形式很多，选用何种形式应根据实际情况的具体要求来决定。

（二）设计或选用刀库时应考虑的主要问题

1. 刀库容量

通常，刀库容量的大小直接反映了机床的加工能力。刀库容量越广，则工艺范围越广，但刀库的结构也就越复杂。刀库容量太小，虽然刀库结构简单，但满足不了复杂零件的加工要求。不考虑工艺范围，单从成本考虑使刀库容量偏小是不正确的。而盲目装入一些使用概率很低的刀具，一方面给设计和制造带来困难，机床占地面积加大，成本提高，另一方面这些刀具长期不使用，若保养不好，则当需要使用时，有可能刀具已受损（如锈蚀）而不能使用。根据有关统计资料，刀库容量在 10 ~ 60 即可满足大多数零件的加工要求。因此，应根据各种因素综合分析，选择合理的刀库容量。

2. 刀库的工作可靠性

各种刀具应能顺利地装入刀库或从刀库中取出；刀库应能按指令要求将刀具准确而又平稳地送到换刀位置。

3. 刀库的运动

刀库的运动主要有两种，一是刀库内部的送刀运动，为使所选刀具均能快速达到换刀位置，刀库应具有正反向的送刀运动，使选刀时具有最短路径，这对于大容量刀库尤为重要；二是刀库与主轴间的相对运动，采用机械手自动换刀时，刀库与主轴之间一般无相对运动。提高刀库的运动速度，可以减少换刀时间。为减少换向和起停冲击，要求刀库的运动惯量不能过大。因此，对刀库的尺寸、质量以及刀具的数量均应适当限制，运动速度不应过高。

4. 刀具在刀库中的排列

有些刀具的直径和长度有较大的差异，因而质量差异也很大。长度和直径的差异可能造成与其他部件的干涉；如果刀具排列不合理，因质量差异会使刀库承重不均，而造成运动的不平衡，为此，排列时应注意刀具质量的均衡。

（三）刀具的选择方式

刀具的选择方式是否合理是影响自动换刀系统性能的重要因素之一。根据数控系统的选择指令，从刀库中将各工序所需的刀具转换到取刀位置，称为自动选刀。常用的选刀方式有顺序选刀和任意选刀两种。

1. 刀具的顺序选择方式

刀具按预定工序的先后顺序插入刀库的刀座中，使用时根据程序指令按顺序转到取刀位置。主轴上卸下的刀具放回其原来的刀座内，也可按顺序放入下一个刀座。采用顺序选择刀具方式，驱动控制较为简单，工作可靠，不需要刀具识别装置。但刀库中同一把刀具在工件一次装夹中不能重复使用，有时为了满足加工需要，必须增加同种刀具的数量，这就降低了刀具和刀库的利用率。此外，装刀时必须十分谨慎，如果刀具不按顺序装在刀库中，将会产生严重的事故。如果更换一种工件，则刀具的顺序必须重新排列。

2. 刀具的任意选择方式

这种方式根据程序指令的要求任意选择所需要的刀具，刀具在刀库中可以不按加工顺序任意存放。控制系统能够识别、记忆所有的刀具和刀座。自动换刀时，刀库旋转，根据程序指令或根据“刀具识别装置”的识别，刀库将所需刀具送到换刀位置，等待换刀。任意选择刀具法的优点是刀库中刀具的排列顺序与工件加工顺序无关，相同的刀具在工件一次装夹中可重复使用，因此，刀具数量比顺序选择法的刀具可少一些。由于采用任意选择法使自动换刀装置通用性强，应用范围广，因而得到了广泛的应用。

3. 刀具的识别

刀具的识别是指自动换刀装置对刀具的识别。在顺序选择法中，刀具事先已按规定要求排列在刀库中，刀具识别较简单。在任意选择法中，刀具无规律地存放在刀库中，因此，正确地识别刀具是非常重要的，这也是任意选择刀具的前提。刀具的识别通常可采用刀具编码法和软件记忆法。

（1）刀具编码法　刀具编码法是一种早期使用的刀具识别方法。刀具编码法的基本原理如图 9-29 所示。在刀柄或刀座上装有若干个两种不同直径的编码环，如果用大环表示二进制的“1”，小环表示“0”，则这些环的不同组合便可表示不同刀具的不同编码。在刀库附近装有一个刀具识别装置，装置上有一排与编码环一一对应的触针（接触式）或传感器（非接触式），当刀库旋转，刀具经过刀具识别装置时，识别装置便可读出该刀具的编码。换刀时，刀具识别装置不断地读入每一经过的刀具的编码，并送入控制系统与换刀指令中的编码进行比较，当读出的编码与换刀指令中的编码一致时，由控制系统发出信号，使刀库停转，等待换刀。

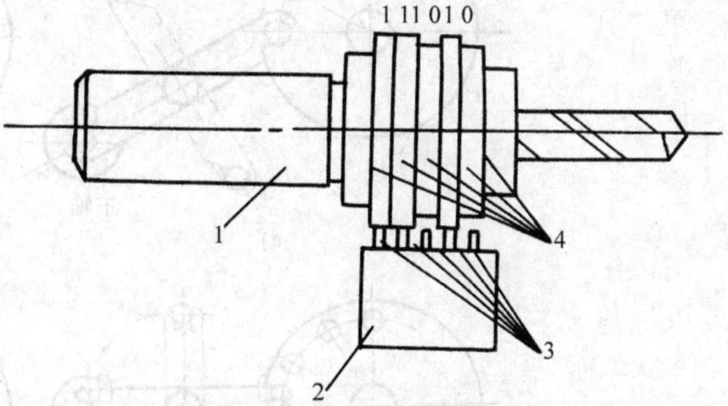

图 9-29　刀具编码法

1—刀柄　2—接触式识别装置

3—触针（销）　4—数码环

（2）软件记忆法　软件记忆法的工作原理是将刀库上的每一个刀座进行编号，如 TAB

+1～TAB+N，称为“地址”。将刀具放入刀库，对每一刀具再编一个刀具号，然后在控制系统内部建立一个刀具数据表，将原始状态刀具在刀库中的地址一一填入，一旦这步工作完成后，编好的刀具号就不能再随便改动。刀库上装有检测装置，可以读出刀库在换刀位置的地址。取刀时，控制系统根据刀具号在刀具数据表中找出该刀具的地址，按优化原则转动刀库，当刀库上的检测装置读出的地址与取刀地址相吻合时，刀具便停在换刀位置上；若将刀具送回刀库，不必寻找刀具原位，只要按优化原则送到任一空位即可，控制系统将根据这时换刀位置的地址更新刀具数据表，并记住刀具在刀库中新的位置。

软件记忆法换刀不仅可以任意取出，而且不论在刀库的哪个位置都可以自由送回。控制系统还可以通过优化程序优化刀具在刀库中的位置，以缩短换刀时间及刀库中刀具配置的某些特殊要求。因此，这是常用的一种换刀方式。

三、刀具交换装置

在刀库与主轴之间传递和装卸刀具的装置称为刀具交换装置。交换装置的形式和结构对数控机床的总体布局和生产率有直接影响，而交换装置的工作是否可靠是影响数控机床工作可靠性的重要因素。

1. 交换装置的形式

（1）由刀库和主轴的相对运动实现刀具交换　这种形式的刀具交换是在刀库和主轴间直接进行的。换刀时，刀库与主轴相对运动，首先使刀库空刀座轴线与主轴轴线重合，卸下刀具，然后将待用刀具对准主轴装上。如图9-24是利用工作台的运动使刀库移至主轴下方进行换刀。在图9-23中，刀库可沿横梁移动至主轴下方进行换刀。这种形式换刀可靠性较高，但换刀动作较多，取刀与装刀时间不能重合，换刀时间相对较长。

（2）由机械手进行刀具交换　图9-30是机械手的几种基本形式。图9-30a为钩手，抓刀

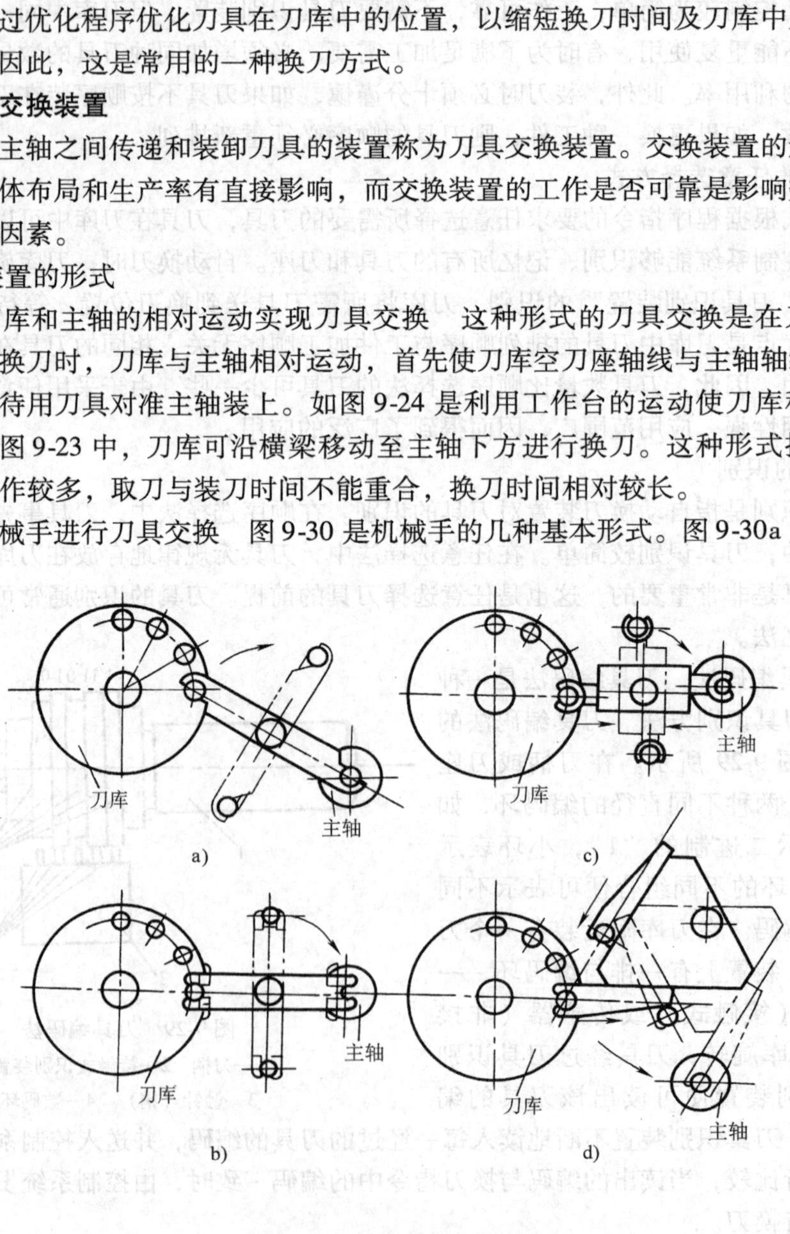

图9-30　机械手的基本形式

运动为旋转运动。图9-30b为抱手，抓刀运动为两个手指的旋转运动。图9-30c、图9-30d为叉手，抓刀运动为直线运动。图9-30a～c为双臂机械手，可同时抓取刀库中和主轴上的刀具，双臂机械手减少了换刀动作，换刀时间较少，结构简单，但对刀库的形式以及刀库与主轴的相对位置均有一定的要求，因而应用范围受到限制。图9-30d和图9-31所示为双机械手装置，一只机械手在主轴位置取刀时，另一只机械手已抓好待用刀具准备装刀。双机械手装置在布局上较为灵活，因此应用范围比双臂机械手更广。

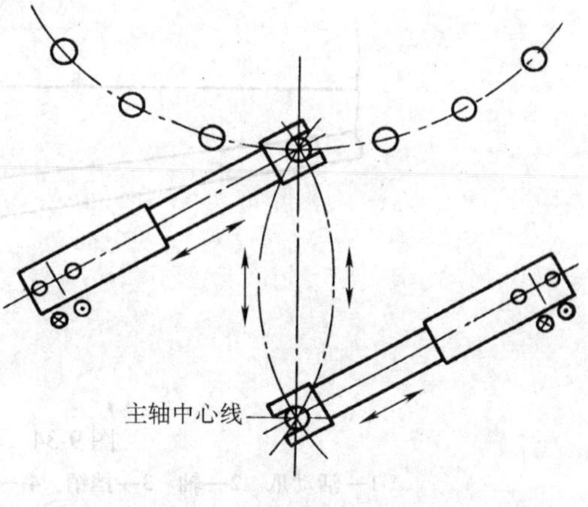

图9-31　双机械手自动换刀

图9-32所示为机械手换刀的基本动作。机械手的旋转运动可以将刀具送往刀库或主轴，机械手的水平伸缩使机械手能到达合适的抓刀位置，机械手的上下移动是为了将刀具装入主轴或放回刀库。

为适应不同的工作环境，机械手还可以具有其他一些运动环节，如图9-33所示，增加ρ、δ、ε等转动环节，可使机械手更加灵活，适应范围更广。机械手的每一个运动环节均由一个传感器检测其运动状态，以确保机械手动作无误。

2. 刀具的夹持

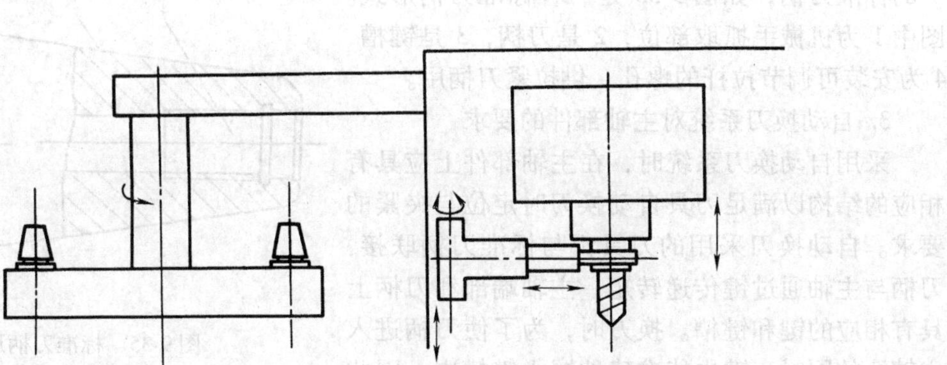
图9-32　机械手换刀的基本动作

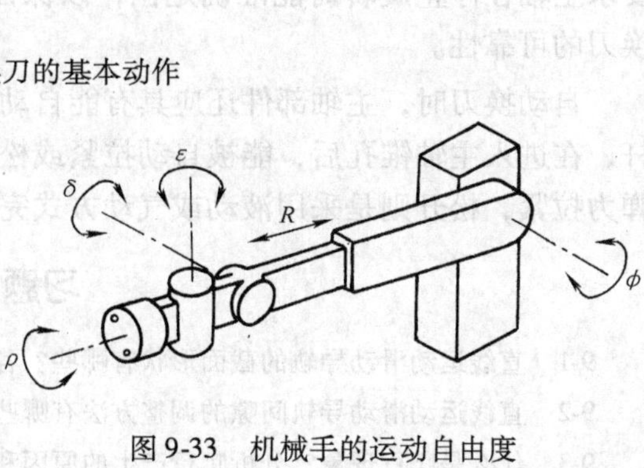

图9-33　机械手的运动自由度

在加工中心中，由于机械手的抓取对象是不变的，因此，其手爪（夹持机构）只需由简单的机械组成。夹持方法有柄式夹持和法兰盘夹持两种。

如图9-34所示为柄式的机械手夹持机构。刀具装入时活动爪1可绕轴2回转，其左端被弹簧柱塞6顶紧，使刀具进出手爪时手爪具有一定的夹紧力（螺栓5可以调节这个夹紧力的大小）。锁紧销 4 使活动爪 1 的左端紧靠在挡销 3 上，右端与固定爪 7 将刀柄牢固夹持，防止刀具在交换过程中脱落。锁紧销 4 还可轴向移动，放松活动爪 1，以便叉刀或送刀。

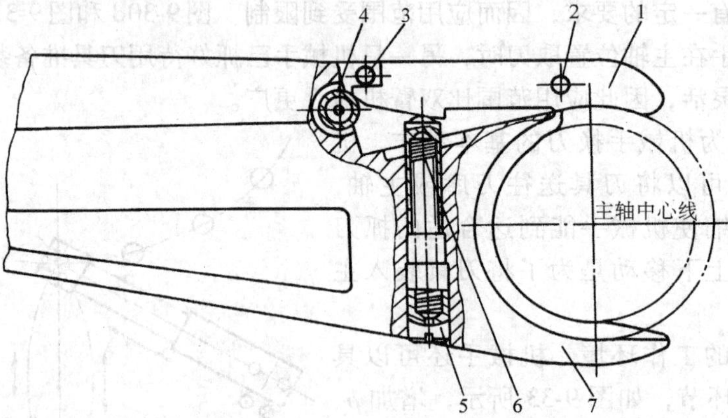

图 9-34 机械手的夹持机构

1—活动爪 2—轴 3—挡销 4—销紧销 5—螺栓 6—弹簧柱塞 7—固定爪

为了便于机械手的抓取，所有刀具应采用统一的标准刀柄，如图 9-35 是一种标准刀柄形式。图中 1 为机械手抓取部位，2 是刀柄，3 是键槽，4 为安装可调节拉杆的螺孔，供拉紧刀柄用。

3. 自动换刀系统对主轴部件的要求

采用自动换刀系统时，在主轴部件上应具有相应的结构以满足刀具自动换刀时定位与夹紧的要求。自动换刀采用的刀具都与标准刀柄联接，刀柄与主轴通过键传递转矩，主轴端部和刀柄上具有相应的键和键槽。换刀时，为了使刀柄进入主轴孔的同时，键也能准确地嵌入键槽中，因此要求主轴在停止旋转时能准确定位，以保证自动换刀的可靠性。

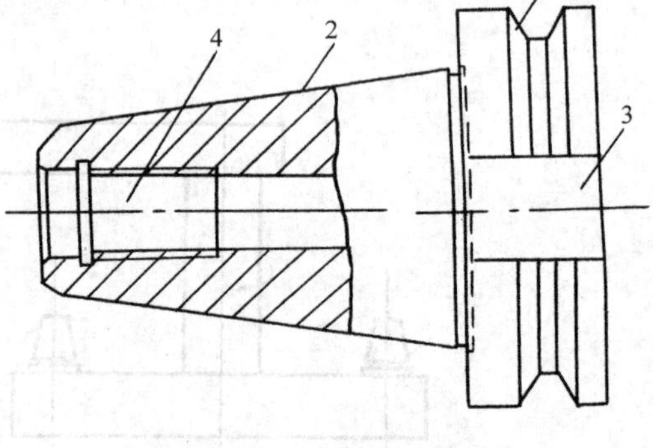

图 9-35 标准刀柄形式

1—机械手抓取部位 2—刀柄 3—键槽
4—安装可调节拉杆的螺孔

自动换刀时，主轴部件还应具有能自动夹紧和松开刀具的机构，即刀柄上端的可调节拉杆，在进入主轴锥孔后，能被自动拉紧或松开。夹紧和松开的动力，通常是依靠碟形弹簧的弹力拉紧，松开则是采用液动或气动方式完成。

习题与思考题

9-1 直线运动滑动导轨的截面形状有哪些？各有什么优缺点？

9-2 直线运动滑动导轨间隙的调整方法有哪些？各用于什么场合？

9-3 什么是爬行现象？分析爬行产生的原因和消除爬行的措施。

9-4 试比较普通滑动导轨、滚动导轨、动压导轨、静压导轨、塑料导轨及卸荷导轨各有什么特点及其应用场合。

9-5　自动换刀装置的功用是什么？有哪些基本要求？

9-6　自动换刀装置的常见形式有哪些？它们的主要区别是什么？各有何优缺点？

9-7　常见的刀库形式有哪些，分别适用于什么场合？设计刀库时应注意哪些问题？

9-8　刀具的选择方式有哪些？自动换刀系统是如何识别刀具的？

9-9　刀具交换有哪些方法，各有何优缺点？机械手有哪几种基本形式？机械手主要有哪些运动，为什么每一个运动环节都要安装传感器？以图 9-22 ~ 图 9-25 为例，简述带刀库自动换刀系统的工作原理。

9-10　在自动换刀系统中，对主轴换刀机构有哪些基本要求？

附　录

附录A　常用机床组、系代号及主参数

表A-1　常用机床组、系代号及主参数

类	组	系	机床名称	主参数的折算系数	主　参　数
车床	1	1	单轴纵切自动车床	1	最大棒料直径
	1	2	单轴横切自动车床	1	最大棒料直径
	1	3	单轴转塔自动车床	1	最大棒料直径
	2	1	多轴棒料自动车床	1	最大棒料直径
	2	2	多轴卡盘自动车床	1/10	卡盘直径
	2	6	立式多轴半自动车床	1/10	最大车削直径
	3	0	回轮车床	1	最大棒料直径
	3	1	滑鞍转塔车床	1/10	卡盘直径
	3	3	滑枕转塔车床	1/10	卡盘直径
	4	1	曲轴车床	1/10	最大工件回转直径
	4	6	凸轮轴车床	1/10	最大工件回转直径
	5	1	单柱立式车床	1/100	最大车削直径
	5	2	双柱立式车床	1/100	最大车削直径
	6	0	落地车床	1/100	最大工件回转直径
	6	1	卧式车床	1/10	床身上最大回转直径
	6	2	马鞍车床	1/10	床身上最大回转直径
	6	4	卡盘车床	1/10	床身上最大回转直径
	6	5	球面车床	1/10	刀架上最大回转直径
	7	1	仿形车床	1/10	刀架上最大车削直径
	7	5	多刀车床	1/10	刀架上最大车削直径
	7	6	卡盘多刀车床	1/10	刀架上最大车削直径
	8	4	轧辊车床	1/10	最大工件直径
	8	9	铲齿车床	1/10	最大工件直径
钻床	1	3	立式坐标镗钻床	1/10	工作台面宽度
	2	1	深孔钻床	1/10	最大钻孔直径
	3	0	摇臂钻床	1	最大钻孔直径
	3	1	万向摇臂钻床	1	最大钻孔直径
	4	0	台式钻床	1	最大钻孔直径
	5	0	圆柱立式钻床	1	最大钻孔直径

（续）

类	组	系	机床名称	主参数的折算系数	主 参 数
钻床	5	1	方柱立式钻床	1	最大钻孔直径
	5	2	可调多轴立式钻床	1	最大钻孔直径
	8	1	中心孔钻床	1/10	最大工件直径
	8	2	平端面中心孔钻床	1/10	最大工件直径
镗床	4	1	立式单柱坐标镗床	1/10	工作台面宽度
	4	2	立式双柱坐标镗床	1/10	工作台面宽度
	4	6	卧式坐标镗床	1/10	工作台面宽度
	6	1	卧式镗床	1/10	镗轴直径
	6	2	落地镗床	1/10	镗轴直径
	6	9	落地铣镗床	1/10	镗轴直径
	7	0	单面卧式精镗床	1/10	工作台面宽度
	7	1	双面卧式精镗床	1/10	工作台面宽度
	7	2	立式精镗床	1/10	最大镗孔直径
磨床	0	4	抛光机		—
	0	6	刀具磨床		—
	1	0	无心外圆磨床	1	最大磨削直径
	1	3	外圆磨床	1/10	最大磨削直径
	1	4	万能外圆磨床	1/10	最大磨削直径
	1	5	宽砂轮外圆磨床	1/10	最大磨削直径
	1	6	端面外圆磨床	1/10	最大回转直径
	2	1	内圆磨床	1/10	最大磨削孔径
	2	5	立式行星内圆磨床	1/10	最大磨削孔径
	3	0	落地砂轮机	1/10	最大砂轮直径
	5	0	落地导轨磨床	1/100	最大磨削宽度
	5	2	龙门导轨磨床	1/100	最大磨削宽度
	6	0	万能工具磨床	1/10	最大回转直径
	6	3	钻头刃磨床	1	最大刃磨钻头直径
	7	1	卧轴矩台平面磨床	1/10	工作台面宽度
	7	3	卧轴圆台平面磨床	1/10	工作台面直径
	7	4	立轴圆台平面磨床	1/10	工作台面直径
	8	2	曲轴磨床	1/10	最大回转直径
	8	3	凸轮轴磨床	1/10	最大回转直径
	8	6	花键轴磨床	1/10	最大磨削直径
	9	0	曲线磨床	1/10	最大磨削长度
齿轮加工机床	2	0	弧齿锥齿轮磨齿机	1/10	最大工件直径
	2	2	弧齿锥齿轮铣齿机	1/10	最大工件直径
	2	3	直齿锥齿轮刨齿机	1/10	最大工件直径
	3	1	滚齿机	1/10	最大工件直径

（续）

类	组	系	机床名称	主参数的折算系数	主　参　数
齿轮加工机床	3	6	卧式滚齿机	1/10	最大工件直径
	4	2	剃齿机	1/10	最大工件直径
	4	6	珩齿机	1/10	最大工件直径
	5	1	插齿机	1/10	最大工件直径
	6	0	花键轴铣床	1/10	最大铣削直径
	7	0	碟形砂轮磨齿机	1/10	最大工件直径
	7	1	锥形砂轮磨齿机	1/10	最大工件直径
	7	2	蜗杆砂轮磨齿机	1/10	最大工件直径
	8	0	车齿机	1/10	最大工件直径
	9	3	齿轮倒角机	1/10	最大工件直径
	9	9	齿轮噪声检查机	1/10	最大工件直径
螺纹加工机床	3	0	套丝机	1	最大套丝直径
	4	8	卧式攻丝机	1/10	最大攻丝直径
	6	0	丝杠铣床	1/10	最大铣削直径
	6	2	短螺纹铣床	1/10	最大铣削直径
	7	4	丝杠磨床	1/10	最大工件直径
	7	5	万能螺纹磨床	1/10	最大工件直径
	8	6	丝杠车床	1/100	最大工件长度
	8	9	多线螺纹车床	1/10	最大车削直径
铣床	2	0	龙门铣床	1/100	工作台面宽度
	3	0	圆台铣床	1/100	工作台面直径
	4	3	平面仿形铣床	1/10	最大铣削宽度
	4	4	立体仿形铣床	1/10	最大铣削宽度
	5	0	立式升降台铣床	1/10	工作台面宽度
	6	0	卧式升降台铣床	1/10	工作台面宽度
	6	1	万能升降台铣床	1/10	工作台面宽度
	7	1	床身铣床	1/100	工作台面宽度
	8	1	万能工具铣床	1/10	工作台面宽度
	9	2	键槽铣床	1	最大键槽宽度
刨插床	1	0	悬臂刨床	1/100	最大刨削宽度
	2	0	龙门刨床	1/100	最大刨削宽度
	2	2	龙门铣磨刨床	1/100	最大刨削宽度
	5	0	插床	1/10	最大插削长度
	6	0	牛头刨床	1/10	最大刨削长度
	8	8	模具刨床	1/10	最大刨削长度

（续）

类	组	系	机床名称	主参数的折算系数	主 参 数
拉床	3	1	卧式外拉床	1/10	额定拉力
	4	3	连续拉床	1/10	额定压力
	5	1	立式内拉床	1/10	额定拉力
	6	1	卧式内拉床	1/10	额定拉力
	7	1	立式外拉床	1/10	额定拉力
	9	1	汽缸体平面拉床	1/10	额定拉力
锯床	5	1	立式带锯床	1/10	最大锯削厚度
	6	0	卧式圆锯床	1/00	最大圆锯片直径
	7	1	平板卧式弓锯床	1/10	最大锯削直径
其他机床	1	6	管接头车丝机	1/10	最大加工直径
	2	1	木螺钉螺纹加工机	1	最大工件直径
	4	0	圆刻线机	1/100	最大加工长度
	4	1	长刻线机	1/100	最大加工长度

附录 B 机构运动简图符号（摘自 GB 4460—1984）

表 B-1 机构运动简图符号

名 称	基 本 符 号	可 用 符 号	附 注
齿轮机构 齿轮（不指明齿线） a. 圆柱齿轮	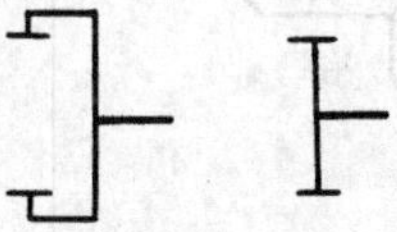	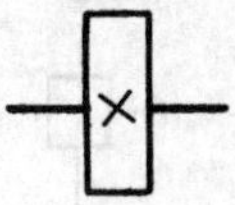	
b. 圆锥齿轮	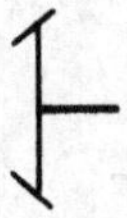	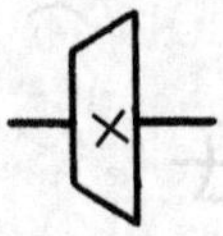	
c. 挠性齿轮	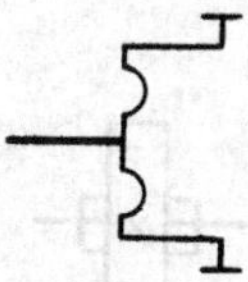		
齿线符号 a. 圆柱齿轮 （ⅰ）直齿			
（ⅱ）斜齿			
（ⅲ）人字齿	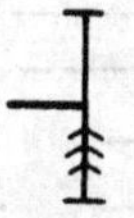		

（续）

名称	基本符号	可用符号	附注
b. 圆锥齿轮 （ⅰ）直齿			
（ⅱ）斜齿			
（ⅲ）弧齿			
齿轮传动 （不指明齿线） a. 圆柱齿轮	 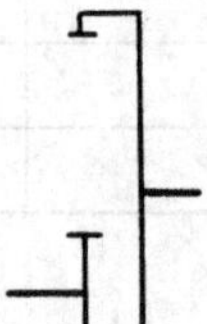	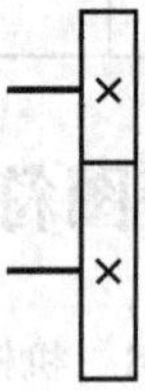 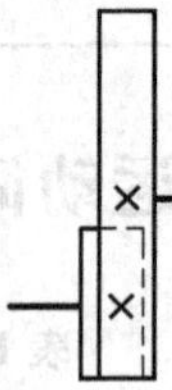	
b. 圆锥齿轮	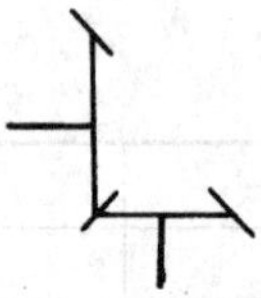 	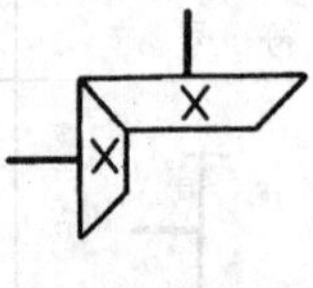	
c. 蜗轮与圆柱蜗杆	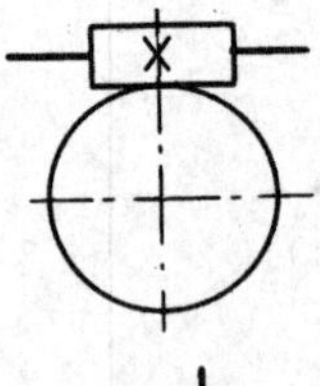 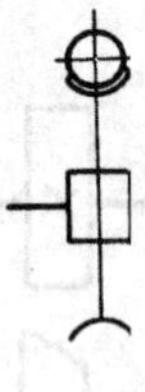 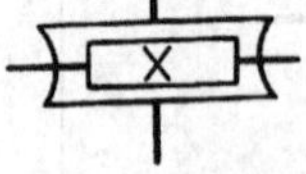	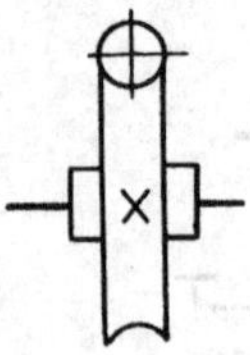	
d. 螺旋齿轮	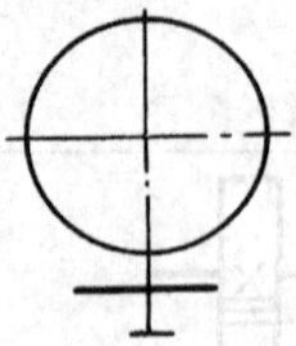	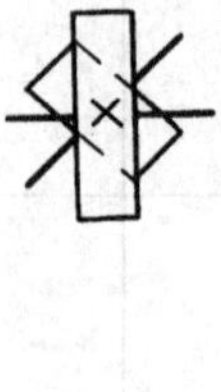 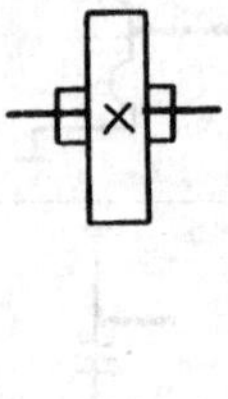	
齿条传动 a. 一般表示	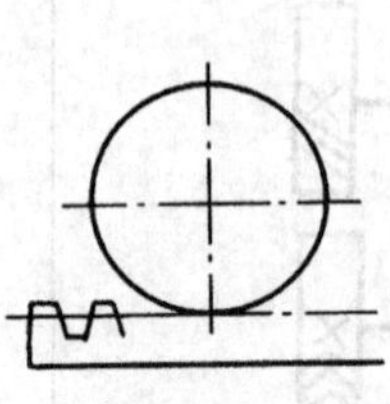	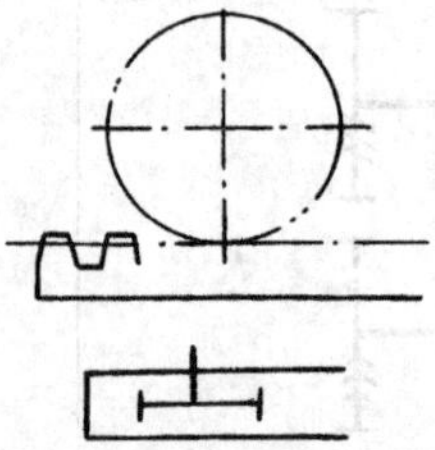	

（续）

名　称	基本符号	可用符号	附注
b. 蜗线齿条与蜗杆		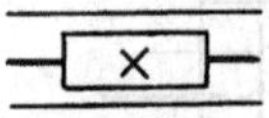	
c. 齿条与蜗杆		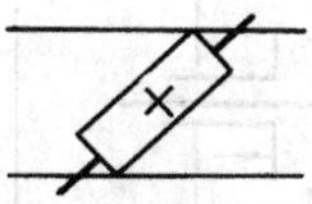	
扇形齿轮传动	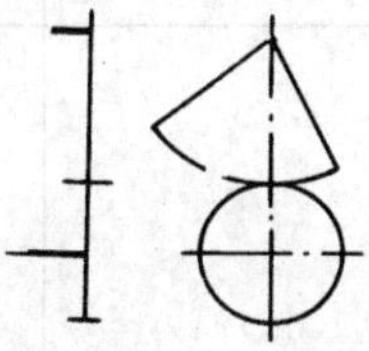	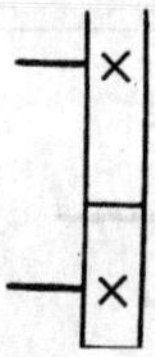	
圆柱凸轮	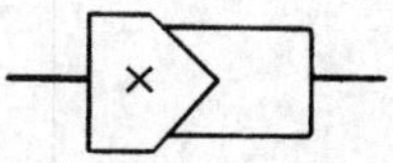	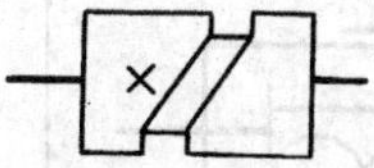	
外啮合槽轮机构	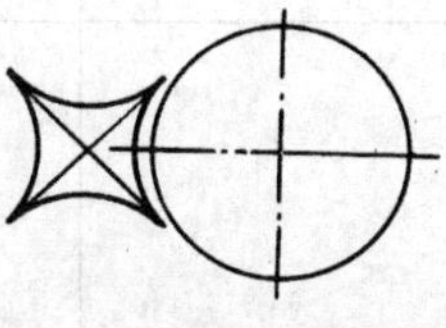	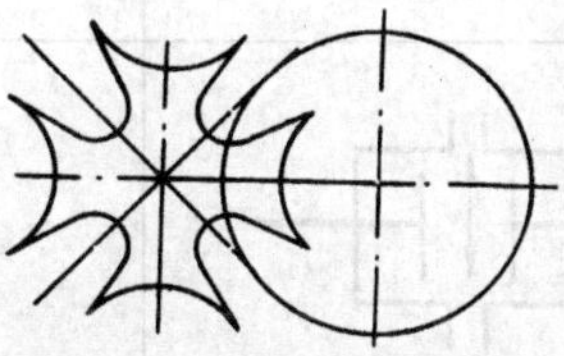	
联轴器 a. 一般符号（不指明类型） b. 固定联轴器 c. 弹性联轴器	 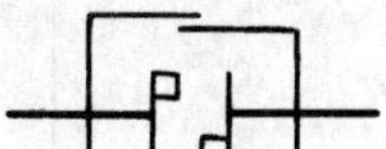 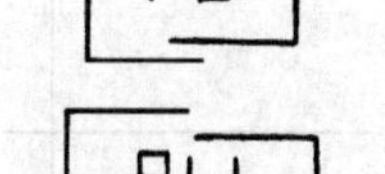		
啮合式离合器 a. 单向式 b. 双向式	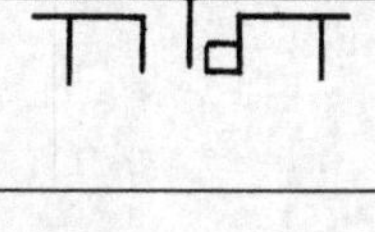 		对于啮合式离合器、摩擦离合器、液压离合器、电磁离合器和制动器，当需要表明操纵方式时，可使用下列符号： M—机动的 H—液动的 P—气动的 E—电动的（如电磁）

（续）

名　称	基 本 符 号	可 用 符 号	附 注
摩擦离合器 a. 单向式 b. 双向式	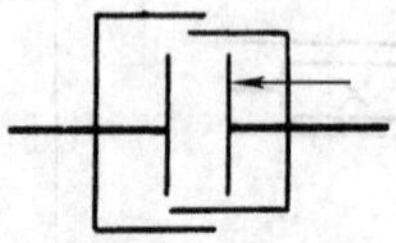 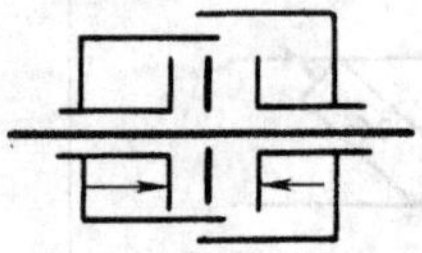	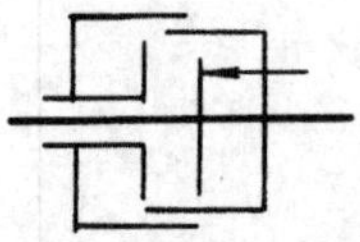 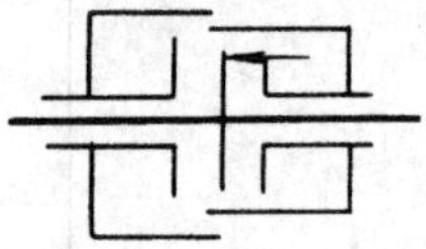	对于啮合式离合器、摩擦离合器、液压离合器、电磁离合器和制动器，当需要表明操纵方式时，可使用下列符号： M—机动的 H—液动的 P—气动的 E—电动的（如电磁）
液压离合器（一般符号）	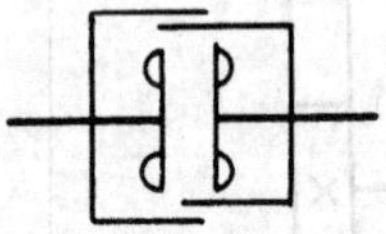		
电磁离合器	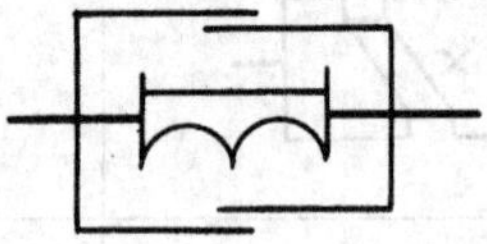		
离心摩擦离合器	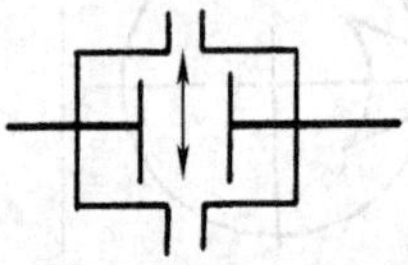		
超越离合器	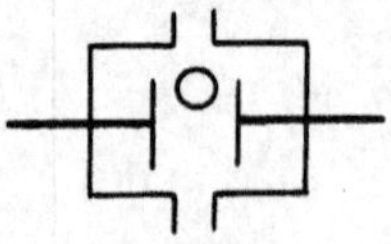		
安全离合器 a. 带有易损元件 b. 无易损元件	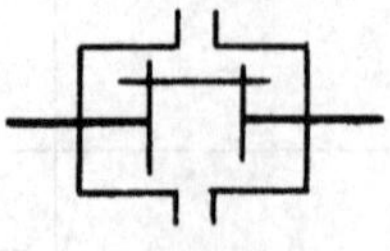 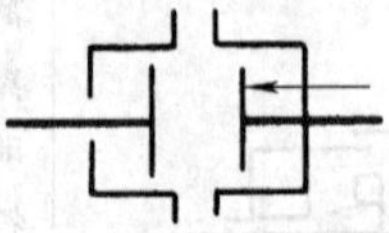		
制动器（一般符号）	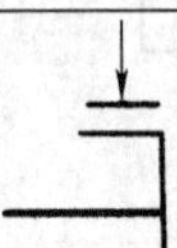		不规定制动器外观

（续）

名　称	基 本 符 号	可 用 符 号	附　注
螺杆传动 a. 整体螺母	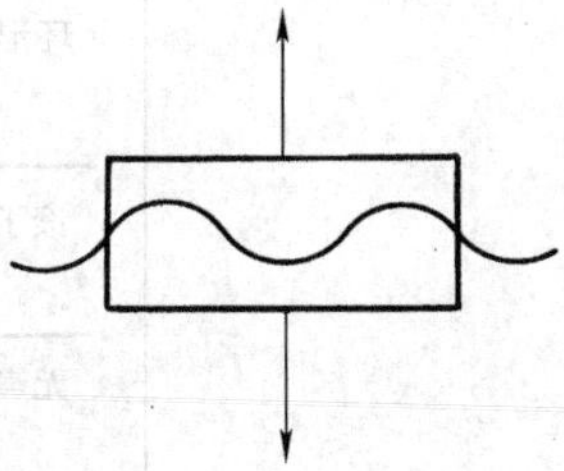	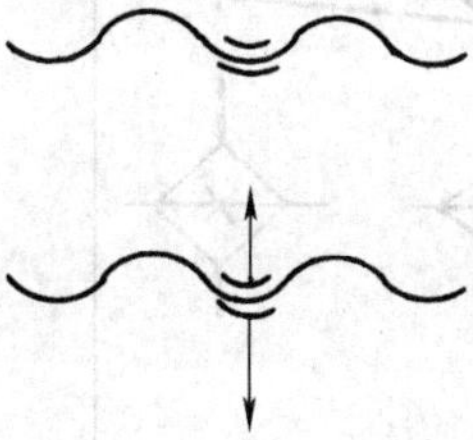	
b. 开合螺母	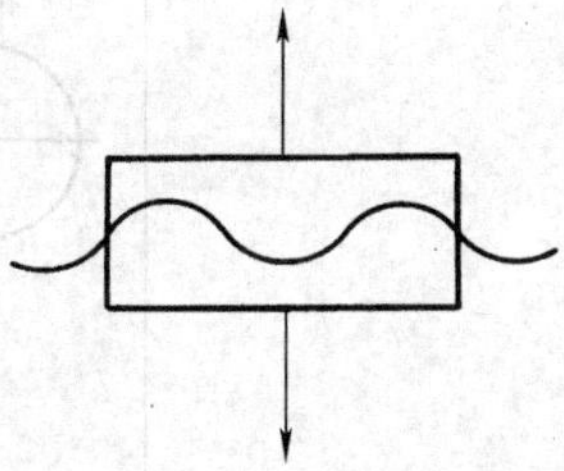		
c. 滚珠螺母	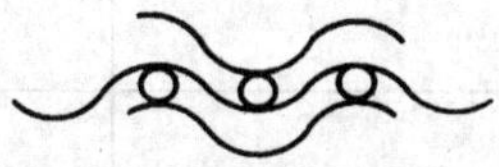		
皮带传动——一般符号（不指明类型）	 		若需指明皮带类型可采用下列符号： V带  圆带 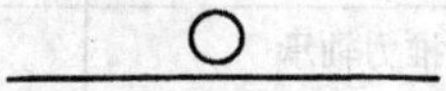 同步齿形带  平带  例:V带转动 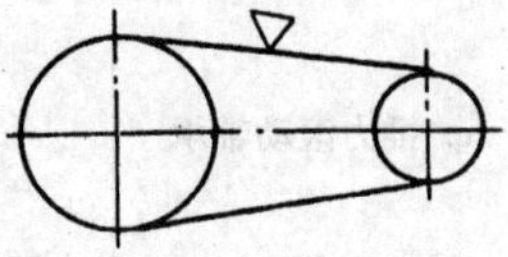

（续）

名称	基本符号	可用符号	附注
链传动——一般符号（不指明类型）	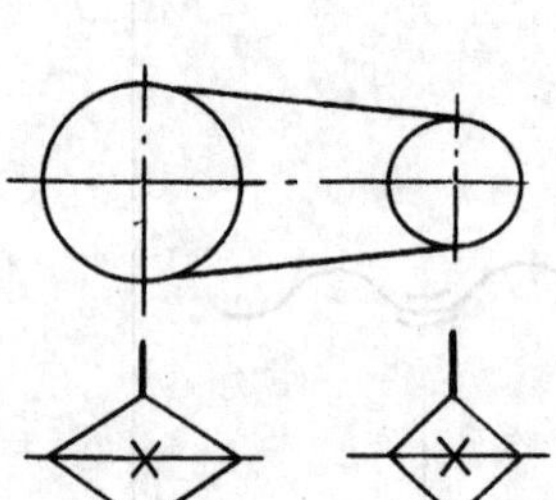		若需指明链条类型，可采用下列符号： 环形链 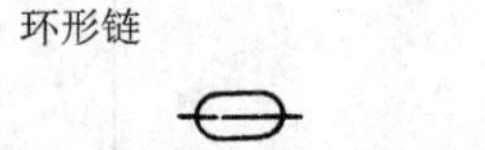 滚子链 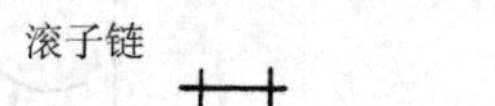 无声链  例:无声链转动 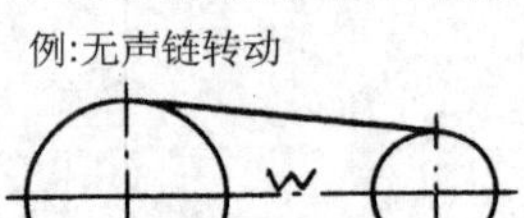
向心轴承 a. 普通轴承	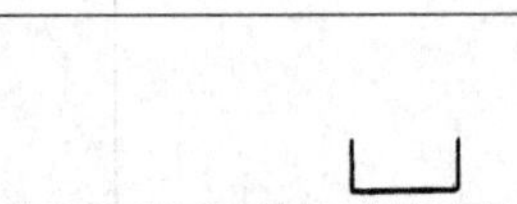		
b. 滚动轴承			
推力轴承 a. 单向推力普通轴承	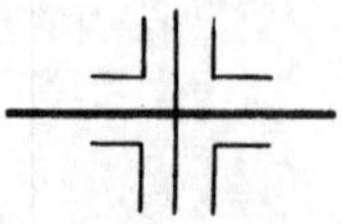		
b. 双向推力普通轴承	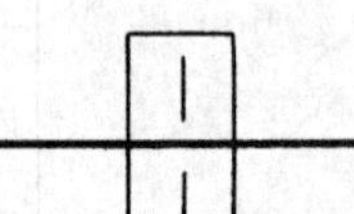		
c. 推力滚动轴承			

（续）

名　称	基 本 符 号	可 用 符 号	附　注
向心推力轴承			
a. 单向向心推力普通轴承	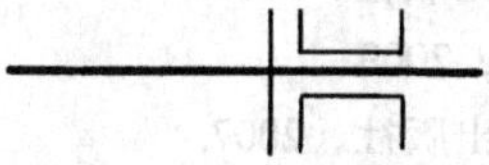		
b. 双向向心推力普通轴承	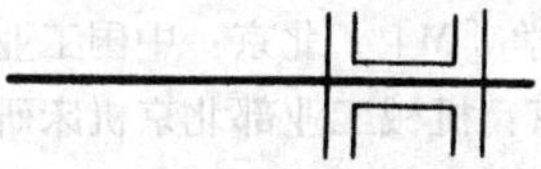		
c. 向心推力滚动轴承	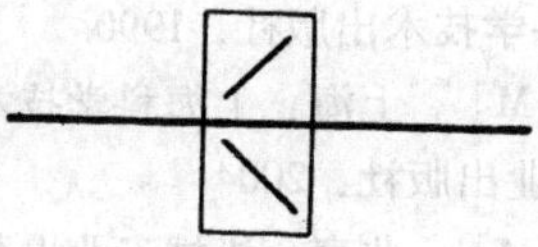	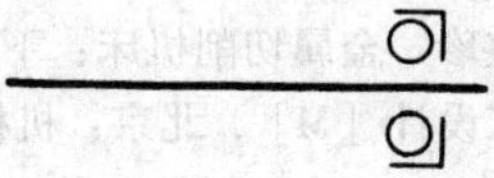	

参考文献

[1] 顾维邦．金属切削机床概论［M］．北京：机械工业出版社，2005.
[2] 戴曙．金属切削机床［M］．北京：机械工业出版社，2009.
[3] 贾亚洲．金属切削机床概论［M］．北京：机械工业出版社，2007.
[4] 张俊生．金属切削机床与数控机床［M］．北京：机械工业出版社，2005.
[5] 天津大学金属切削机床教研室．金属切削机床运动学［M］．北京：中国工业出版社，1961.
[6] 戴曙．机床设计分析：第一集、第二集［M］．北京：机械工业部北京机床研究所，1987.
[7] 顾熙棠，等．金属切削机床：上册［M］．上海：上海科学技术出版社，1995.
[8] 廖效果，等．数字控制机床［M］．武汉：华中理工大学出版社，2003.
[9] 杨荣柏．金属切削机床——原理与设计［M］．武汉：华中工学院出版社，1987.
[10] 吴祖育，等．数控机床［M］．2 版．上海：上海科学技术出版社，1990.
[11] 顾熙棠，迟建山，胡宝珍．金属切削机床：下册［M］．上海：上海科学技术出版社，1993.
[12] 黄鹤汀．金属切削机床设计［M］．北京：机械工业出版社，2004
[13] 机床设计手册．编写组．机床设计手册：第 3 册［M］．北京：机械工业出版社，1986.
[14] 叶瑞汶．机床大件焊接结构设计［M］．北京：机械工业出版社，1986.
[15] Г. А. 塔尔基曼诺夫．金属切削机床设计［M］．于富斌，李洪，译．北京：机械工业出版社，1990.
[16] 冯之敬，等．机电一体化技术手册［M］．北京：机械工业出版社，1994.
[17] 廉元国，等．加工中心设计与应用［M］．北京：机械工业出版社，1995.
[18] 毕承恩，等．现代数控机床：下册［M］．北京：机械工业出版社，1991.
[19] 刘文信，孙学礼，等．机床数控技术［M］．北京：机械工业出版社，1995.
[20] 《加工中心应用与维修》编委会．加工中心应用与维修［M］．北京：机械工业出版社，1992.
[21] 国家自然科学基金委员会．机械制造科学（冷加工）［M］．北京：科学出版社，1994.